华章 IT

U0218604

机器人学译丛

［意］ 安吉洛·坎杰洛西（Angelo Cangelosi）

［美］ 马修·施莱辛格（Matthew Schlesinger） 著

晁飞 译

发展型机器人

由人类婴儿启发的机器人

Developmental Robotics

From Babies to Robots

机械工业出版社

China Machine Press

图书在版编目（CIP）数据

发展型机器人：由人类婴儿启发的机器人/（意）安吉洛·坎杰洛西（Angelo Cangelosi）
等著；晁飞译 . —北京：机械工业出版社，2016.12
（机器人学译丛）
书名原文：Developmental Robotics: From Babies to Robots

ISBN 978-7-111-55751-7

I. 发⋯　II. ① 安⋯　② 晁⋯　III. 机器人－研究　IV. TP242

中国版本图书馆 CIP 数据核字（2017）第 002142 号

本书版权登记号：图字：01-2016-2402

本书跨越心理学、机器人学、计算机科学和神经医学等众多领域，全面且系统地论述了发展型机器
人学的理论基础和研究动态。全书共 9 章，首先介绍基本原则和主要实验平台，随后结合儿童发展心理
学理论，通过实验详细探讨了内在动机、运动技能和早期语言等机器人行为及认知功能的建模和实现，
最后展望了未来的研究方向。

本书旨在为跨学科的发展型机器人研究者提供帮助，也可作为高等院校机器人相关研究方向的教学
用书。

出版发行：机械工业出版社（北京市西城区百万庄大街 22 号　邮政编码：100037）
责任编辑：曲　熠　李　艺　　　　　　　　责任校对：董纪丽
印　　刷：北京瑞德印刷有限公司
开　　本：185mm×260mm　1/16　　　　　版　　次：2017 年 2 月第 1 版第 1 次印刷
书　　号：ISBN 978-7-111-55751-7　　　　印　　张：17.25
　　　　　　　　　　　　　　　　　　　　　定　　价：79.00 元

凡购本书，如有缺页、倒页、脱页，由本社发行部调换
客服热线：(010) 88378991　88361066　　　　　投稿热线：(010) 88379604
购书热线：(010) 68326294　88379649　68995259　　读者信箱：hzjsj@hzbook.com

2005 年攻读博士学位伊始，我的导师 Mark Lee 教授给我定的研究题目是 developmental robotics。那时我确实是一头雾水，面对这么大的题目不知如何开始。随着阅读与学习的深入，我逐渐理解了这项研究的内涵与意义，我的研究领域自此与发展型机器人密不可分。

本书前言中的第一句话，即阿兰·图灵在《计算机器与智能》一文中提到的："与其尝试建立模拟成人心智的计算机程序，为什么不尝试建立模拟儿童心智的程序呢？只要儿童心智程序获得合适的教育，那么它应该有可能成长为成人的大脑。"这是我的导师 Mark Lee 教授最喜欢引用的话。在与发展型机器人打交道的这十年，我深深认同这句话，如果机器人能从婴儿发展到成人，必将为提高类人机器人的智能开拓一条最有前途的道路。

关于 developmental robotics 这个术语，一些国内同行将其翻译成发育型机器人或者发育机器人。最初我也倾向于采用这个名称，但是又想到 developmental robotics 与 developmental psychology 和 developmental neuroscience 有着密切联系，而后两者在国内普遍译为发展心理学和发展神经科学。之后，我接受了厦门大学周昌乐教授的意见，将 developmental robotics 翻译成发展型机器人。

本书的英文行文相对晦涩，在翻译一些专用名词时，我参考了同行专家的翻译，但最终也没有得到比较满意的结果。如 motor babbling，从字面意思来看，babbling 意为婴儿牙牙学语或者咿呀声，是婴儿通过不断的发声练习来学会模仿大人的声音。而 motor babbling 指的是婴儿通过自发的、随机的重复动作来掌握运动技能。比如，婴儿在出生后不久，可以通过手臂的自发性随机挥舞动作来掌握对手臂的控制。因此，motor babbling 翻译成"运动咿呀"就不妥当了。在运动层面，我想到儿童在一开始学习走路的时候是通过蹒跚的步伐来学习的，因此，最后决定把它翻译成"运动蹒跚"。

在本书中还分别用到了 android 和 humanoid 这两个词。两个词都可以指形状跟人类似的机器人，并且从当前的研究背景来看，humanoid 所指的范围要更广泛一些，一般只要一个机器人有机械臂和视觉系统就可以称为 humanoid 机器人。但是 android 这个词则多指那些跟人极其相似的机器人，如 Geminoid 机器人。因此，我将 andnoid 翻译成"人形机器人"，将 humanoid 翻译成"类人形机器人"或"类人机器人"。同时，本书还介绍了大量发展心理学的知识来拓展读者的知识面。关于发展心理学的术语，我主要参考了北京师范大学邹泓老师翻译的《发展心理学：儿童与青少年》（第 8 版）中的术语。

　　本书的作者有两位，在翻译过程中我能明显感到他们截然不同的行文风格，一位作者用很清晰的短句来阐述需要介绍的内容，而另一位作者则喜欢用较长的定语从句进行撰写。为了保证全书风格的统一和易读性，我尽量把冗长的定语从句改成短句子。有些译文读起来可能有些啰唆，但是其中的逻辑关系会更清晰，也更容易理解。

　　感谢我的研究生，没有他们的帮助，我无法如此顺利地将译稿呈现给大家。本书译稿的第 2 章由王证帅协助翻译，第 3 章和第 7 章的部分内容由朱祖元协助翻译，第 4 章和第 8 章的部分内容由吴秋霞协助翻译，第 3 章的部分图表和第 5 章由黄雨轩协助翻译，第 6 章和第 8 章的部分图表由张欣协助翻译。由于我的翻译水平有限，书中难免存在错误和不准确的地方，希望专家和读者进一步批评指正。

　　科学的主要方法是分析与简化。这一思想是 1628 年由笛卡儿明确指出的：在研究任意现象的时候，把它简化成最重要的组成部分，并对所有部分进行剖析。这种方法是由"复杂系统在尽可能低的水平上才能被更好地理解"这一信念启发的。实体越小，需要的解释就越少，因此我们希望能找到足够简单的实体来进行充分的分析与解释。不可否认，这种方法在现代科学中取得了巨大成功。然而，这种方法并没有告诉我们简单元素构成的系统应当如何进行复杂的操作才能实现具有自主性的智能体。构建可以在复杂多变的环境中行动和适应变化的人工智能体需要一种不一样的科学——一种以综合与复杂化而不是以分析与简化为主的科学。理解生物系统发展过程的理论任务也需要一种综合科学。

　　发展型机器人学的前提是，发展过程的原则是自适应工程和流体智能实现的关键。尽管这个前提尚未完全实现，但是在过去的十几年中已经取得了显著的进展。本书展现了发展型机器人的最新研究动态，同时，作者为发展型机器人学家与发展心理学家之间更深入的合作贡献了一个很好的范例。目前两个领域之间的关系还是比较弱的，虽然学者们正在研究相关问题、阅读类似的文献，有时也参加联合会议，但是很少以持续的方式进行真正的合作。我坚信：通过对人类发展与机器人学的纲领性研究，这两个领域都能够取得显著的成果。对于发展心理学，我能做出的承诺是：通过使用发展的人工智能系统来实现生物途径和经验的可操纵化，一定有更好的理论和新的方法来对发展心理学理论进行测试。因此，在这篇序言里，我强调了通过发展型机器人或许能更好地理解人类发展过程的七个基本方面。

　　1. 扩展的不成熟性。发展（如进化和文化）是一个通过积累变化来创造复杂性的过程。在任何时候，发展的智能体都是所有以往发展的产物，而任何新的变化都是以以往发展为开端并在此基础上进一步发展的。拥有灵活智能的生物系统都有比较长的不成熟期。为什么会是这样？"缓慢积累"的智能如何产生更高和更抽象的认知形式？回答这些问题的一种可能性是：一个缓慢积累的系统（不能很快稳定）可以获得在多个粒度上生成多层次知识的大量经验。另一种相关的可能性是：什么样的情况被发展心理学家称为"就绪"，以及何种最新的机器人研究被称为"学习进程"[1]？随着学习的推进，新的学习结构和新的学习方式会涌现出来，这就使得同样的经验对学习系统的影响在发展的后期与前期是不同的。如果这些观点是正确的，那么发展途径自身或许能部分解释为什么人类智能会具有它自身的那些属性。因此，这种发展途径或许不能很方便地实现快速发展（尝试建立模拟成人的智能系统），也不能很方便地实现具有生物发展系统特征的流体智能和自适应智能。

2. 活动。学习经验不是被动地在婴儿身上"产生"的。Piaget[2]描述了一种具有高度展示性的婴儿活动模式。他在一个四个月大的婴儿手上放置了一个拨浪鼓。一旦婴儿摇动拨浪鼓，它就会出现在婴儿眼前并且制造噪声，这不但惊动了婴儿还引起了更多的身体动作，从而导致拨浪鼓移进又移出婴儿的视线并产生更多的噪声。婴儿对拨浪鼓并没有任何先验知识，但是通过这些动作，婴儿可以发现晃动拨浪鼓所能引出的效果和目标。也就是说，当婴儿意外地移动了拨浪鼓并看到和听到之后的结果后，利用所捕获的这些活动（移动和摇晃，寻找和聆听）和这些活动的增量式反复动作，就能变得有目的地控制拨浪鼓的摇晃和噪声产生的目标。行动与探索创造了学习的机会和需要被征服的新任务。本书很好地阐释了行动的作用，并且，这也是发展型机器人可以清晰地展示其与发展心理学理论紧密相关的研究领域。

3. 重叠任务。发展中的生物体不仅要解决单一任务，还要解决许多重叠任务。再来回顾一下拨浪鼓这个例子。婴儿摇晃拨浪鼓的动作将建立和改变大脑的专门区域，并对这些区域之间连接的听觉、运动和视觉系统进行耦合[4]。但是，这些相同的系统和功能连接可以用于许多其他行为，并且这些在摇晃拨浪鼓时所取得的能力可以得到拓展，进而影响方法-目的推理或多模式同步处理。发展理论迫切地需要一种方法来探索多模式与多任务的经验如何创建一个抽象的、通用的和创造性的智能。也正是在这一领域中，发展型机器人将会做出巨大的贡献。

4. 简并。简并在计算神经科学[3]中是专门针对复杂系统的。在这些系统中，单个组件能对多种功能产生贡献，并且有多种途径来实现同一种功能。在发展成果中，人们认为简并可以提高鲁棒性。由于功能冗余的途径可以彼此互补，所以这些冗余相当于为途径故障提供了一种保险。机器人模型可以利用这些原则来构建强大的系统，即便某些组件发生了故障，这些系统仍然可以长期地在多个任务中成功工作。这类机器人模型还提供了一种严苛的方式来测试多因果关系的影响和有可能会限制发展结果的动机复杂系统。

5. 级联。发展理论家将这种方式称为早期发展对后期发展的深远影响，也称为"发展级联"。这些往往体现在非典型发展的扰动模式的级联，也将典型发展和这种看似不同的智能领域描述成某一类发展过程，类似于从蹲坐动作与视觉对象表征方法发展到行走动作与语言输入这样的发展过程[4]。这是更深层次的理论问题：这些级联的因素（早期的发展为后期截然不同的发展开拓了发展途径）是否跟人类智能如何以及为何拥有这些已具有的属性有关联？发展型机器人不仅要使用这类问题来推进机器人的工程化，也提供了一个平台来理解人类认知发展的综合特性和复杂途径为何对人类智能如此重要。

6. 有序的任务。生物发展系统通常需要面对一个特定序列中的多种经验和任务，并且，大量关于变化的级联发展结果的理论与实验研究文献关注的是动物中感知运动发展的自然顺序[5]。人类婴儿在生命的头两年中要经历一系列环境的系统化改变，比如，婴儿要逐步经历翻滚、接近动作、稳定的坐姿、爬行和行走。在生命头两年中运动能力的变化提供了强大的和更有可能是进化选择的经验大门。无论是在人类发展中还是在发展型机器人的系统发展中，有序经验的后果和重要性以及该有序经验中扰动的意义都没有得到明确的理论定义。因此，这个方向是一个重要的前沿研究领域。

7. 个人主义。即发展中的个体。物种的历史存在于固有生物个体中以及包含同种个体的环境中，这些同种个体构建了发展的支架，但是每个发展的个体都要遵循自己的发展途径。因为发展途径是简并的，发展建立在自身之上，内在生物和环境本质上是独特的，所以不同的发展个体可能通过不同的发展途径来生成类似的实用技能。这是一个了解人类智能的鲁棒性和变异性的重要理论思想，或许也是用来建立在任何环境中都足够智能的多功能自适应机器人的基本思想。

本书是通往发展科学美好未来的最佳跳板。

Linda B. Smith

参考资料

[1] Gottlieb, J., P. Y. Oudeyer, M. Lopes, and A. Baranes, "Information-Seeking, Curiosity, and Attention: Computational and Neural Mechanisms," *Trends in Cognitive Science* 17 (11) (2013): 585–593.

[2] J. Piaget, *The Origins of Intelligence in the Child*, trans. M. Cook (New York: International Universities Press, 1952. (Original work published in 1936.)

[3] O. Sporns, *Networks of the Brain* (Cambridge, MA: MIT Press, 2011).

[4] L. Byrge, O. Sporns, and L. B. Smith, "Developmental Process Emerges from Extended Brain-Body-Behavior Networks," *Trends in Cognitive Science* (in press); L. B. Smith, "It's All Connected: Pathways in Visual Object Recognition and Early Noun Learning," *American Psychologist* 68 (8) (2014): 618.

[5] G. Turkewitz, and P. A. Kenny, "Limitations on Input as a Basis for Neural Organization and Perceptual Development: A Preliminary Theoretical Statement," *Developmental Psychobiology* 15 (4) (1982): 357–368.

　　与其尝试建立模拟成人心智的计算机程序，为什么不尝试建立模拟儿童心智的程序呢？只要儿童心智程序获得合适的教育，那么它应该有可能成长为成人的大脑。

——阿兰·图灵，《计算机器与智能》

　　把人类儿童当作智能机器的设计模板这一思想在现代人工智能发展的早期就已经根深蒂固了。阿兰·图灵是认知科学跨学科领域的众多研究学者中的一员，Marvin Minsky、Jean Piaget、Noam Chomsky 以及 Herbert Simon 等学者不约而同地阐述了同一种思想来研究生物个体和人工（或人造）系统。然而，受儿童启发的人工智能在之后的 50 年中却没有得到广泛关注，仅仅取得了零星进展。直到 2000 年，才有一大批针对发展型机器人学的研究在心理学、计算机科学、语言学、机器人学、神经科学和其他一些相关学科中开展起来。在本书第 1 章中也特别指出，两个新兴的社区（自主心智发展与后成机器人学）、两大学术年会系列（IEEE ICDL：IEEE 国际发展型学习年会；EpiRob：国际后成机器人学研讨会）以及一个国际 IEEE 学术期刊（《IEEE 自主心智发展会刊》[⊖]）也相继推出，所有这些都致力于发展型机器人的研究。

　　近十年间，这两大新兴研究社区已经合二为一（参见 icdl-epirob. org）。合并的时间点正是一个承上启下的关键阶段，它不仅回顾了发展型机器人学前几十年的研究工作，更重要的是阐明了形成和指导这个学科发展的核心原则。

　　我们为本书制定了三大目标。第一，让读者容易理解和接受本书的内容，不管他们是工程师还是哲学家，是人类学家还是神经学家，是发展心理学家还是机器人专家，我们的目标是确保广大读者都能愉快地阅读和理解相对复杂的知识内容。基于这一点，我们也想让本书既适合工程、生物专业又适合社科、人文专业的高等学校的本科生和研究生阅读。

　　第二个目标是特意采用以行为为中心的实现方式。这种方式是指我们专注于那些可以被转化成相对容易直接与人类婴儿和儿童行为进行对比的机器人研究工作。也就是说，我们把机器人研究（更宽泛地说是计算模型）的重心要么放在寻求直接模拟与复制特定的发展阶段，要么放在找到一种能被准确定义的发展现象（比如爬行动作、早期语言、脸部识别等能力的涌现）。

　　⊖　该期刊于 2016 年 1 月更名为《IEEE 认知与发展型系统会刊》（IEEE Transactions on Cognitive and Developmental Systems），主编是英国萨里大学的华人金耀初教授。——译者注

　　第二个目标也为第三个目标奠定了基础，第三个目标是展示发展型机器人的跨学科协作性质。因此，专注于具有涉身性、感知、运动和自主性的机器人系统的最大好处是我们可以解释各种各样的研究案例。在这些例子中，发展型科学的研究与机器人学、工程学和计算机科学共同的研究是相互推进的。作为第三个目标的一部分，在每一章中我们特意选择并描述对一种特定人类发展现象的研究，并在可能的情况下给出与之对应的模拟类似任务、行为或发展现象的机器人研究。我们希望通过对这些相似的自然生物和人工系统的同步对比，给出明确而有说服力的证据，从而表明人类和机器确实有很多地方可以互相学习！

本书不仅仅是两位作者努力的成果，也是我们整个实验室协作团队和研究发展型机器人的国际学术界的集体贡献。

许多同仁耐心地提供了一些章节的草稿，特别是确保了我们可以对他们的模型和实验结果进行正确且清晰的阐述。特别感谢以下同行，他们为第 2 章提出了宝贵意见和反馈，还提供了他们自己的婴儿机器人照片。他们是 Gordon Cheng、Paul Baxter、Minoru Asada、Yasuo Kuniyoshi、Hiroshi Ishiguro、Hisashi Ishihara、Giorgio Metta、Vadim Tikhanoff、Hideki Kozima、Kerstin Dautenhahn、William De Braekeleer（Honda Motor Europe）、Oliver Michel（Cyberobotics）、Jean-Christophe Baillie（Aldebaran Robotics）、Aurea Sequeira（Aldebaran Robotics）以及 Masahiro Fujita（SONY 公司）。Lisa Meeden 为第 3 章提供了反馈意见，Daniele Caligiore 审阅了第 5 章的某些部分。Verena Hafner、Peter Dominey、Yukie Nagai 和 Yiannis Demiris 审阅了第 6 章的一些小节。Anthony Morse（提供了框 7-2）、Caroline Lyon、Joe Saunders、Holger Brandl、Christian Goerick、Vadim Tikhanoff 和 Pierre-Yves Oudeyer 审阅了第 7 章（特别感谢 Pierre-Yves 友情提供了其他许多章的反馈意见）。Marek Rucinki（提供了框 8-2）和 Stephen Gordon 为第 8 章提供了反馈意见。Kerstin Dautenhahn 和 Tony Belpaeme 审阅了第 9 章中的辅助机器人部分。此外，三个编审提出的宝贵建议和反馈使得本书的最终版本得以更加完善。我们也要感谢很多同事，他们向本书提供了很多图的原始图像文件（他们的名字都标注在图名中）。

特别感谢普利茅斯大学机器人与神经系统中心的硕士、博士研究生，他们帮助我们规范书中的格式、图表和参考文献，尤其是 Robin Read（制作了一部分图表）、Ricardo de Azambuja、Giovanni Sirio Carmantini（绘制了部分图表）、Giulia Dellaria（确认索引）、Matt Rule（核对了数百条参考文献）以及 Elena Dell' Aquila。

我们还要感谢 MIT 出版社的工作人员：Ada Brunstein 对本书出版计划的热心支持，Marie L. Lee 和 Marc Lowenthal 在稿件准备阶段的后期提供了连续不断的支持，Kathleen Caruso 和 Julia Collins 在定稿编辑时提供了帮助。

Cangelosi 还要感谢 Rolf Pfeifer，他在不经意中提供了决定性的动力，用他在涉身智能方面有影响力的著作启发 Cangelosi 开始着手本书这个项目。

本书的研究经费来源于欧盟第七框架计划（ITALK、POETICON＋＋和居里夫人 ITN ROBOT-DOC 项目）、英国工程和物理科学研究委员会（BABEL 项目）以及美国空军科学研究办公室（EOARD 格兰特分布式通信项目）。

最后，衷心感谢家人在我们不得不减少同他们在一起的时间来努力完成本书时所付出的耐心。我们希望他们能理解这是"值得投入的时间"，希望他们能喜欢这本关于婴儿机器人的作品。

㊀ 参考文献为在线资源，请访问华章网站 www.hzbook.com 下载。

成长中的婴儿与机器人

人类的发展过程是自然界中最迷人的现象之一。初生的婴儿都是无助的个体，虽然具有简单的运动与认知能力，但是在没有父母或其他看护者的帮助下，这些能力还远远无法满足存活的需要。尽管如此，仅在短短几年内，人类婴儿就能发展出复杂的心智水平。10岁的儿童就会下国际象棋、玩电脑游戏、解决难度逐渐增加的数学问题、掌握一种或多种语言、建立一种自我和他人的心智理论、无私地配合同伴和成年人、擅长于体育运动以及使用复杂的工具和机器。这些缓慢却令人印象深刻的发展变化引出了一系列关于理解人类发展的关键问题：是什么机制使儿童自己发展出这些心智能力？与儿童交互的社会与自然环境是如何塑造与支持儿童发展出认知功能和知识的？先天（即基因）和后天（即环境）这两者在人类智能发展过程中贡献的相对比例是多少？在发展过程中，定性阶段的变化以及身体和大脑成熟的变化对用于支持发展的机制和原则有什么样的启示？

发展心理学这门学科旨在以不同年龄和不同文化背景的儿童为研究对象，通过实景与实验室实验，并使用比较心理学的研究方法来理解儿童的自主心智发展。这些经验式的调查不仅能使运动、认知和社会化的发展理论与假说得以定义，还能使以心智能力为基础的普适发展原则得到认同。

这些关于人类发展的逐渐增长的经验数据和理论知识，除了可以使人文科学、心理学、哲学和认知科学等学科从中受益外，还具备在科技上的巨大应用潜质。如果我们能通过社会交互来发现婴儿先天认知能力发展的底层原则与机制，就可以用这些发现来推进人工系统（诸如机器人）认知功能的设计水平。这些基本原则与机制可以在机器人的认知结构中实现，并通过机器人发展过程的实验来得到验证。以上这些是发展型机器人的研究目的，同时本书将探讨通过机器人的社交互动来设计自主心智发展能力所带来的最新成就与所面临的最新挑战，这些探讨将有利于发展心理学家和发展型机器人学家之间的交流与互动。

1.1 先天与后天的发展理论

在心理学和哲学领域，先天与后天对人类智能发展的贡献是最久远且无休止的争论之一。长期与自身和社会环境交互是婴儿心智发展的本质，并为婴儿全程的心智发展带来了显著影响。与此同时，基因在婴儿身体和智能发展中都起着最基本的作用。一些特征，尤其是身体特征，还包括诸如颜色感知这样的认知能力，很大程度上是由基因决定的，而环境的影响只起到很微弱的作用。

这场争论引出了关于先天和后天作用的多种发展心理学理论（Croker 2012）。先天主义理论倾向于强调儿童拥有与生俱来的特定领域知识，这些知识是心智发展基因直接影响的结果，而外部环境对这些知识只有很少的影响或者根本没有影响。一个最著名的先天主义理论是 Chomsky 的语言习得机制和普遍语法假说（Chomsky 1957；Pinker 1994；Pinker 和 Bloom 1990）。这个先天主义理论提出儿童具有与生俱来的语言知识和句法原则，其中的参数通过父母的语言经验再进行调整。在其他方面，Leslie（1994）提出的假说认为儿童具有与生俱来的心智理论，Wynn（1998）认为儿童天生具有数学概念的知识。在另一个极端，经验主义理论则强调社会和文化环境在认知发展中的重要性。这是 Vygotsky（1978）的社会文化观中的一部分：在引导儿童去探索潜在能力空间时，成人和同伴的作用是至关重要的。同样，Bruner（Bruner 和 Haste 1987）的社会认知发展理论强调社会交互和人际沟通在不同学习阶段的重要性。Tomasello（2003）提出了一种基于建构主义和涌现式发展原则的经验主义语言发展理论，即儿童通过与其他具有语言能力的个体进行交互来构建自己的语言表达能力。

在这些极端的理论中，Piaget（1971）提出了发展心理学中最有影响力的一个理论，这个理论结合了先天与后天机制这两种理论的长处。Piaget 理论的主要宗旨是儿童的整个发展需要经历不同的发展阶段，在每个阶段中，儿童能发展出本质上不同并且日益复杂的认知图式（智能的构建模块）。这些发展阶段受到了由基因决定的成熟限制机制的影响，在 Piaget 的理论中，这些阶段也被称为"后成"。但是，儿童还需要经历适应的过程，在这个过程中，现有认知图式要适应新知识（同化），并且要修改和创建新的认知图式（顺应），而外部环境对这两方面的贡献都是非常重要的。Piaget 提出了心智能力发展的四个关键阶段，并且重点关注思维能力的发展和在感觉运动知识中抽象思维模式的起源。在感觉运动阶段（阶段 1，0～2 岁），儿童的发展开始于感觉运动图式的知识获取，这包含最基本的反射动作。在前运算阶段（阶段 2，2～7 岁），儿童获得对客体和动作的以自我为中心的符号表征，这些符号可以让儿童表征多种客体，哪怕有些客体是不可见的（客体永久性任务，儿童知道移动的物体从障碍物后方经过后能再次出现）。在具体运算阶段（阶段 3，7～11 岁），儿童能够采纳他人对客体表征的观点，对具体的客体能进行认知转换操作（比如液体守恒问题）。最后进入最终的形式运算阶段（阶段 4，大于 11 岁），在这个阶段中，儿童获得了抽象思维能力和解决复杂问题的能力。Piaget 关于抽象知识模型的理论和发展阶段思想将在第 8 章进一步描述。

另外一种理论，也就是 Thelen 和 Smith（1994）的发展动态系统理论，认为生物和环境因素是同时产生贡献的。该理论考虑到在认知策略的自组织过程中，各种神经、涉身和环境因素之间复杂的动态交互（1.3.1 节将详细介绍）。

先天/后天的争论与先天主义/经验主义理论也大大影响了众多与智能相关的学科，特别是人工智能和机器人学。在构建人工认知系统时，人工智能中的自适应系统和机器人学中的认知机器人系统就十分适合采用先天主义的方法。这就意味着这些智能系统的认知体系结构完全是研究人员预定义的，在与环境的交互过程中不会发生显著改变。另一方面，在人工智能和机器人学中，使用经验主义方法需要定义一系列自适应和学习机制，这些机制使得智能系统能够通过与其他系统和人类用户的交互来逐步发展自己的知识和认知体系。本书中的发展型机器人实现方法主要在先天主义/经验主义方面遵循中庸的机器人设计方法，从而更强调在与环境交互过程中机器人能力的发展，以及制约发展的成熟与涉身机制。特别需要注意的是，Piaget 的理论除了在发展心理学领域最具影响力外，也强烈影响着发展型机器人学领域，包括借用他的术语"后成"作为"后成机器人学"系列会议的名称。这是因为 Piaget 的理论强调心智发展的感觉运动机理以及生物与环境协调的实现方法。

与 Piaget 齐名的另一位著名发展心理学家 Vygotsky 也极大地影响了发展型机器人学领域。Vygotsky 的理论更强调社会环境对心智发展的作用以及在儿童认知系统发展过程中社会和自身环境带来的支架影响（Vygotsky 1978）。因此，他的见解对社会学习和机器人模仿能力的研究以及发展型机器人学支架理论都具有很大贡献（Asada 等人 2009；Otero 等人 2008；Nagai 和 Rohlfing 2009）。

在后续几节里，我们先提出发展型机器人学的定义并对它的历史进行简短回顾，之后将讨论在机器人的自主心智发展的研究中，整合生物和文化现象动态交互的实现方法的主要特征和原则。

1.2 发展型机器人学的定义与起源

发展型机器人学是人工智能系统（机器人）中对行为和认知能力进行自主设计的具有跨学科背景的研究方法，它的灵感直接来源于在儿童先天认知系统中观察到的发展原则和机制。发展型机器人学的主要思想是：机器人通过使用内在发展原则调节身体和大脑与环境之间的实时交互，实现自主获得越来越复杂的感觉运动和心智能力。

发展型机器人学是高度跨学科研究的产物，既包括经验主义发展型学科（如发展心理学、神经科学和比较心理学），也包括计算与工程学科（如机器人学和人工智能）。发展型科学通过提供实证基础和数据来找出普适的发展原则、机制、模型和现象，从而引导认知能力的增量式获取。机器人控制体系结构中原则与机制的实现方法，以及通过机器人与它自身和环境交互实验的测试方法，可以同时对机器人复杂的行为和心智能力的原则与实际设计方案进行验证。发展心理学和发展型机器人学都可以从对方的研究中受益。

从历史上看，发展型机器人的源头可追溯到 2000～2001 年，特别巧合的是，两个学科的研讨会第一次将人类学和机器人学领域中对发展心理学原则都感兴趣的科学家聚集到一起。在这些研讨会之前，一些研究工作和论文已经指出了人类发展和机器人之间的显式联系，比如：Sandini、Metta 和 Konczak（1997）；Brooks 等人（1998）；Scassellatti（1998）；Asada 等人（2001）。

发展型机器人学的第一个大事件是 2000 年 4 月 5 日至 7 日在伊利诺伊东兰辛的密歇根州立大学由 James McClelland、Alex Pentland、Juyang（John）Weng 和 Ida Stockman 组织的"发展与学习研讨会"（WDL）。该研讨会随后发展成了一年一度的"国际发展与学习年会"（ICDL）。在发展与学习研讨会上，"发展型机器人"这一术语首次公开使用。此外，该研讨会还创造了"自主心智发展"这一术语来强调机器人能够自主地发展心智（认知）能力（Weng 等人 2001）。自主心智发展实际上成为发展型机器人的同义词，并被用作发展型机器人学领域的主要学术期刊的名字《IEEE 自主心智发展会刊》。

发展型机器人学的第二个大事件是为发展型机器人成为一个科学学科做出重要贡献的"第一届国际后成机器人研讨会：机器人系统中认知发展的建模"，该研讨会也随后发展成了"后成机器人"（EpiRob）学术系列年会。该年会的第一次研讨会由 Balkenius 和 Zlatev 组织，在 2001 年 9 月 17 日至 19 日在瑞典隆德大学举行。该研讨会借用了 Piaget 创造的"后成"这个术语。正如上文所述，在 Piaget 的人类后成发展理论中，儿童认知系统的发展是遗传因素之间的交互与自身和环境的交互的结果。因此，选择"后成机器人"这个术语体现了 Piaget 所强调的与环境的交互作用的重要性，并且也是实现高阶认知能力的感觉运动基础所决定的。此外，早期对后成机器人的定义也采用了 Vygotsky 所强调的社会交互，以补充 Piaget 关于智能感觉运动基础的理论（Zlatev 和 Balkenius 2001）。

除了"发展型机器人"一词用在本书和其他出版物中（如 Metta 等人 2001；Lungarella 等人 2003；Vernon、von Hofsten 和 Fadiga 2010；Oudeyer 2012），还有类似的术语，如 Asada 等人（2001，2009）提出的"认知发展机器人"。指代相同实现方法和跨学科领域的其他多种名称也在文献中提出。例如，一些学者喜欢用"自主心智发展"（Weng 等人 2001），而另一些学者喜欢使用术语"后成机器人"（Balkenius 等人 2001；Berthouze 和 Ziemke 2003）。

如上所述，术语使用上的差异主要反映了历史因素，而不是因为语义有所不同。2011 年，ICDL 系列会议（喜欢使用"自主心智发展"这个术语）和 EpiRob（喜欢使用"后成机器人"这个术语）这两大研究团体共同举办了"第一届国际发展型学习与后成机器人联合大会"（IEEE ICDL-EpiRob）。在 IEEE 自主心智发展技术委员会的统筹协调下，该学术会议从 2011 年开始成为发展型机器人研究者共同的家园，并拥有域名 http：//www. icdl-epirob. org。

1.3　发展型机器人学的基本原则

由 1.1 节的描述可知，发展心理学的理论已经强烈地影响了发展型机器人的研究领域。如前所述，尽管发展型机器人模型的建立更加强调环境和社会因素，但还是遵循基于先天主义和经验主义现象的相互作用的实现方法。对生物和遗传因素产生影响的思考包括：成熟现象在机器人系统的身体和大脑中的作用，感觉运动和心智功能获取的涉身性限制，以及内在动机和对他人模仿和学习的本能所起的作用。发展型机器人研究所考虑的经验主义与建构主义现象中，特别关注塑造发展中情境学习和社会与自身环境的贡献，以及在线的、开放式的和累积的认知技能的获取。此外，生物和环境因素以开放的和动态的方式耦合在一起，这种方式导致了认知策略的阶段化定性改变，其中认知策略依赖于基因、涉身性和学习现象的非线性动态系统的相互作用。

本书归纳出一系列反映机器人自主心智发展设计的因素和处理过程，还归纳了引导发展型机器人实践的通用原则。这些原则的分类见表1-1，后续章节将给出简单分析。

表 1-1　发展型机器人的原则与特征

	原　则	特　征
1	作为动态系统的发展	分散的系统 自组织和涌现 多因果关系 嵌套时间刻度
2	系统发展和个体发展的交互	成熟 关键期 学习
3	涉身性与情境性的发展	涉身性 情境性 生成性 形态计算 扎根性
4	内在动机与社会学习	内在动机 评价系统 模仿行为
5	非线性、类似阶段化的发展	定性阶段 U 形条件
6	在线开放式累积学习	在线学习 累积学习 跨模态 认知加速

1.3.1　作为动态系统的发展

动态系统是从数学和物理学中借用的重要概念，它大大影响了人类发展的通用理论。在数学概念中，动态系统是以随着时间推移而在相态间产生复杂变化为特点的系统，并且这些变化是系统变量之间多方面交互自组织的结果。非线性现象的复杂交互导致了系统不可预知状态的产生，通常被称为涌现状态。涌现状态的概念是从发展心理学家特别是 Thelen 和 Smith（1994；Smith 和 Thelen 2003）两位学者那里借来的，这个概念将儿童的发展解释为内在与动态交互的涌现产物，这种内在与动态的交互实际上是与儿童成长中的身体、大脑和外部环境有关的许多分散的和本地的相互作用。因此 Thelen 和 Smith 提出了儿童的发展应被视为在复杂动态系统中的变化，成长中的儿童可以通过与环境的交互生成新的行为，而这些行为状态的稳定性在复杂系统内是变化的。

这个理论中的一个关键概念是多因果关系，例如爬行和行走这样的行为，它们是由一定发展阶段的大脑、身体和外部环境多种因素的同步和动态结果共同决定的。Thelen 和 Smith 使用在爬行和行走运动中出现的动态变化，作为儿童为了适应环境的改变以产生身体成长变化这样一个多因果关系变化的例子。当婴儿有了足够的力量和协调能力，可以通过手掌和膝盖的某种姿势支撑身体，但还不能直立行走时，婴儿就只能采用爬行策略在环境中移动。但是随着婴儿的成长，他们具备了更强和更稳定的腿部能力，站立和行走行为以稳定的发展状态涌现出来，从而动摇并逐步取代爬行模式。这说明，相较于先控制爬行再控制行走这样预定义式的、自顶向下式的通用控制发展路径来说，儿童的移动行为应当是多种分散因素的自组织动态过程的结果，这些分散因素包含身体变化（更强壮的腿和更好的平衡性）及身体对环境的适应性。这就揭示了多个并行因素导致不同行为策略的多因果关系的原则。

Thelen 和 Smith 的动态系统发展理论的另一个关键概念是嵌套时间刻度，换句话说，神经和涉身现象在不同的时间刻度上作用，并且都以复杂的、动态的方式来影响发展。例如，非常快的时间刻度上的神经活动动态（毫秒）是嵌套在较慢时间刻度上的动态中的，如动作的反应时间（秒或数百毫秒）、学习的反应时间（数小时或数天之后）以及身体增长的反应时间（以月为单位）。

Thelen 和 Smith 采用最著名的发展心理学例子"A 非 B 错误"来演示多因果关系和嵌套时间刻度概念的联合效应。这个例子是受 Piaget 的客体永久性实验启发的，在实验的第一部分，玩具被反复藏在位置 A（右）的盖子里。在实验临近尾声时，实验者把那个玩具藏在位置 B（左）一次，然后让被试婴儿去找玩具。12 个月以上的婴儿都能在正确的位置 B 找到玩具，然而大部分 8～10 个月的婴儿会产生去位置 A 寻找物体这样奇怪的错误。这个错误只在隐藏和抓取物体之间存在短暂停留时才会产生。Piaget 等心理学家用基于年龄（阶段）差异所对应的表征客体和空间能力中的定性变化来解释上述错误，同时，动态系统的计算模拟模型（Thelen 等人 2001）表明，多种分散因素（多因果关系）和对时间的操作（嵌套时间刻度）也会导致这种情况。例如，隐藏和抓取物体之间的时间延迟，桌上盖子的属性，隐藏事件的显著性，婴儿的过去活动和婴儿的身体姿势。这些因素的系统性操作导致了"A 非 B 错误"案例的出现、停止和转变。

将动态系统实现方法作为发展理论以及身体、神经与环境因素的通用动态链接机制，已经在机器人和智能系统相关领域中产生了重大影响（Beer 2000；Nolfi 和 Floreano 2000）。这一理论已经应用在诸如关注早期运动发展的发展型机器人模型中，比如 Mori 和 Kuniyoshi（2010）在胎儿和新生儿中的身体表征和一般运动的自组织模拟系统（2.5.3 节）。同样，早期单词学习的发展型机器人模型（Morse 和 Belpaeme 等人，2010）也设计了一个类似于"A 非 B 错误"的实验来探查涉身性因素与高阶语言发展现象之间的动态交互过程（7.3 节）。

1.3.2 系统发展和个体发展的交互

动态系统实现方法的讨论强调了在发展过程中不同时间刻度的重要性，包括发生在几小时或几天的时间刻度上学习方面的个体发展现象，以及发生在几个月或几年的时间刻度上成熟的变化。一个额外的、更缓慢的用来考虑何时发展的时间刻度是系统发展时间维度，换句话说就是在发展过程中进化变化的影响。因此，应在发展型机器人模型中考虑个体发展和系统发展现象之间交互的额外含义。

在本节中，我们将讨论成熟变化的重要性，因为这些变化与系统发展变化联系得更紧密。此外，由学习新行为和技能所产生的累积变化的影响将在 1.3.5 节和 1.3.6 节中讨论。

成熟是指儿童的大脑与身体在解剖学和生理学上的改变，特别是在生命的第一年里。与大脑相关的成熟现象包括早期发展过程中大脑可塑性的降低，半球逐渐专业化与神经元和连接的修剪等现象（Abitz 等人 2007）。大脑成熟的变化也用来解释学习过程中的关键期。关键期指的是生物体生命期间的特定阶段（时间窗口），在这些关键期中，生物个体对外部刺激更敏感并能更有效地进行学习。然而，在一个关键期结束之后，学习会变得非常困难甚至不可能再实现。动物行为学中最有名的关键期（也称为敏感期）的例子是 Konrad Lorenz 的印迹研究，也就是说，雏鸭对鸭妈妈（或者说是 Lorenz）产生依恋的时机，只可能出现在生命的最初几个小时并产生长期的影响。在视觉研究方面，Hubel 和 Wiesel（1970）展示了猫只有在生命的最初几个月被暴露在视觉刺激中，视觉皮层才能发展其接受域，而如果通过覆盖眼睛剥夺小猫的全部视觉刺激，它就不能发展接受域。在发展心理学中，最具研究价值的关键期就是语言学习的研究。Lenneberg（1967）是提出语言发展关键期假说的首批研究学者之一，该假说认为大脑在 2～7 岁间发生变化是为了应对在这个年龄之后语言学习过程中产生的问题，这里的大脑变化特别指的是在大脑左半球中逐渐引导语言功能偏侧性的大脑半球专门化效应。关键期假说也被用来解释人类在青春期之后学习第二语言的缺陷（Johnson 和 Newport 1989）。虽然在文献中这个假说仍然被激烈讨论，但是人们普遍认为，在青春期之前大脑成熟度的变化显著影响着语言学习的进程。

从出生到青年阶段，儿童身体的成熟很显然是一种重要的形态变化。正如 Thelen 和 Smith 的爬行和行走动作分析一样，这些形态变化自然地影响着儿童的运动发展。发生在发展过程中的形态变化也对涉身性因素的探索具有重要意义，正如 1.3.3 节所讨论的，这些涉身性因素是形态计算的结果。

一些发展型机器人模型明确探讨了大脑和身体成熟变化的问题。例如，Schlesinger、

Amso 和 Johnson（2007）研究了在对象认知技能发展过程中对神经可塑性的作用进行建模（4.5 节）。对于身体形态发展的建模研究，在第 4 章关于运动发展的部分中也进行了广泛讨论。

由成熟和学习产生的个体发展变化，对由于进化产生的系统发展变化及二者的交互具有重要意义。身体形态和大脑可塑性的变化实际上可以解释为应对不断变化环境的物种进化适应性。所有这些现象都在研究中经过了分析，例如，影响个体发展现象时间程度的基因变化称为异时变化（McKinney 和 McNamara 1991）。异时分类是通过对个体发展的比较来实现的，这些比较用来区分不同增长的出现时机、增长时间的偏移量以及器官或生物学特性的增长率。换句话说，"预位移"和"延迟位移"这两个词分别对应了预测与延迟的形态增长的出现时机，"超期发展"和"初期发展"分别对应较迟和较早的增长时间偏移量，"加速成熟"和"幼态成熟"分别指更快和更慢的增长率。异时变化被用来解释在发展模型中先天与后天之间的复杂交互作用，在 Elman 等人（1996）的观点中，遗传因素在发展中的作用决定了控制后续学习过程的体系结构限制。这些限制可以解释大脑适应性和神经发展与成熟的结果。

个体发展和系统发展因素之间的交互是通过计算模型来进行研究的。例如，Hinton 和 Nowlan（1987）以及 Nolfi、Parisi 和 Elman（1994）开发了仿真模型来解释进化过程中学习的作用，也就是鲍尔温作用。Cangelosi（1999）测试了在模拟机器人系统的神经网络架构进化过程中异时变化的作用。此外，为了应对系统发展和个体发展需求，对身体和大脑不同形态的进化建模也是"进化发展生物学"计算化实现方法的目标。这个目标就是为了在身体和大脑形态中，对发展与进化自适应的同步作用进行建模（如 Stanley 和 Miikkulainen 2003；Kumar 和 Bentley 2003；Pfeifer 和 Bongard 2007）。发展型机器人模型通常是基于机器人固定形态的，而且发展型机器人模型不能直接处理系统发展变化与个体发展形态学变化的同步建模问题。然而，多种后成机器人研究模型思考了学习和成熟的个体发展变化的进化起源，特别是对大脑形态学变化进行了研究。

1.3.3　涉身性、情境性和生成性的发展

越来越多的实验和理论证据出现在三个方面的研究中：身体在认知和智力中（涉身性）的基础性作用；身体与其外部环境之间的交互作用（情境性）；生物体世界模型通过感觉运动的交互之后的自主生成（生成性）。这种涉身性、情境性和生成性的观点强调这样一个事实：儿童的身体（或者是配备传感器和执行机构的机器人身体）及身体与环境的交互决定了表征、内部模型和学习到的认知策略的类型。Pfeifer 和 Scheier（1999）指出："智能不能仅仅以抽象算法的形式存在，而是需要一个实际的载体，也就是身体。"

在心理学和认知科学中，涉身认知（也叫作扎根认知）的研究范畴包括对认知行为与神经涉身性基础的探索，特别是针对作为认知功能（如记忆和语言）基础的动作、感觉与

情感作用的探索（Pecher 和 Zwaan 2005；Wilson 2002；Barsalou 2008）。在神经科学中，脑成像研究表明，像语言能力这些高阶功能需要共享与动作处理有关联的神经基质（Pulvermuller 2003）。这种情况符合与涉身性意识（Varela、Thompson 和 Rosch 1991；Lakoff 和 Johnson 1999）以及情境性和涉身性认知（Clark 1997）有关的哲学设想。

在机器人技术和人工智能中，涉身性与情境性认知也非常强调涉身性智能的实现方法（Pfeifer 和 Scheier 1999；Brooks 1990；Pfeifer 和 Bongard 2007；Pezzulo 等人 2011）。Ziemke（2001）和 Wilson（2002）的研究工作分析了涉身性的不同观点，并提出了在计算模型和心理学实验中的一些思考。这些不同的观点涵盖广泛，从将涉身性考虑成身体与外部环境之间的"结构耦合"现象，到将涉身性考虑成更严格的"生物体"。这个观点是基于生命系统自我生成理论的，也就是说，认知实际上就是生命系统能够做什么来与其外部事件进行交互（Varela、Thompson 和 Rosch 1991）。依照相似的思想，生成性范式特别强调一些重要因素，这些因素是指：与外部环境交互的自主认识系统可以发展出它自己对外部事件的理解，能够生成自己对外部世界工作过程的理解的模式（Vernon 2010；Stewart、Gapenne 和 Di Paolo 2010）。

涉身性与情境性智能大大影响了发展型机器人学，并且几乎在所有发展模型中都体现了对机器人身体（和大脑）与外部环境之间的关系的重视。涉身性关注纯粹的运动功能（形态计算），也关注高阶认知能力，如语言（扎根的）。形态计算（Bongard 和 Pfeifer 2007）是指生物体可以通过探索身体形态属性（如关节类型、四肢长度、被动/主动驱动器）以及与物理环境（如重力）交互的动力学来产生智能行为。最著名的例子之一是被动动态行走机器人，也就是没有任何动力装置的双足机器人可以走上斜坡，它不需要任何精确的控制，仅需要最少驱动力就可以开始动作（McGeer 1990；Collins 等人 2005）。形态计算的探索对优化机器人的能耗以及更多地使用可兼容驱动器和柔性机器人材料都有着重要意义（Pfeifer、Lungarella 和 Iida 2012）。

另一方面，高阶认知功能中的涉身性作用的例子，包括动作与知觉的词组扎根模型（Cangelosi 2010；Morse 和 Belpaeme 等人 2010，见 7.3 节），以及心理学与发展型机器人中空间表征和数值认知之间的关系（Rucinski、Cangelosi 和 Belpaeme 2011，见 8.2 节）。

1.3.4 内在动机和社交学习的本能

传统设计智能体的方法通常受到两种限制：第一，目的或目标（即评价系统）通常是由建立模块的人类设计者强加的，而不是由智能体本身决定的；第二，学习往往受到狭隘的限制去完成一个特定的、预定义的任务。针对这些局限性，发展型机器人探索了那些具有内在动机的智能体和机器人的设计方法。内在动机驱动的机器人自己决定要学习什么，自己决定想要达成什么样的目标，以完全自主的方式对环境进行探索。换句话说，内在动机能使智能体建立自己的评价系统。

内在动机的概念受到了在婴儿和儿童时代早期最先发展的多种行为和技能的启发，这些行为与技能包括对好奇、惊奇、新奇的探寻，以及使动作行为更精确的驱使力等多种现象。Oudeyer 和 Kaplan（2007）提出一个框架来指导内在动机模型的研究，该框架包括两大类：①基于知识的方法（细分为基于新奇性和基于预测两种方法），②基于能力的方法。在这个框架中，他们对大量的算法进行了定义和系统化比较。

基于新奇性的内在动机实现方法通常使用移动式的机器人，这种机器人通过探索和发现不寻常或意想不到的特征来学习它们所处的环境。检测新奇性比较有效的机制就是习惯化：机器人通过把当前感觉状态与过去的经验相比较，而将其注意力转移到那些独特的或与以往经验不相符的情况上（如 Neto 和 Nehmzow 2007）。

基于预测的内在动机实现方法要依赖于知识的积累，所以属于基于知识的内在动机的第二类型。因而，基于预测的模型可以显式地尝试预测世界的未来状态。一个简单的例子是机器人向桌子的边缘推动一个物体，并预测这个物体掉到地板上时会发出声响。这种方法的基本原则是不正确或不准确的预测可以被当作一种需要学习的信号，也就是说，那些不正确或不准确的预测表示机器人对当前事件了解甚少，还需要进一步分析和关注。作为这种方法的一个例子，Oudeyer 等人（2005）描述了游乐场实验，在实验中，索尼 AIBO 机器人学习探测环境中的玩具并与其交互。

第三个内在动机的建模实现方法是基于能力的。根据这一观点，机器人是有目的地探索和开发那些能有效产生可靠结论的技能。基于能力的实现方法的一个关键因素是后效感知：这是检测一个人的行为何时对环境产生影响的能力。基于知识的实现方法是激励智能体去发现世界的属性，相比之下，基于能力的实现方法是激励智能体去探索它能对世界做什么。

儿童发展研究表明了社交学习能力（本能）的存在。比如新生儿刚出生就具有模仿他人行为的本能，并且还能够模仿复杂的面部表情（Meltzoff 和 Moore 1983）。此外，比较心理学研究已经证明，18～24 个月大的儿童开始体现出无私的合作能力，而这种能力在黑猩猩中是观察不到的（Warneken、Chen 和 Tomasello 2006）。

正如我们将在第 3 章强调的，内在动机的发展直接影响婴儿如何感知他人并如何与他人互动。例如，婴幼儿能迅速明白自己环境中的其他人会偶尔回应他们的动作和声音。因此，婴儿可能是由内在动机驱使着去面对他人并与他人进行互动的。

第 6 章中所讨论的许多研究表明，发展型机器人特别强调社交学习的重要影响，该章还对许多具有联合注意力、模仿与合作能力的机器人模型进行了测试。

1.3.5 非线性、类似阶段化的发展

在有关儿童心理学的文献中，有很多研究工作提出了一系列发展阶段的理论和模型。每个发展阶段是根据特定行为和心理策略的获取方式来划分的，随着儿童历经这些阶段的

发展，这些策略会变得更加复杂并且清晰。除了个体差异，这些发展阶段也与儿童的特定年龄阶段相对应。Piaget 关于发展的四个阶段思想就是专门针对阶段化发展理论的典型例子（第 8 章）。现有的研究中也包含了许多其他基于阶段发展的案例，其中一些案例将在后面的章节中叙述，例如：Courage 和 Howe（2002）自我感知的时间刻度（第 4 章），Butterworth（1991）的联合注意力中的四个阶段，Leslie（1994）和 Baron-Cohen（1995）的心智理论中的阶段（第 6 章），词汇与语法技能的顺序获取（第 7 章），以及数值认知和拒绝行为中的阶段（第 8 章）。

在大多数理论中，阶段间的过渡遵循非线性、定性的转变。在 Piaget 的发展四个阶段的案例中，每个阶段所采用的心智图式是存在定性区别的，因为那些心智模式是认知调整过程的产物，在调整过程中，需要为新知识的表征和操作而改变和适应图式。另一个著名的基于发展过程中定性变化的发展理论就是 Karmiloff-Smith（1995）的表征重述模型。尽管 Karmiloff-Smith 明确避免使用在 Piaget 理论中出现的由年龄决定的阶段模型的定义，但是她的模型假定了从隐式表征的使用到不同程度显式知识表征策略的四个发展层次。当学习特定领域的新情况和新知识时，儿童发展出新的表征方法，这些表征能逐渐被重新描述，并逐渐增加孩子对世界的清晰理解。表征重述模型已经应用于物理、数学和语言等各种知识领域。

通过"U 形"学习错误模式并结合词汇突增现象，人们对发展过程的非线性和在不同发展阶段儿童的心智策略与知识表示的定性转变都进行了广泛的探索。在儿童发展过程中，儿童在获得英语动词形态的过去时态能力时会产生很多模式错误，而 U 形现象典型案例的研究就是针对这些模式错误的。（倒）U 形现象包含了初始学习中的低错误生成率，随之而来的是一个意想不到的错误率增长，在这之后又出现较好的表现和较低的错误生成率。在英语过去时态学习中，儿童在最初学习的时候仅产生很少的错误，比如他们能正确地说出高频不规则动词过去式，如"went"和正确的"ed"规则动词的后缀形式。在稍后的过程中，儿童会经历一个"过度规律化"的阶段，并开始产生不规则动词的形态错误，如"goed"。但最终，儿童可以再次区分不规则动词过去时态的多种形态。心理学对这一现象进行了广泛研究，并且，这一现象还在基于规则的句法处理策略（Pinker 和 Prince 1988）的支持者和分布式表征策略的支持者之间引起了激烈辩论。其中，研究者使用了分布式表征的联结主义网络可以产生 U 形现象这一实验结果来支持分布式表征策略的方法（如 Plunkett 和 Marchman 1996）。U 形学习现象在其他领域也有报道，比如语音感知（Eimas 等人 1971；Sebastián-Gallés 和 Bosch 2009）、面部模仿（Fontaine 1984）以及 Karmiloff-Smith（1995）用来解释由变化的表征策略引起的那些儿童行为和产生的错误。

出现在词汇获得过程中的词汇量突增现象是发展过程中非线性和定性改变的另一个例子。词汇量突增（也称为"命名爆炸"）发生在 18～24 个月大的时期，在这段时期中，儿童从每月仅能学会少量词组的缓慢词汇学习的初始模式，切换到到快速映射策略模式，即以每周几十个单词的速度进行快速学习（如 Bloom 1973；Bates 等人 1979；Berk 2003）。词汇量突增通常发生在当儿童学会了大约 50～100 个单词的时期。在词组学习中的这种策略变化是由各种潜在的认知策略导致的，这些认知策略包括在词汇检索中对词组拆分或活用能力的掌握（Ganger 和 Brent 2004）。

许多发展型机器人研究的目标是在机器人发展过程中对阶段化的过程进行建模，并且有些研究直接将发展阶段中的非线性现象问题处理成学习动态过程的产物。比如 Nagai 等（2003）对由 Butterworth（1991）提出的联合注意力阶段化进行显式建模。然而，这个模型显示：在这些阶段之间的定性变化是机器人神经与学习体系结构逐渐变化的结果，而不是为机器人注意策略专设的操作过程（见 6.2 节）。还有一些模型也直接对 U 形现象进行了建模，如 Morse 等人（2011）的语音处理错误模式的模型。

1.3.6　在线开放式累积学习

人类发展的特点是在线的、多模态的、连续的、开放式的学习。在线学习指的是学习是发生在儿童与环境交互过程中的，而不是离线模式的。多模态指的是不同模式与认知域是在儿童与其他儿童交互过程中并行获得的。例如，在 1.3.3 节关于涉身性的讨论中，感觉运动与语言能力之间的相互作用就是一个很好的证明。连续和开放式指的是学习和发展不会在特定的阶段才开始和停止，而是形成终身式的学习。事实上，发展心理学这门学科就是构建在从出生到衰老整个生命周期的更广泛的心理学领域中的。

终生学习意味着儿童不断地积累知识，因此学习永远不会停止。正如前面内容所述，这种连续学习和知识的积累会导致认知策略的定性变化，如在语言词汇量突增现象中，以及在由 Karmiloff-Smith 实现的通过表征重述模型的从隐式到显性知识转变的理论。

开放式累积学习的结果之一就是认知引导。在发展心理学中，认知引导被广泛地应用于数值认知（Carey 2009；Piantadosi、Tenenbaum 和 Goodman 2012）。根据这一理念，儿童可以从学习过的概念（如数值量和计算方式）中获得知识和表征方式，然后归纳使用这些知识并以更高的效率来定义随后学习到的新的数字词汇的含义。同样的想法可以应用到词汇量突增现象，其中，在最初的 50～100 个单词的缓慢学习过程中所获得的知识和经验导致了单词学习策略的重新定义。此外，类似的想法也用于语法引导：通过语法引导，儿童可以使用动词学习过程中的句法线索和词组上下文关系来确定新的动词的含义（Gleitman 1990）。Gentner（2010）也提出通用的认知引导是通过对类比推理的使用和符号关系知识的获取来实现的。

在线学习已经广泛应用于发展型机器人系统中，并且下一章中出现的大多数研究都会对在线学习的实现进行演示。然而，导致认知引导现象的多模态、累积、开放式的学习应用却很少探及。大多数现有模型通常只关注单个任务或单个模态（感知、语音或语义等）的获取，很少考虑并行发展以及多模态与认知功能之间的交互。因此，真正的在线的、多模态的、累积的、开放式的发展型机器人建模方法的研究仍然是该领域的一个根本性挑战。

发展型机器人模型和实验的各种案例综述将展示上述那些原则如何指导认知结构的设计，并说明发展型机器人的实验设置。

1.4 全书总览

我们在本章中定义了发展型机器人学，并讨论了它所基于的发展型心理学理论。我们针对发展型机器人学中的基本原则进行了讨论，也强调了发展型机器人实现方法的共同特征。

在第 2 章中，我们更多地对发展型机器人进行介绍，特别对是机器人工作进行定义，并回顾不同类型的人形机器人和类人机器人。第 2 章的内容还包括人形机器人平台与发展型机器人采用的婴儿机器人平台的传感器和驱动器技术以及仿真系统的概述。

从第 3~8 章中关注发展型机器人的实验环节，我们将详细了解发展型机器人模型和实验如何探索出各种行为和认知功能的实现方法（如动机、知觉、动作、社会、语言和抽象的知识）。然后，我们将思考这些领域取得的成就以及面临的挑战。每一章的开篇都会简述主要的实证结论和发展心理学理论立场。尽管每一章的概述小节是针对不熟悉儿童心理学文献的读者的，但同时，每一章余下的小节都提供了具体的实证基础知识与参考工作，这些知识和参考工作专门关注建模在机器人研究中的一些独立的发展问题。每个基于实验的章节还讨论了在自主心智发展建模中能展示发展型机器人成就的开创性实验。这些实验案例都明确地对应了儿童心理学研究的关键问题。此外，大多数实验章节都包含一些"框"（box），框中提供了心理学范例以及机器人实验技术及实现方法的细节，并强调发展型机器人学及与其直接对应的儿童心理学研究的方法论。

在这六个实验章节中，第 3 章着重关注发展型机器人模型的内在动机与好奇心，特别注重基于新奇性、预测和能力的神经、概念和计算机理。第 4 章论述了感知发展模型，主要包括人脸感知模型、空间感知模型、机器人自我感知模型、物体感知模型和可供性模型识别。第 5 章分析考虑操控（比如接近和抓握动作）与移动（比如爬行和行走动作）能力的运动发展模型。在第 6 章中，我们将关注社会学习发展的研究，并强调联合注意力、模仿学习、合作与共享计划以及机器人心智理论这些模型。第 7 章主要关注语言，将分析语音学习的发展、词组与词组含义能力的获取以及句法加工能力的发展。第 8 章重点关注抽象知识的发展型机器人模型，并结合一系列的学习模型、抽象概念和推理策略进行讨论。

最后，第 9 章展现了发展型机器人学领域与不同认知领域的共同成就，并前瞻性地思考了该领域未来的研究和发展方向。

16

扩展阅读

Thelen, E., and L. B. Smith. *A Dynamic Systems Approach to the Development of Cognition and Action.* Cambridge, MA: MIT Press, 1994.

17

此书是发展心理学理论中具有开创性意义的一本书，除了在对发展型机器人学产生极大启发的儿童心理学中有重要影响外，在通用动态系统方法的认识建模中也有重要影响。该书提供了本书 1.3.1 节简述的动态系统方法的原始描述和详细描述。

Pfeifer, R., and J. Bongard. *How the Body Shapes the Way We Think: A New View of Intelligence.* Cambridge, MA: MIT Press, 2007.

该书展现了自然和人工认知系统中对涉身智能概念的极具启发性的分析。其目的在于表明认知和思想并不是独立于身体的，而是紧密受制于涉身因素，同时身体能够开启和丰富的认知能力。其中心是围绕"通过构建来理解"的概念，意思是：我们对智能系统和机器人的理解和构建可以使我们更好地了解广义的智能。因此，书中讨论了机器人学、生物学、神经科学和心理学中的许多特定应用，这些应用涵盖了无处不在的计算与接口技术中的应用、构建智能公司的业务和管理中的应用、人类记忆的心理学中的应用以及日常使用的机器人中的应用。

Nolfi, S., and D. Floreano. *Evolutionary Robotics: The Biology, Intelligence, and Technology of Self-Organizing Machines.* Cambridge, MA: MIT Press, 2000.

该书提出了进化机器人技术原则和由 Nolfi 和 Floreano 提出的开拓性进化模型与实验的详细讨论。该书可以看成是本书的姊妹篇，因为它补充了关于进化机器人技术领域的介绍。进化机器人通常配有免费模拟器软件来支持移动式进化机器人的实验（gral. istc. cnr. it/evorobot），以及支持最新 iCub 人形进化机器人模拟器（laral. istc. cnr. it/farsa）。

18

婴儿机器人

在这一章中，我们将对应用在发展型机器人学中的机器人系统进行介绍，包括主要的机器人平台和相关的机器人模拟器。在接下来的章节中会介绍一些关于发展型认知模型的具体研究，大多数的机器人平台将会在这些章节中被提及。由于本书也面向一些不熟悉机器人概念的读者，因此在 2.1 节将介绍机器人的基础概念，包括类人机器人（humanoid robot）和人形机器人（android robot），并且对类人机器人中的传感器和执行器的技术进行综述。

2.1　什么是机器人

对于一部关于发展型机器人的书来说，机器人的定义和其核心特征无疑是最显而易见的出发点。

从历史的角度来看，"robot"源自斯拉夫语中的"robota"，它的原意是指奴隶或被强迫的劳动力。"robot"这个单词的首次出现是在捷克作家 Karel Čapek 的剧本《罗素姆的万能机器人》（Rossum's Universal Robots，1920）中。这个词源标志着，创造机器人的目的和主要用途是在日常生活工作中服务人类、在一些工作场所中完全或部分代替人类（如工业机器人）。

那么，究竟什么是机器人呢？牛津英语词典是这样定义的：机器人（robot）是能够自动执行一系列复杂动作的机器，尤其是可以通过计算机来编程控制的机器。这个定义中有四个关键概念对发展型机器人学的研究具有重要意义：①机器，②复杂的动作，③自动，④能够通过计算机编程实现。第一个概念机器非常重要，因为这一点包含了目前被认为是机器人的各种各样的设备平台。当然，我们也可以直接认为机器人就是类似于人的机器（包括类人和人形，这两种机器人的定义和区别将在接下来提及），正如我们曾经在著名电影《A. I. 》（Artificial Intelligence，人工智能）中看到的那样。实际上，目前世界范围内使用的绝大多数机器人是在工厂中进行重复性工作的工业生产和装配机器人，它们都是没有类似于人的样貌的机器。这些工业机器人有着多关节的机械手臂，主要用来完成工业生产中的精密工作，如在汽车工厂中进行金属模块的焊接、在食品包装厂中进行物体的移动和升降。其他常见的机器人形态还有各种轮式移动机器人，它们的主要用途是在工厂里搬运箱子和部件，也有越来越多的圆盘式机器人在人们日常生活中扮演真空吸尘器的角色。

在牛津英语词典中，机器人定义的第二个概念是机器人能够完成一系列复杂的动作。这个概念在某种程度上是正确的，例如，很多生产型工业机器人能够很好地完成一些高精度的操作任务，然而现在使用的大多数机器人能够做到的仅仅是一些简单的、重复性的工作。总的来说，目前绝大多数机器人工作的主要目的是节省时间和提高安全性。

第三个概念自动是机器人的核心本质特征。正确区分机器人和机器设备的关键是，机器能否在没有人类直接、连续控制的时候自动运行。尤其是当机器人能够感知环境状态（包括机器人自己的内部环境）并且能够对环境进行操作时，自动性（automaticity）（自主权——有待商榷）指的是机器人能够根据感知到的信息来选择正确动作、完成特定目标的能力。这一点更好地反应在 Matarić 对机器人的定义中："存在于自然界中的一种自主的系统，能够感知环境并基于环境信息来完成目标"（Matarić 2007，2）。

有一个与"自动性"相似的术语经常在认知型和发展型机器人中使用，并且也在 Matarić 的定义中提到，那就是"自主"（autonomous）型机器人。这个术语目前依然指的是拥有基于综合的、高层次的决策能力的自主性能力，能够自主地完成各种任务的机器人。这里要强调的是，机器人能够根据传感器的反馈信息和自身的内部认知系统，自动地选取适当的动作来完成任务。然而，还应当注意的是远程遥控机器人也属于机器人的范畴，但是它依然需要人类操作者的远程遥控，并没有展现自主性。就像医学上的外科手术机器人一样，它在手术中并不是完全自主性地工作，而是在手术过程中为外科专家提供服务支持（提供一种安全、微创的方式），这种机器人仅仅能够半自主性地完成部分外科手术任务。

最后，机器人定义中的第四个关键的概念是能够通过计算机编程实现，这意味着该机器可以通过人类专家编写的计算机软件来控制。但是，这已经远远超出了纯粹编程的观点，编写具有认知功能的程序与发展型机器人学是紧密相关的。如何通过计算机编程、人工智能算法和行为控制的认知理论，设计和实现具有意识的机器人控制器（控制框架），无疑是这一领域最具挑战性的工作。

20

通过对机器人（robot）定义和核心特征的分析和解释，可以看出"机器人"这个术语并不具有单一、明确的含义。这些分析暗含了机器人的概念是在两个不同极端之间的连续区间范围。从外表特征和机械角度的观点来看，这些连续性存在于外表类似于人的机器人和工业机器人（家用真空吸尘器）之间，类人外表的机器人是一个极端表现，没有类人外表的机器人是另一个极端表现。从控制的角度来看，机器人的范畴包括从完全自主控制的系统到半自主性控制（或者叫作远程遥控）的系统。对机器人行为能力范围的界定则是从操纵简单、重复性的动作到完成复杂任务。对于机器人的各方面的研究，例如，机器人外表特点、控制方法、行为特征以及多种多样的应用领域，感兴趣的读者可以参考 Siciliano 和 Khatib 编写的综合性书籍《Springer Handbook of Robotics》（2008）。

类人机器人

考虑到类人和类婴儿机器人平台在发展型机器人学中的广泛应用，我们在这一小节中将主要论述类人机器人的定义，并讨论类人机器人和人形机器人之间的区别。首先，类人机器人有着拟人化的身体设计（例如，拥有一个头、躯干、两条胳膊和两条腿）和类人的感觉器官（例如，获取视觉信息的摄像机，感知听觉信息的麦克风，感知触觉的触觉传感器等）（de Pina Filho 2007；Behnke 2008）。这类机器人的外观各有不同，有如图 2-1a 所示的可以看到内部器件连线的复杂电子机器人，也有如图 2-1b 所示的拥有塑料外壳且好似穿着航天服的机器人或玩具。

类人机器人中有一种特别的类型，那就是人形机器人。这种类型的机器人除了有拟人的身体外形，还有仿人的"皮肤"外表（图 2-1c）。人形机器人的典型例子是 Hiroshi Ishiguro 及其团队在日本大阪大学以及 ATR 智能机器人和通信实验室研发的 Geminoid 成人形机器人（Nishio、Ishiguro 和 Hagita 2007；Sakamoto 等人 2007）。当然，发展型机器人的研究中也存在一些婴儿、儿童类型的人形机器人，如有着四岁女孩外形的 Repliee R1 型机器人（Minato 等人 2004，详见 2.3 节）。

a）COG类人机器人 b）iCub类人机器人 c）Geminoid人形机器人

图 2-1 a）带有视觉电子设备的 COG 类人机器人，由 Brian Scassellatti 提供；b）拥有塑料外壳的 iCub 类人机器人，由意大利理工学院 Giorgio Metta 提供；c）Geminoid H1-4 人形机器人与他的制造者 Hiroshi Ishiguro，由大阪大学 Hiroshi Ishiguro 提供（Geminoid 是国际先进通信研究院（ATR）的注册商标）

人形机器人的设计目标一直是致力于消除人和机器人在外形和行为上的区别（MacDorman 和 Ishiguro 2006a）。由于在人-机器人交互过程中使用人形机器人会出现"恐怖谷"（uncanny valley）现象，因此，理解人形机器人的设计内涵便显得极其重要。随着具有人类外表的机器人的迅速发展，Mori（1970/2012）最早提出了"恐怖谷"理论，他假设了一种转变关系来表现人类对具有人类外表的人形机器人的认同或反感。厌恶和恐惧的感觉——也就是"恐怖谷"——是由于人形机器人在行为和外表上没有取得完全类人的品质而引起的。图 2-2 展示了 Mori 的"恐怖谷理论"表示曲线，对应的是机器人的仿人外观和人类认同度之间的关系，其中"恐怖谷"是出现在曲线中的一段下降陡坡。从工业机器人到玩具机器人的转变来看，机器人在外表方面只是局部与人类相似，并期望能提高人类对它们的认同度。虽然机器人假肢与人类手臂几乎没有区别，但是，其外表和动作上细微的缺陷就会引起人类的恐惧感，从而导致认同感曲线的下降（恐怖谷理论由此产生）。就其本质而言，恐怖谷是机器人和人-机器人交互研究中的关键问题。受到 Mori 的恐怖谷假设和仿人机器人（包括计算机图形仿真、虚拟智能体）的人-机器人交互现象的影响，很多研究者已经开始研究生物学和社会学上的因素（MacDorman 和 Ishiguro 2006b）。

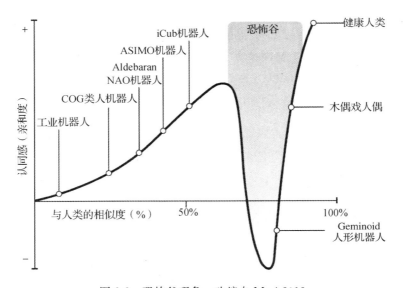

图 2-2　恐怖谷现象。改编自 Mori 2012

发展型机器人学主要是以类人机器人为基础。但是很多的研究者（尤其是在日本）已经在研究类人-人形婴儿机器人平台的用途（Guizzo 2010）。在 2.3 节中，我们将对在发展型机器人研究中使用的婴儿机器人进行详细综述，这其中包括类人机器人和人形机器人。当然，我们也会提及一些移动机器人研究，如 SONY AIBO 型机器狗。但是在那之前，我们需要对构建机器人平台的执行器和传感器的基本概念和技术进行快速学习和了解。

2.2　机器人学简介

这一节主要是对机器人学中的重要术语和硬件技术进行介绍，主要目的是让不熟悉这些概念的读者更加容易理解后面的内容。机器人学中的一些专业术语会大量地出现在本书中，如自由度（D OF）、红外传感器、电动或气动执行器。所以，认知科学和人类学专业的读者将会在这一章节中学到一些知识，可以说这一节是机器人学知识的入门简介。这部分的技术概述在一定程度上是基于 Maja Matarić 的《The Robotics Primer》(2007)。读者可以通过参考该书了解更详细的内容。为了更进一步、更深入、更全面地理解机器人学的知识，我们还推荐大家阅读 Siciliano 和 Khatib（2008）编写的《Springer Handbook of Robotics》。

在本节中，我们首先介绍自由度的概念，以及其在类人机器人中使用的各种执行器的实现机理。接着，我们将对用于处理视觉、听觉、触觉、本体感知、压力等信息的传感器进行概述。最后，我们还会介绍一些信号处理的相关概念。

23

2.2.1 自由度、效应器和执行器

机器人的主体主要由两部分构成：一部分是一套能够接收外界环境信息的传感器（例如，获取视觉信息的摄像机，获取音频信息的麦克风，以及感知距离的红外传感器等）；另一部分是能够产生行为动作的执行器（例如，使轮子或"机器腿"运动，或者使机器人铰接臂操纵物体等）。

自由度概念的引入，是为了确定机器人能够表现的动作维度。自由度是指在三维 x，y，z 空间坐标系中能够产生的动作维数。举个例子，我们的肩膀有三个自由度，因为肩膀可以通过窝球关节结构，使上臂在三个维度上运动，分别是水平维度（x）、竖直维度（y）和旋转维度（z）。上臂和小臂之间的结构只有肘部的一个自由度，它可以使手臂伸直或弯曲。当然，最典型的是人类的眼睛，它有三个自由度，可以使眼睛在水平、竖直、旋转方向上运动。

机器人会在一个或多个自由度情况下，使用效应器和执行器来执行相应的动作。效应器指的是一种机械装置，它允许机器人根据外界环境的信息做出相应的反应。人类身体上的效应器主要包括手臂、手指、眼睛和腿。机器人上的效应器主要是车轮和"机器腿"、机械手和夹持器以及"眼睛""手臂""机翼""鱼鳍"等。执行器也是一种机械装置，其作用是让机器人的效应器在至少一个自由度的情况下，将能量转化成动作执行出来。人体中执行器的主要例子是控制各个关节的肌肉和肌腱。在机器人中，最常见的执行器是电机或马达（包括电动、气动或液压型），或者是能够通过改变本身形状和属性产生运动的其他物质。表 2-1 中列举了一些最常见的执行器以及它们的主要特点。

表 2-1　执行器的主要类型

执行器	简　介	注　解
电动马达	将电能转变成机械能（转矩和转速），从而产生动作	优点：结构简单，价格便宜，应用广泛 缺点：易发热，不节能 主要类型：直流电动机，直流齿轮传动电动机，伺服电动机，步进电动机
液压马达	将液体压力转变成机械能（转矩和转速），从而产生动作	优点：力矩大，动作精确 缺点：体型大，较危险，有液体泄漏风险 主要类型：汽车活塞

（续）

执行器	简　介	注　解
气动马达	将空气压力转变成机械能（转矩和转速），从而产生动作	优点：高功率，快速、准确反应，被动动力 缺点：较危险，噪声大，有气体泄漏风险 主要类型：Mckibben 型气动人工肌肉
反应材料	根据物质对光、化学物质或温度的反应，产生小型的动作（收缩/伸长）	优点：适合微型机器人、线性执行器 缺点：只能产生小/弱的动作，有化学风险 主要类型：光敏材料，化学活性材料，热活性材料

　　连接两个身体部位的执行器称为关节(joint)。每个给定的关节可以有多个自由度，一般来说，每个自由度需要一个独立的执行器来链接。不过就在最近，一种支持多个自由度的马达已经被研发出来。

　　机器人系统中既可以使用被动的效应器，也可以使用更常见的（主动的）执行器。主动型执行器是指那些可以利用能源动力来将效应器移动到所需位置的活动性关节。这些执行器也可以使用一些柔性机构。相比之下，被动效应器是基于被动驱动机制，主要利用执行器结构产生的能源（例如，飞机机翼结构产生的气动升力），并且能与环境进行交互（例如，重力、风力等），从而驱动机器人。最有名的被动效应驱动的机器人是 Passive Walker（Collins 等人 2005），该机器人利用了倾斜轨道上的重力和具有灵活膝盖结构的双腿，在不需要提供动力的情况下便可向下行走。许多动物和人类的运动系统中都有这样的一部分，它们主要是利用被动的、柔性的效应器的属性来进行运动。在机器人学中，这一研究领域叫作涉身智能，其设计灵感是来源于基于被动或主被动混合执行器研发的低能耗机器人仿生系统（Pfeifer 和 Bongard 2007）。如果执行器能够通过使马达停止来应对外力刺激，那么该执行器就是柔性的。拥有柔性机械臂的类人机器人在执行物体抓取任务时，当其手部的力传感器感受到物体表面的反作用力时，将会关闭其手指或手的电机，从而实现物体的抓取。如果没有柔性的执行器，电机将会继续对目标施加外力，直到电机轴的位置达到最终位置，因此被抓取的物体有被损坏的风险。柔性执行器对人-机器人交互的应用同样非常重要，因为当机器人触及物体或表面的时候，尤其是其继续运动会对人类用户造成伤害的时候，机器人必须能够停止其效应器的移动，以免对人类造成伤害。

　　最常用的执行器是电动马达（又称电机）。它们之所以被广泛应用在机器人系统中，是因为这些电机价格便宜、相对来说能耗较低（虽然电机并不很节能），并且基于的是众多工程领域适用的标准、简单的电机技术。目前机器人中使用的电机主要有四种类型：①直流电机，②直流齿轮传动电机，③伺服电机，④步进电机。这些电机将电能转换成轴的转动，所以又称为旋转电机。前三种电机是同一种类型电机（直流电机）的不同形态，而步进电机则基于不同的马达设计原理，其在机器人平台上的使用方法和能量消耗都不同于其他电机。

　　旋转电机中有两个重要的参数，分别是转矩（torque）和转速（speed）。转矩，就是在一个给定的距离产生的旋转力；转速，指的是旋转的速度（用每分钟的转速来衡量，记为 rpm，也可以每秒钟的转速来衡量，记为 rps）。大多数电机使用的是位置控制原理，即控制器驱动电机，使其转动到指定的位置。即便出现了障碍或作用力，控制器也会控制电机产生相应的反作用力来应对，使电机保持在指定位置。另一种电机是通过转矩来控制的，该电机控制目标电机轴的转矩，而并不考虑电机轴的位置。柔性的执行器会有一个反馈机制来感受反作用力，从而阻止电机继续转动到所需位置，避免烧坏电机。

直流电机（DC motor）是目前为止在机器人学中使用最广泛的一种执行器。这种电机将电能转变成电机转轴的运动。直流电机的机电原理是，当电流通过线圈时会产生相应的磁场，从而转动电机转轴。该电机的功率与其转矩、转速成正比，可以通过调节输入电流的幅度来控制电机的速度（转速）和转矩（旋转力）。然而，大多数的直流电机通常具有高转速（每秒 50～150 转或者每分钟 3000～9000 转）和低转矩，这可能对需要低转速、高转矩的机器人来说是一个很大的问题。直流齿轮传动电机（geared DC motor）利用齿轮传动原理解决了上述问题，齿轮传动机制可以调节电机转轴的速度和力度，从而让电动机可以完成更慢、更有力的动作。齿轮传动机制的工作原理是，当两个不同直径的齿轮相互连接时，会产生速度和转矩的变化。例如，当电机的转轴通过连接的小齿轮来驱动大齿轮进行转动时，就会引起转矩的增大和转速的减小；当电机的转轴通过连接的大齿轮来驱动小齿轮进行转动时，就会引起转矩的减小和转速的增大。因此，小型齿轮转轴连接大齿轮的直流电机，能够使机器人实现低速、高力度的目标。超过两个齿轮组合（同轴齿轮）的电机，就能够进一步实现各种各样的转矩和转速组合。

第三种类型的电动机是伺服电机系统（servo motor），通常简称为伺服电机（servo），该电机能够使转轴转到特定的角度位置。它主要由三个部分构成：一个标准直流电机、能够控制电机转动信息（位置和速度）的电子组件、一个感知电机转轴位置的电位器。这样，伺服电机就可以通过反馈信息来计算误差和调节电机轴的最终位置（如负载补偿）。该电机有一个局限，即转轴转动不能超过 180°⊖。然而，由于伺服电机拥有很高的精度，因此在机器人学的研究中，伺服电机越来越多地被用于界定或达到某一目标角度位置。

最后一种类型的电动机是步进电机，该电机按设定的方向转动一个固定的角度，也称为"步距角"，它的旋转是以固定的角度一步一步运行的。当然，步进电机也可以通过结合齿轮传动装置来提高转矩和减小电机转速。

液压马达和气动马达是一种线性的执行器，它们分别通过向液压缸中注入液体以及向气缸中注入压缩空气来引起执行器的线性收缩和延伸。这些马达可以提供很强的力度，因此在工业机器人中被广泛使用。液压马达机构需要重型设备来构建，所以维护困难，因此一般应用在自动化制造工业中。液压马达还可以提供高水平的动作精度来到达所需的目标

⊖ 这里的描述不正确，有些低档的模拟舵机才有 180°的限制，一般的伺服电机是没有的。——译者注

位置。在一些小型的研究平台（如类人机器人）中，液压马达和气动马达存在一些缺点：噪声非常大，有液体/气体泄漏的风险，可能需要大型的压缩机。但是，应用气动马达的发展型机器人系统也有很多优点，因为它们可建模实现肌肉的动态属性。事实正是如此，就像 Mckibben 型气动人工肌肉在 Pneuborn-13 婴儿机器人中的应用（Narioka 等人 2009），该机器人将会在 2.3 节中详细介绍。像这样的气动马达由两部分构成——内置的橡胶管和外置的尼龙套，对内置橡胶管内压缩气体的抽气效应会引起肌肉的收缩，最高可达 25%，其刚度也会提高，此外，刚度也可以根据需要来调整。

最后，除了基于电力和压力的系统，反应材料执行器也为机器人系统提供了另一种选择。这种执行器包含了多种多样的特殊材料，例如编织物、聚合材料和化学化合物，它们都能够对光（光敏）、化学物质、酸性/碱性溶液（化学反应）、温度（热敏）等产生较小的运动（组织的收缩/伸长）。

上述这些执行器中的一个或者多个执行器的组合，都能够实现控制效应器实现动作的功能。在机器人的相关研究中，我们根据效应器的主要功能把它们分成两个大类：用于移动的效应器和用于操纵的效应器。移动（或行走）效应器（locomotion effector）可以完成各种各样的动作来使机器人移动到不同的位置。例如，双足行走、四足行走、摆动、跳跃、爬行、攀登、飞行、游动等。这类效应器主要包含"腿"、车轮、飞行翼和鳍状物。当然，有的时候，比如爬行或攀登时，也会使用手臂来执行移动动作。操纵效应器（manipulation effector）主要用来操作物体，通常也包括使用"手臂"（类似人类上肢）的单手或双手操作。可供选择的操纵效应器大都是受动物手臂的启发而研制的，例如借鉴章鱼手臂（Laschi 等人 2012）或者大象象鼻（Hannan 和 Walker 2001；Martinez 等人 2013）的软材料效应器。

在发展型机器人学的研究中，机械臂和机械手等效应器是非常重要的，因为它们都被广泛应用于该领域内的类人机器人平台中，并且机器人操作能力的发展也被认为与各种高层次认知功能的进化和个体发展过程息息相关（Cangelosi 等人 2010）。机器人中的机械手臂通常有着简化的自由度结构，和人类身体比较相似，包含肩部关节、肘部关节、腕部关节和手指关节。人类的手臂（除手部之外）有七个自由度：肩部有三个自由度（上-下、左-右、旋转）；肘部有一个自由度（伸直-弯曲）；腕部有三个自由度（上-下、左-右、旋转）。尽管机器人手臂在自由度的数量上通常有些限制，但是为研究认知和发展型模型而构造的类人机器人更趋向于精确复制人类的手臂/手结构。

最后还有一个非常重要的问题，即如何在操纵过程中找到那些具有高自由度的末端效应器（例如，包含夹持器或"手指"来操作物体的效应器）的位置。目前，我们可以通过正向运动学和逆向运动学方法来计算，或者使用机器学习的方法（Pattacini 等人 2010）和仿生模型（bio-inspired model）来解决这一问题（我们将在本书的第 5 章中介绍）（Massera、Cangelosi 和 Nolfi 2007）。

2.2.2　传感器

机器人必须能够使用从外界环境及其本身内部获取的信息，从而对外部环境做出正确的反应。这就是传感器所要扮演的关键性角色。传感器是一种电气机械装置，用来定量测量（内部和外部）环境的物理属性。

为了能够感知内部和外部的状态信息，机器人需要两种传感器，分别是本体感受传感器（proprioceptive sensor）和外感受性传感器（exteroceptive sensor）。本体感受传感器（内部传感器）能够感知机器人自己的轮子的位置，以及不同执行器中的各个关节的角度值（例如，力传感器、力矩传感器）。这和人体内部的感觉器官很类似，就像感知肌肉伸缩的器官。外感受性传感器（外部传感器）能够感知外部环境的信息，例如，到障碍物或墙壁的距离信息，其他机器人或人类施加的外力，能够通过视觉、听觉、嗅觉感知到的物体存在及其特性。

表 2-2 列举了在机器人学中使用的主要传感器。前五种类型是外感受性传感器，主要用来测量外部环境的信号（光、声音、距离和位置）。剩下的两种类型是本体感受传感器，其功能是测量机器人的内部构成和状态信息（马达的力矩、加速度和倾斜角度）。表中也列举了各个传感器使用中的常见属性及问题。

表 2-2　传感器的主要类型

传感器	设　备	注　释
视觉（光）传感器	光敏电阻	感知光的强度
	一维摄像机	感知水平方向的信息
	二维黑白或彩色摄像机	感知完整的视觉信息；计算密集、信息丰富
声传感器	麦克风	感知完整的声音信息；计算密集、信息丰富
远距和邻近传感器	超声波（声呐、雷达）	超声波的反馈需要反馈时间；在不光滑的表面上反射具有局限性
	红外线（IR）	使用红外光波中的反射光极子；通过调制红外线来减少干扰
	摄像机	根据双目视差或视觉透视来测距
	激光	激光的反馈需要反馈时间；无镜面反射问题
	霍尔效应	铁磁性材料
接触（触觉）传感器	碰触开关	二进制的开/关接触
	模拟触摸传感器	在传动轴上结合弹簧；由能够根据压缩来改变电阻的软导电材料构成
	皮肤	分布在体表的传感器

（续）

传感器	设　备	注　释
位置（定位）传感器	GPS	全球定位系统，精确到 1.5 米（GPS）或 2 米（DGPS）
	SLAM（光、声呐、视觉）	同步定位与建图，光、声呐、视觉多种传感器协同使用
力（力矩）传感器	轴编码器	感知马达转轴的旋转值；使用透射型光电传感器的测速仪测量旋转速度
	二次轴编码器	感知电机转轴的旋转方向
	电位器	感知电机轴的位置；在电机内部，检测转轴的位置
倾斜和加速度传感器	陀螺仪	感知倾斜度和加速度
	加速度器	感知加速度

　　传感器既可以使用被动感知技术，也可以使用主动感知技术。被动型传感器是由一个可以感知环境变化的探测器构成的，如碰撞传感器主要用于探知外界压力变化，光切换器则检测光照变化。主动型传感器需要电源和一个能够向外界环境发送信号的发射器，当然也需要一个探测器来感知信号的反馈，从而确定是否有环境引起的定量影响（如反馈延迟）。最常见的主动型传感器是"反射式光电传感器"（reflective optosensor），即要么使用反射传感器，要么使用透射型传感器。在反射传感器中，发射器和探测器安装在设备上的同一侧，因为这一设计，发射器发出的光信号必须反射回探测器。这些反射传感器使用三角测量法来计算光信号从发出到返回之间的时间消耗。主动型反射传感器也会和红外（IR）传感器中的光信号、声呐（声波导航和测距）中的超声波信号及激光传感器一起使用。第二种类型的主动型发射式光电传感器是透射型传感器，其信号探测器位于信号发射器的对立面。这种设计虽然打破了信号发射和接收延迟的障碍，但是会存在缺乏信号检测这样的弊端。

　　在使用机器人传感器的时候，需要考虑一个非常重要的问题：传感器所提供的定量信息有着不确定性。这种不确定性是任何物理测量系统所固有的，产生这种不确定性的原因很多，例如，传感器的噪声和误差，其测量范围的局限性，机器人效应器的噪声和误差，以及环境中未知、不可预见的属性和变化。尽管目前采用了一些可行的方法来处理传感器的一些噪声和局限性问题，但是这些方法只能解决部分不确定性的问题。例如，校准标定可以用来处理使用 LED 传感器、红外传感器和摄像机时的环境光线。这里的环境光指的是环境中默认的光线。传感器在接收反射的光信号时应该忽略环境光，只处理传感器自己发射出去的光信号。这可以通过传感器的校准标定来解决，换句话说，就是将发射的光信号关闭后先进行一次接收信号的读取，然后在打开发射光信号时，所读取的信号要将之前关闭时的读取信号减去。

　　大多数传感器提供的信息通常会提供给机器人的控制器，帮助其进行动作选择。对于简单的传感器，如红外（IR）和碰撞开关，控制器可以直接使用原始数据。对于更复杂的传感器，情况则恰恰相反，在机器人使用传感器信息之前，需要运用先进的信号处理技术对采集到的数据进行预处理。例如，视觉和声音传感器以及实现定位与映射的主动声呐/光传感器的集合，都属于这种需要预处理的情况。我们将简要描述一些与二维摄像机视觉传感器、麦克风传感器和即时定位与地图构建（SLAM）传感器相关的主要信号处理方法（Thrun 和 Leonard 2008），这是因为接下来在本书里描述的各种实验会涉及这些信号处理方法。在发展型机器人学的研究中，视觉和听觉感知是至关重要的特征，而且在人-机器人交互的实验中还可以使用同步定位与建图来进行导航控制。

机器人的视觉感知（visual perception）使用它自己的（彩色）摄像机生成的数字图像来获取一组丰富的信息集。只要处理好这些视觉信号，智能系统就能够建立一个外部世界的表征方式。这套表征方式包含：对象的分割与识别，以及这两个操作任务的属性；导航和避障的环境布局；与其他人类和机器人智能系统进行的社交互动。

人工视觉（也叫机器视觉）专家，已经研发出了一系列的标准图像处理程序和算法，这些程序和算法已经广泛应用在机器人学的研究中。尽管在人工智能和机器人学研究领域中，视觉方面的研究仍然是一个重大挑战，但是目前的一些程序和算法在机器人视觉对象分割、识别和跟踪等方面都有着成功的应用（Shapiro 和 Stockman 2002；Szeliski 2011）。

在机器人视觉的研究中，一组特征提取方法通常可以应用于获取"特征图"（saliency map）（Itti 和 Koch 2001），也就是说，局部图像的识别对机器人的行为有着十分重要的意义。具体来说，特征提取用来检测和抽取数字图像中的各种特征，如颜色、形状、边缘和运动等。例如，在 Schlesinger、Amso 和 Johnson（2007）关于对象完备化（object completion）的发展型模型的研究中（将在第 4 章中讲述），他们通过一组结合颜色、运动、方位和色度的提取方法来构建特征图。通过组合这些特征，便可生成注视物体模型的整个特征图（图 2-3）。

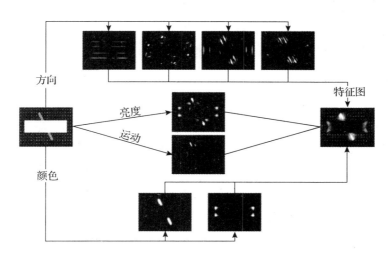

图 2-3　实现特征图的特征提取集合，从 Schlesinger、Amso 和 Johnson 2007 中生成该图。参阅第 4 章获取该模型的更多信息

数字摄像机的图像处理通常包括两个主要阶段的视觉分析：①图像处理，例如，平滑去噪、边缘识别、从背景（或其他对象）中分割感兴趣的对象；②场景分析，对图像中的各对象进行注释，并将部分对象（如四肢、头部、躯干等身体部分）集成到整体对象（如人类身体）的模型中。

31

平滑处理是指去除原始图像的噪声，如一些具有欺骗性和不规则的像素（例如，对细线条进行消除和对粗线条进行增粗）。边缘检测需要识别出图像中出现亮度急剧变化的点。通常使用卷积（convolution）方法来实现平滑处理，换句话说，采用平均窗口的滑动以及该滑动窗口中心的像素强度数值的总和。滑动窗口通常使用高斯函数。更先进的方法是使用结合了平滑和边缘检测的平均窗口函数。例如，结合了高斯平滑和边缘检测差异化的Sobel 滤波器。Sobel 滤波器基于图像的卷积，在水平方向和竖直方向有着小型、可分离和整数值的滤波器。另外，Gabor 滤波器采用线性滤波器来进行边缘检测，其灵感来源于初级视觉皮层的神经元功能。二维 Gabor 滤波器基于一个由正弦波调制的高斯函数，并且能够使用不同的频率和方向设置。

对于区域识别，一般使用直方图和划分–合并（split-and-merge）等方法。基于直方图的方法会产生一个关于图像中像素亮度的直方图，并且分布图中的波峰和波谷会被用来定位图像中的区域（集群）。这是一种高效的方法，因为该方法通常只需要通过像素就能完成。划分–合并方法使用图像的"四叉树"分割。首先对整个图像中的像素强度进行分析，如果在整体图像中找到了像素的非齐次强度，就会将图像分割成四个象限，然后对产生的每个新图像再次检测齐次像素强度。这个过程是通过更小象限的迭代来完成的。在完成分割之后，相邻的均匀区域会合并成大的区域，进而构成了分割区域。

其他的滤波器也能够用于生成物体的附加特征，如彩色滤波通常使用红–绿–蓝（RGB）原色组件，而动作滤波则是通过识别图像中运动的像素（区域或对象）来完成的。只要能够提取出一个完整分割的图像，就可以使用各种各样的场景分析方法对其中的对象进行描述。例如，我们通常使用的基于模型的方法来识别人类/机器人的身体，身体中的不同部位必须能够分割和识别（如四肢、头部、躯干），并且能够和期望的人类身体模型匹配。在人脸识别模型中，这种方法可能需要对脸部的关键点和特征进行识别，如眼睛和嘴的位置和构造。

有很多的软件库提供了现成的工具，从而可以使用各种各样的特征提取过滤器和算法来处理机器人获取的图像。OpenCV（opencv. org；Bradski 和 Kaehler 2008）是最常见的开源软件库之一，在发展型机器人学的视觉处理中使用广泛。这种软件库也通常与机器人软件集成在一起，如 iCub 和 YARP 中的中间件程序（详见 2.3.1 节）。

32

还有一些其他的人工视觉方法，它们是基于大脑视觉系统的神经生理学和功能来实现的。例如，对数–极坐标视觉方法对哺乳动物视觉系统中视觉传感器（视网膜视锥细胞）分布的神经生理学进行建模（Sandini 和 Tagliasco 1980）。在那些哺乳动物中，特别是在人体中，视网膜中神经末梢（视杆细胞和视锥细胞）的分布情况是在中心注视点更加密集，在边缘部位比较稀疏。这就导致了图像分辨率的非线性，即在中心部位具有较高分辨率，在边缘具有低分辨率。其服从辐射对称分布，可以由极性分布近似得到。此外，从视网膜视锥细胞到初级视觉皮层的数组投影，也可以近似为到一个矩形表面的对数-极坐标分布。这样，在视觉中央凹的皮层代表区就有更多的神经元专注于目标，而其外围使用较少的神经元则展现出较粗的分辨率。对数-极坐标方法将一个标准的矩形图像转化成一个空间可变的图像。这种拓扑表示很容易用来进行实时对象分割和追踪任务，因为它使用了一个节省资源的图像展示和处理方法。对数-极坐标映射也已经广泛运用在认知机器人的研究中（Traver 和 Bernardino 2010），例如，Babybot 平台（iCub 仿人机器人的前身）上的彩色物体追踪（Metta、Gasteratos 和 Sandini 2004）。

一些视觉处理工具是基于人工神经网络的方法（如 Riesenhuber 和 Poggio 1999；Serre 和 Poggio 2010；参阅 Borisyuk 等人 2009，了解其在机器人中的应用）。这些方法不使用预定义的滤波方法对图像进行人为标注分析。相反，这些方法使用受到视觉系统生理学启发的神经计算算法。神经网络在处理图像时，使用了一种分层处理架构方式，该方式受到了初级视觉皮层 V1-V4（包含选择性刺激取向、大小、深度和运动方向）到前下颞区（AIT，对物体的表示）的刺激处理过程的启发。例如，Riesenhuber 和 Poggio（1999）提出了一种用于视觉对象识别的大脑分层计算模型。

基于视觉神经计算模型的软件库还包括 Spikenet 视觉系统（spikenet-technology. com），该系统允许使用一组预先训练好的目标图像与分割的对象进行模板匹配。Dominey 和 Warneken（2011）使用这个软件库对发展型机器人进行建模，从而能够确定目标物体的位置；他们也在人机合作实验中用它来识别地标（详见 6.4 节）。

机器人的声音和语言感知可以通过处理原始音频的信号处理方法来实现，或通过更先进的用于声音和言语的模式识别系统来完成（Jurafsky 等人 2000）。分析原始声音信号的经典方法包括：对语音提取的第一共振波峰进行傅里叶分析（以元音的表示为例），隐马尔可夫模型（HMM），人工神经网络。在没有预定义声音系统的情况下（如在机器人语音系统的进化模型中，详见第 7 章 Oudeyer 的研究），或者在声音感知神经网络中关注机器人的语音与填词能力的情况下（如 Westermann 和 Miranda 2004），通常适合采用机器人的语音和语音信号的特殊处理。

对于语言感知，在发展型机器人研究中，最常使用的是自动语音识别系统（ASR），它可以提取一串识别的文字，并且自动分析这些文字的语法。很多语音处理软件包都含有 ASR 和语法分析器。常用于发展型机器人研究中的 ASR 系统包括：开源的 SPHINX、ESMERALDA、JULIUS，商业性软件 DRAGON DICTATE，以及在 Windows 和 Apple 操作系统里包含的标准 ASR 系统。卡内基·梅隆大学（Carnegie Mellon University）开发的 SPHINX 系统在 ASR 系统中使用最广泛的程序之一。SPHINX 系统实际上包含了一组依赖于 N-gram 和 HMM 方法的语音识别程序。它通过对说话人的初步训练来创建一个基于个人声音系统的声学模型，之后就可以支持大量连续语音的识别。ESMERALDA 系统是由比勒费尔德大学（Bielefeld University）研发的，它提供了一个可以使用多种 ASR 方法的语音识别系统的软件框架。JULIUS 是由日本连续语音识别联盟（Japanese Continuous Speech Recognition Consortium）研发的，它是基于 N-gram 和上下文相关的 HMM 模型的方法，能够对大量词汇的连续语音进行实时、高速识别。它也包含了一个名为"Julian"的基于语法的识别解析器。尽管现在的 JULIUS 声音模型包含许多其他语言（含英语），但是其最初是基于日语研制的。在商业化方面，Dragon Dictate（纽昂斯通信公司）是一种很流行的选择，因为该软件还有一个功能简化的免费版本。

在发展型机器人的语言学习实验中，目前使用了各种各样的 ASR 系统。例如 SPHINX（Tikhanoff、Cangelosi 和 Metta 2011）和 ESMERALDA（Saunders 等人 2009），还有一些使用 Apple 和 Dragon Dictate 软件（Morse 等人 2011，详见第 7 章）。

对于实现机器人在地图上感知自己的位置，可以通过集成位置、定位和距离传感器的信号，使得机器人可以构建环境地图，从而在地图上确定自己的位置。通过同步定位和映射（也可以称为并发映射和定位）的方法，机器人能够同时完成建图和定位工作。SLAM 不需要程序员提供关于房间/建筑环境的预定义规划，也不需要绝对位置标定（GPS 需要标定）。当机器人需要探索某个位置的环境，又没有可以使用的地图时，或者 GPS 无法使用（如在室内环境）时，SLAM 实际上对机器人来说是必不可少的。但是 SLAM 很难实现，因为这是一个"鸡和蛋"的问题：如果机器人没有地图，它该如何确定自己的位置；如果机器人不知道自己在哪，它又怎么能创建一幅地图。此外，在现实中这个问题又变得更加困难，原因在于：传感器在不同环境中收集到的数据可能看起来是一样的，或者相同/相近的位置可能由于噪声或方向而出现不同的数据。基于这个问题固有的复杂性和传感器数据的不确定性，尽管 SLAM 给机器人专家留下了难题，但是地标的识别和距离测量信息可以帮助解决这个问题。

用于 SLAM 的传感器数据可以通过多种方式来收集，包括利用光学传感器（一维或二维激光测距仪）、超声波传感器（二维或三维声呐传感器）、视觉摄像机传感器和机器人车轮行程传感器。通常情况下，使用最多的是这些传感器的组合，如利用辅以摄像机的声呐信号用来检测地标。为了解决定位和建图的问题，SLAM 使用了多种信号处理和信息融合技术，并取得了不同程度的成功。一个好的 SLAM 算法是非常关键的，就如斯坦福大学（Stanford University）团队和斯坦利（Stanley）机器人小车在 2005 年的 DARPA 挑战赛中取得的成功。关于 SLAM 方法的综述，详见 Siciliano 和 Kathib 的《Springer Handbook of Robotics》（2008）3.7 节中由 Thrun 和 Leonard 举的例子。

2.3 类人婴儿机器人

发展型机器人技术的研究诞生于 21 世纪初，它引发了各种类人婴儿机器人的研究和平台制造。伴随着更新型、更标准的类人成人机器人平台的研发，婴儿机器人也已经在一些发展型机器人研究中使用。

接下来的几节将简要描述这种机器人的主要特点。表 2-3 展示的是这些特征的简要对比。表中主要列举了发展型机器人研究中最常用的 12 种机器人平台，并详细介绍其设计或制造的细节、自由度的总数、执行器的型号和位置、皮肤传感器、外观和尺寸特征以及主要的参考文献和交付年份。通过对该表的简要分析，大多数的机器人是类人全身机器人，上部躯干和腿部都具有执行器，并且大多数执行器是电动的。但是有一个非常特别的例外，那就是 COG，它是麻省理工学院研发的机器人，是最早使用在认知和发展型机器人研究中的机器人之一。最新的婴儿机器人是 Affetto，目前它只有上半身的执行器，但该机器人未来将拓展成全身型类人机器人。至于皮肤传感器，只有少数的机器人（iCub、CB^2 和 Robovie）才拥有，这些传感器分布在整个身体表面或覆盖了大部分体表。大多数的机器人有着类人的机械结构，除了典型的女婴人形机器人 Repliee R1 和全身覆盖硅型芯片的 CB^2。这并没有让人感到过于惊讶：大多数（12 个里面有 10 个）的发展型机器人平台有着类似婴儿的外表或身材大小，其余的则是拥有标准成人的人形尺寸。大多数机器人是非商用的，仅仅在学术或工业研究中有特定的用途，并且这些机器人的副本数量通常少于 10 个，或者只有一台，就像 Repliee R1 和 CB^2。当然也有例外，如法国奥尔德巴伦（Aldebaran）机器人研究公司的 NAO 机器人，截止到 2013 年已经售出了 2500 台。iCub 机器人也是一个例外，尽管该机器人也没有开始商用，但是目前（截止到 2013 年）全世界范围的实验室里已经有 28 台。这是因为欧盟第六研发框架计划（FP6）和欧盟第七研发框架计划（FP7）为认知系统和机器人学方面的研究投入了大笔资金，在这一背景下，意大利理工学院首先采用开源的方法来搭建 RobotCub-iCub。

35

表 2-3 中选取的 12 种类人机器人是目前发展型机器人中最主要的研究平台。现在有越来越多的婴儿和成人类人机器人相继推出，其中部分被用于认知方面的研究。例如 IEEE 综览（IEEE Spectrum，Guizzo 2010）发表了 13 种婴儿机器人在其外表和行为复杂度两个方面的对比表。其分类含有表 2-3 中列举的四种机器人（iCub，NAO，CB^2，Repliee R1），还有 9 种其他的婴儿机器人：NEXI（美国麻省理工学院），SIMON（美国佐治亚理工学院），M3 NEONY（日本大阪大学 JST ERATO Asada 项目），DIEGO-SAN（美国加州大学圣地亚哥分校和日本 Kokoro 公司），ZENO（美国汉森机器人技术公司），KOJIRO（日本东京大学），YOTARO（日本筑波大学），ROBOTINHO（德国波恩大学）和 REALCARE BABY（美国 Realityworks 公司）。当然，其中有一些是类似玩具的娱乐产品，如 REALCARE BABY 和 YOTARO。

表 2-3　发展型机器人研究中使用的类人机器人

	制造商	自由度个数	执行器类型	执行器位置	是否拥有柔软敏感皮肤	是否拥有人形外观	是否儿童尺寸	身高/体重	时间(模型)	主要参考文献
iCub	IIT(意大利)	53	电动马达	全身	是	否	是	105cm 22kg	2008	Metta 等人 2008 Parmigglani 等人 2012
NAO	Aldebaran(法国)	25	电动马达	全身	否	否	是	58cm 4.8kg	2005(AL-01) 2009(Academic)	Gouaillier 等人 2008
ASIMO	Honda(日本)	57	电动马达	全身	否	否	是	130cm 48kg	2011 (所有新的 ASIMO)	Sakagami 等人 2002 Hirose 和 Ogawa 2007
QRIO	Sony(日本)	38	电动马达	全身	否	否	是	58cm 7.3kg	2003(SDR-4X-II)	Kuroki 等人 2003
CB	SARCOS(美国)	50	液压马达	全身	否	否	否	157cm 92kg	2006	Cheng 等人 2007b
CB²	JST ERATO(日本)	56	气动马达	全身	是	是	是	130cm 33kg	2007	Minato 等人 2007
Pneuborn-13 (Pneuborn-7II)	JST ERATO(日本)	21	气动马达	全身	否	否	是	75cm 3.9kg	2009	Narioka 等人 2009
Repliee R1 (Geminoid)	ATR, Osaka Kokoro(日本)	9 (50)	电动马达 (气动马达)	头部 (上半身)	否 (是)	是 (是)	是 (否)	(150cm)	2004 (2007)	Minato 等人 2009 (Sakamoto 等人 2007)
Infanoid	NICT(日本)	29	电动马达	上半身	否	否	是		2001	Kozima 2002
Affetto	Osaka(日本)	31	气动和电动马达	上半身	否	是	是	43cm 3kg	2011	Ishihara 等人 2009
KASPAR	Hertfordshire(英国)	17	电动马达	上半身	否	是	是	50cm 15kg	2008	Dautenhahn 等人 2009
COG	MIT(美国)	21	电动马达	上半身	否	否	否		1999	Brooks 等人 1999

    其他的一些成人形类人机器人也在一定程度上用于认知机器人学中的一般性研究，包括：PR2(美国 Willow Garage 公司)，HRP-2、HRP-3 和 HRP-4 类人机器人系列(日本高级工业科学技术研究所和日本川田工业)，LOLA(德国慕尼黑理工大学)，HUBO(韩国科学技术高级研究院)，BARTHOC(德国比勒费尔德大学)，Robovie(日本国际电气通信基础技术研究所)，Toyota Partner Robot(日本丰田公司)和 ROMEO(法国奥尔德巴伦机器人研究公司)。这其中的许多平台也被开发成用于双足行走机器人(比如 HRP 机器人)、娱乐系统(比如丰田公司的音乐演奏机器人)以及机器人手臂与服务机器人的一般性研究平台。

2.3.1   iCub 机器人

    iCub 类人婴儿机器人(Metta 等人 2008；Metta 等人 2010；Parmiggiani 等人 2012；www. icub. org)是发展型机器人研究中使用最广泛的机器人平台之一。该机器人是以明确地支持跨实验室协作为目的，通过开源许可模式来构建的。它的这种开放模式允许各个实验室在 iCub 上从事结果验证与复制、和现有软件的集成以及具有复杂认知能力的认知模型建模等工作，这促使其成为发展型机器人研究的一个关键基准平台。

    iCub 机器人是由意大利理工学院主导，由多个欧洲实验室通过欧盟基金赞助的研究机构 robotcub. org 协同努力的成果(Sandini 等人 2004；Metta、Vernon 和 Sandini 2005)。iCub 机器人早先的两个版本是由热那亚大学(the University of Genoa)和意大利理工学院 LIRA 实验室的研究人员研发的。Babybot 的设计始于 1986 年，它是一个上半身的类人机器人，在其最终的配置中含有头、臂、躯干和手在内的 18 个自由度(Metta 等人 2000)。Babybot 机器人的头和手是在 LIRA 实验实设计的，而它的臂是通过商用的 PUMA 机械臂来实现的。在 Babybot 上的实验经验引导了 James 的后续研究，于是诞生了一个拥有 23 个自由度的更高级的上半身类人机器人(Jamone 等人 2006)。对 Babybot 和 James 的机械和电子方面的测试对之后的 iCub 机器人设计产生了很大的影响，该欧盟项目 robotcub. org 开始于 1996 年。

    iCub 机器人身高 105cm，体重大约 22kg，身体是以三岁半的儿童为模型设计的(图 2-4)。该机器人共有 53 个自由度，比相同大小的其他类人机器人的自由度多得多。因为设计该机器人的主要目的是研究其操作和移动能力，所以它拥有自由度很高的手和上半身躯干。其 53 个自由度主要包含：头部有 6 个自由度，双臂有 14 个自由度，双手有 18 个自由度，躯干有 3 个自由度，双腿有 12 个自由度。

    特别的，头部的 6 个自由度包括：颈部的 3 个自由度，可提供全部的头部动作；眼部的 3 个自由度，可以竖直/水平追踪和转动。每一只手有 9 个自由度，其中有 3 根分别独立控制的手指，第 4 根和第 5 根手指由 1 个自由度控制。机械手的执行器由肌腱驱动，大部分马达位于前臂中。机械手的手腕整体宽度为 34mm，手指长为 60mm、直径为 25mm(图 2-4)。

它的每条腿有 6 个自由度，并且可以直立行走或爬行。每条腿的 6 个自由度包括：臀部的
3 个自由度，膝部的 1 个自由度，脚踝处的 2 个自由度(前屈/后伸和外展/内收)。

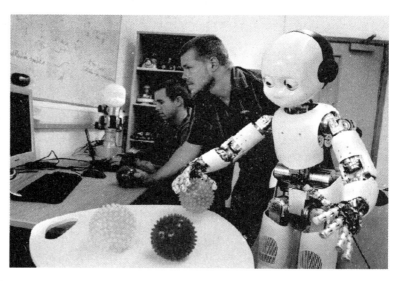

图 2-4   iCub 机器人：头部(左上)、手掌(左下)和人-机器人交互设置(右)。图片由 Giorgio Metta、
意大利理工大学和普利茅斯大学提供

iCub 机器人中的传感器套件包括两个数码摄像机(640×480px，30fps 高分辨率)和麦
克风。惯性传感器有三个陀螺仪、三个线性加速度计和一个指南针。它的臀部和肩部也有
四个定制的力/力矩传感器。手掌和手指中的触觉传感器是基于电容式感应的。其分布式
的感应皮肤也采用电容感应技术，并且通常位于手臂、手指、手掌和腿(Cannata 等人
2008)。每一处关节都含有一个位置传感器，在大多数情况下使用绝对位置编码器。

在 iCub 机器人的头部是奔腾 PC104 主板，主要对集成所有传感器和电机状态信息的
各种数据流进行同步处理和格式化。但是，其复杂和耗时的计算会在外部的计算机集群中
完成。与机器人的通信是通过千兆以太网(Gbit Ehternet)连接的，并且通过脐带式软线提
供网络连接和能源。为适应 iCub 有限的空间需求，一套基于 DSP 的控制卡通过 CAN 总
线互连来实时负责局部的低级控制回路。共有 10 条 CAN 总线连接着机器人的各个部分。

YARP(Yet Another Robot Platform；Metta、Fitzpatrick 和 Natale 2006)是用于 iCub
机器人的软件中间件框架。这是一款通用的开源软件应用工具，正如机器人是实时、计算
密集和多样化发展的硬件一样。YARP 由一组支持模块化的软件库构成，模块化的实现主
要基于对两个方面进行抽象化，即算法模块化和硬件接口模块化。第一个抽象化是根据通
过"端口"的通信来定义的。它可以使用 TCP-IP 协议在网络中传递信息，并且可以在运行
时连接和断开。特别是在 iCub 机器人中，机器人被分为 5 个独立的端口(头、右臂/手、
左臂/手、右腿、左腿)。第二个抽象化是为了处理硬件"设备"。YARP 使用定义类的接口

来封装本地代码 API(应用程序编程接口)，API 通常由硬件制造商提供，或者当硬件生产/更新时可以被创建和修改。

iCub 机器人的研发开始于 2006 年，并于 2008 年的秋天交付了第一个全身型 iCub 原型，在 2013 年将 28 个 iCub 机器人送到世界各地的实验室。后续的 iCub 机器人研发包括一个升级到 2.0 的头以及分布式的高效电池。

iCub 已经被广泛应用于发展型机器人学的研究中，尽管它的最初设计目的是通过婴儿机器人来进行认知发展建模。本书讨论了很多 iCub 机器人的实验例子，主要有运动学习(第 4 章)、社交合作(第 6 章)、语言学习(第 7 章)、抽象符号及数字(第 8 章)。还有一些其他发展相关的 iCub 机器人的研究在本书中没有涉及，这些不涉及的研究包括：抓取实验(Sauser 等人 2012)，操纵物体来发现物体运动功能(Macura 等人 2009；Caligiore 等人 2013；Yürüten 等人 2012)，画图(Mohan 等人 2011)，通过振荡神经网络模型进行对象识别(Browatzki 等人 2012；Borisyuk 等人 2009)，被动运动模式的工具使用(Mohan 等人 2009；Gori 等人 2012)，基于视觉相关性的涉身识别(Saegusa、Metta 和 Sandini 2012)。另外，可以参考 Metta 等人(2010)和 Nosengo(2009)来获得关于机器人认知发展建模的综述内容。

2.3.2 NAO 机器人

NAO 类人机器人(Gouaillier 等人 2008；aldebaran-robotics.com)是由法国 Aldebaran(奥尔德巴伦)机器人研究公司生产的，是近些年来在发展型机器人研究中使用越来越多的另一种类人机器人平台。NAO 机器人的广泛使用不仅仅是因为它在研究领域的合理价格(2014年大约 6000 欧元)，还因为它自 2008 年以来被选为机器人足球赛(robotcup. org)的"标准平台"，因此 NAO 机器人在世界范围内的很多大学实验室里比较常见。第一款 NAO 机器人(AL-01)于 2005 年生产，自 2009 年以来很多教育版本均可用于学术研究。截止到 2012 年，超过 2500 个 NAO 机器人在全球 60 多个国家的约450 家研究和教育机构中(通过个人联系Aldebaran 公司获得此信息)被长期使用。

NAO 是一款小型的类人机器人，身高58cm，重达 4.8kg(见图 2-5)。其教育版本是发展型机器人研究中最常用的，共有 25 个自由度。这些自由度包括：头部有 2 个自由度，臂部有

图 2-5　Aldebaran 机器人公司的 NAO 机器人。图片由 Aldebaran 机器人公司授权，由 Ed Aldcock 拍摄

10 个自由度(每个手臂有 5 个),骨盆有 1 个自由度,腿部有 10 个自由度(每条腿有 5 个自由度),手部有 2 个自由度(每只手 1 个自由度)。目前在机器人足球标准赛使用的版本中,机器人只有 23 个自由度,因为其手臂不需要执行器。NAO 使用两种类型的马达,该马达的专利归法国 Aldebaran 机器人研究公司所有,每一种马达能够结合两个旋转的关节一起行成一个万向关节模块。

NAO 机器人的传感器套件包括 4 个麦克风和 2 个 CMOS 数字摄像机(960px,30fps 有线传输;或 640×480px,2.5fps 无线传输)。摄像机并不位于眼睛的位置(眼睛其实是红外发射器/接收器),而是位于额头和下巴的位置。这种奇怪的摄像机位置可以在一定程度上由 NAO 机器人的原型来解释,因为原型机主要用于机器人足球比赛,额头的摄像机有利于看到整个比赛场地,下巴的摄像机有利于看到前方需要踢到的足球。其他的传感器包括:32 个感应运动状态的霍尔效应传感器,2 个单轴陀螺测试仪,1 个三轴加速度计,2 个足部防撞器,2 个通道声呐,2 个红外传感器,8 个力敏电阻(FRS)传感器(每只脚上有 4 个),以及 3 个头部的触觉传感器。

NAO 机器人有 2 个扬声器,位于机器人的耳朵里;4 个麦克风,位于头部四周(前、后、左、右)。它也使用各种 LED 灯来促进人与机器人的交互,例如,用于头部触觉传感器的 12 个 LED 灯(16 级蓝色调),还有其他用于眼睛、耳朵、躯干和脚部的 LED 灯。

NAO 机器人还有其他硬件规范,包括 Wi-Fi(IEEE 802.11 b/g)网络连接和有线以太网连接。2012 年发布的主板拥有 ATOM Z530 1.6GHz 的 CPU 和 2GB 的闪存。

NAO 机器人中的 CPU 使用嵌入式 Linux 操作系统(32bit x86 ELF),并且 Aldebaran Choregraphe 和 Aldebaran SDK 是其专属开发软件。该机器人可以通过一个用户友好型动作编辑器(Choregraphe)进行控制,这个编辑器是通过编译 C++ 模块或通过脚本与 API 进行交互。NAO 机器人还可以使用其他编程语言,主要包括 C++、Urbi 脚本、Python 和 .Net。

NAO 机器人的软件模拟器也存在于很多机器人仿真软件中,例如,"Cogmation NAO Sim""Webots"和"Microsoft Robotics Studio"(详见 2.5 节)。还有很多专门的嵌入式软件功能模块,如通过机器人的扬声器和麦克风进行语音识别和合成,通过视觉系统进行人脸和形状检测,通过声呐进行障碍物检测,通过 LED 灯来展示视觉效果。

目前 NAO 机器人已经用于各种发展型机器人的实验,包括关于运动的研究,Li、Lowe、Duran 和 Ziemke 等人(Li 等人 2011;Li、Lowe 和 Ziemke 2013)用中央模式生成器对 iCub 机器人的爬行模型进行了拓展,从而与改进前的 iCub 机器人和 NAO 机器人的步态行为进行对比(详见 5.5 节)。这部分工作是为了进一步对早期双足行走行为进行建模(Lee、Lowe 和 Ziemke 2011)。Yucel 等人(2009)开发了一种新型的由发展理论启发的联合注意力关注机制,该机制可以估计头部的位置和注视方向,并可以使用自底而上的视觉显著性。

由于 NAO 机器人较低的价格和较好的商业安全性标准，因此 NAO 机器人平台也被广泛用于人-机器人交互的研究中，尤其是对婴儿的研究。例如：Sarabia、Ros 和 Demiris（2011）使用 NAO 机器人在人-婴儿交互中模仿学习跳舞的案例（详见第 7 章）；Andry、Blanchard 和 Gaussier（2011）关于通过非语言交流来支持机器人学习的研究；Pierris 和 Dahl（2010）关于姿势识别的研究；Shamsuddin 等人（2012）关于自闭症儿童互动的研究；以及 Baxter、Wood、Morse 和 Belpaeme（Baxter 等人 2011；Belpaeme 等人 2012）关于 NAO 作为住院儿童的长期伙伴的研究。对 NAO 机器人更进一步的研究领域是用脑机接口技术来控制类人机器人（Wei、Jaramillo 和 Yunyi 2012）。

42

2.3.3 ASIMO 和 QRIO 机器人

ASIMO（本田）和 QRIO（索尼）都是类人机器人，ASIMO 机器人是由汽车工业的全球性企业本田公司生产的，QRIO 机器人是由电子娱乐业巨头索尼生产的。它们目前主要用于内部研发中，但是有一些基于 ASIMO 机器人和 QRIO 机器人平台的研究是专门面向发展型机器人研究的。

ASIMO（Advanced Step in Innovative Mobility，领先创新移动机器人）是世界上最著名的类人机器人之一（world. honda. com/ASIMO；Sakagami 等人 2002；Hirose 和 Ogawa 2007）。ASIMO 机器人的研究开始于 1986 年，其原型系统是本田公司的第一款双足型机器人 E0，以及之后在 1987～1993 年的足式改进型机器人（E1 到 E6 系列）。通过 1993～1997 年对大型类人全身机器人（P1 到 P3 系列）的研究，1997 年生产的 P3 系列机器人是第一个完全独立的双足类人机器人（高 1.6m，重 130kg）。这直接导致 2000 年 11 月第一款 ASIMO 机器人的诞生，它是身材略小的类人机器人，高 1.2m，并且可以在人类生活空间中进行工作（Sakagami 等人 2002）。ASIMO 机器人的一个最主要特征是，它可以进行高效的双足移动行走。这是基于本田公司的 i-WALK 技术，该技术采用了预期动作控制。i-WALK 基于的是早期原型的行走控制技术，但是被拓展成可以产生更平滑、自然的动作。另外，自 2002 年以来，ASIMO 机器人已经添加了可以对环境（物体、行人）、声音、人脸、动作和姿势等进行识别的软件模块。

"New ASIMO"机器人（见图 2-6a）研发于 2005 年，并且已经在认知机器人研究的各个层面上使用。它高 1.3m，重 54kg。新型的 ASIMO 机器人共有 34 个自由度：头和颈部有 3 个自由度，手臂有 14 个自由度（每只手臂有 7 个自由度：肩部有 3 个自由度、肘部有 1 个自由度、腕部有 3 个自由度），手部有 4 个自由度（每只手有 2 根手指），臀部有 1 个自由度，腿部有 12 个自由度（每条腿有 6 个自由度：胯关节处有 3 个自由度、膝关节处有 1 个自由度、踝关节处有 2 个自由度）。这款类人机器人已经用于一些认知机器人的研究，包括在一些场景中与人类同步行动，例如，机器人跟人类手牵手散步。ASIMO 可以以 2.7km/h 的速度行走，奔跑时可达 6km/h。

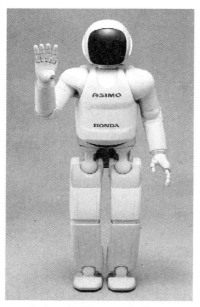

a）本田公司的ASIMO机器人   b）索尼公司的QRIO机器人

图 2-6　图片由本田汽车公司（欧洲）和索尼公司授权提供

　　2011 年，该机器人发布了升级版本，即"All New ASIMO"，其自由度有所增加（57个自由度），重量有所减少（47kg），拥有更好的运动性能，奔跑速度可达 9km/h，添加了更多能够操作物体的软件功能。

　　QRIO 是由大型企业开发的第二种用于内部研发的类人机器人平台。索尼公司在 2002年研发出 QRIO 机器人（模型名称为 SRD-4X，也被称为索尼梦机器人；Fujita 等人 2003；Kuroki 等人 2003）。其配置以 SDR-4X II 型号最为人熟知（Kuroki 等人 2003），机器人高50cm，重约 7kg（见图 2-6b）。该机器人共有 38 个自由度：头部有 4 个自由度，躯干有 2个自由度，臂部有 10 个自由度（每只手有 5 个自由度），手部有 10 个自由度（每根手指有 1个自由度），腿部有 12 个自由度（每条腿有 6 个自由度）。

　　机器人的传感器包括两个小型的 CCD 彩色摄像头（110000px）和多个麦克风。QRIO的躯干中含有一个三轴加速度计和陀螺仪，每只脚上各有一个两轴加速度计和力传感器，头、肩、脚部都有触碰/压力传感器，头和手部还有红外距离传感器。该机器人头部使用 7个麦克风来检测声音的方向并抑制电机噪声。

　　QRIO 机器人拥有一个专门的集成了多种运动能力的"实时综合自适应运动控制系统"（Real-time Integrated Adaptive Motion Control System）。其包含了负责全身稳定性、地形自适应控制、集成式跌倒与恢复控制以及推举动作控制的模块。它在平整地面上的最快步行速度可达 20m/min，在不平整的地面上可达 6m/min。然而，该机器人主要面向索尼公司所特别关注的娱乐领域，它已经可以进行舞蹈优化和音乐表演。在 2004 年的一场儿童音乐会中，一个 QRIO 机器人指挥东京爱乐交响乐团进行了贝多芬第五交响曲的彩排表演(Geppert 2004)。与 AIBO 机器人(详见 2.4 节)相比,QRIO 从未达到商业化生产的阶段,并且在 2006 年就停止了研发。

目前在 ASIMO 机器人上进行的发展型机器人研究的应用包括:物体识别(Kirstein、Wersing 和 Körner 2008);分类学习和概念语言,如左、右、上、下、大、小(Goerick 等人 2009);运动技能的模仿学习(Mühlig 等人 2009);以及注视检测与人-机器人辅导交互的反馈(Vollmer 等人 2010)。大多数基于本田机器人的发展型研究工作是受到神经科学启发的发展型架构,该架构被称为 ALIS(Autonomous Learning and Interaction System,自主学习和交互系统;Goerick 等人 2007,2009)。该架构是一种建立在 ASIMO 机器人上的层级式、增量式的集成系统,其融合的功能包括:视觉、听觉和触觉显著性探测功能;对象原型的视觉识别功能;物体分类与命名功能;全身动作和自身碰撞避免功能。ALIS 架构允许通过人-机器人交互实验来进行交互式学习,并且遵循认知能力增长式获取和集成的发展型策略。该架构还能从类人机器人拓展延伸到与汽车驾驶相关的视觉场景中,用来辅助驾驶员进行移动物体的探索与检测(Dittes 等人 2009;Michalke、Fritsch 和 Goerick 2010)。

QRIO 机器人也被用于一些认知实验中,这些实验是关于模仿和镜像神经系统(the mirror neuron system;Ito 和 Tani 2004)的,通过多尺度反馈式神经网络来实现组成式运动表征方法(Yamashita 和 Tani 2008)、交流与构式语法(Steels 2012)以及幼儿教育与娱乐支持(Tanaka、Cicourel 和 Movellan 2007)。

2.3.4 CB 机器人

CB(Computational Brain,计算之脑)机器人是一款成人大小的类人机器人,它作为"JST 计算之脑"项目的一部分,由 SARCOS 在日本京都的 ATR 计算神经科学实验室研发(Cheng 等人 2007b)。该机器人高 1.57m,重 92kg(见图 2-7)。该机器人共有 50 个自由度:头部有 7 个自由度(脖子有 3 个自由度,两只眼睛各有 1 个自由度),躯干有 3 个自由度,臂部有 14 个自由度(每个胳膊有 7 个自由度),手部有 12 个自由度(每只手有 6 个自由度),腿部有 14 个自由度(每条腿有 7 个自由度)。手部和头部使用被动型柔性马达,其余部分使用主动型柔性执行器。这些执行器是以人类身体的物理表现为模型设计的,如快速眼睛扫视动作、指向、抓取和握捏动作。该机器人的传感器套件包括:每只眼睛中有两个摄像机,一个提供

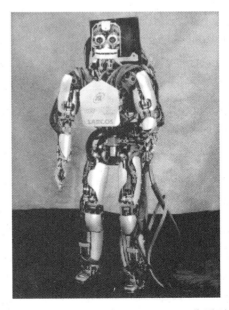

图 2-7 由 ATR(日本)和 SARCOS 公司开发的 CB 机器人。图片由 Gordon Cheng 授权提供

周围视觉的广角摄像机和一个窄视的中央视觉摄像机。CB 机器人也有用于声音感知的麦克风。在头部有一些惯性传感器(三轴旋转陀螺仪和三轴平移加速度计),主要用于控制头部朝向和注视的稳定性,在臀部有一个传感器用于整个身体的平衡和方向感知。本体感受信息由各种位置、速度、力矩传感器来提供,这些传感器能感知在手臂、腿、躯干和脖子处的主动式柔性信息,并且脚部的压力传感器可用于实现行走与平衡的控制。

鉴于 CB 机器人的设计强调了人类行为和社会神经科学,因此该机器人被用于探索各种运动和社会学习任务,从而可以更好地了解人-机器人的交互行为(Chaminade 和 Cheng 2009)。例如,在运动控制方面,机器人与中枢模式发生器被用于设计生物学启发的行走算法(Morimoto 等人 2006)。在社交技能方面,一种基于神经科学模型的分布式视觉注意模型被开发出来。该模型基于大脑的多信息流处理机制(颜色、强度、方向、运动与不匹配的视觉特征),这些信息流被整合成一个关注焦点选择的全局显著性映射图。一旦 CB 机器人实现选择性注意,这个模型还能提供相关的反馈连接(Ude 等人 2005)。CB 机器人也用于脑机接口中,使猴子可以控制机器人的动作(Kawato 2008;Cheng 等人 2007a)。

2.3.5　CB² 和 Pneuborn-13 机器人

JST ERATO(日本科学技术振兴事业团)的协同智能 Asada 项目(Asada 等人 2009)已经专门为实现发展型机器人研究提供了两种婴儿机器人平台的设计方案:CB² 和 Pneuborn-13。该项目也为人类胎儿与新生儿研发了一个仿真模型(详见关于机器人仿真的 2.5.3 节)。

CB² 机器人(Child-robot with Biomimetic Body,拥有仿生身体的儿童型机器人)是一种儿童身材大小的类人机器人,它拥有仿生的身体和覆盖有分布式触觉传感器的软硅胶皮肤。这种机器人通过气动执行器来实现灵活的关节功能(Minato 等人 2007)。该机器人高 1.3m,重 33kg(见图 2-8a)。它总共有 56 个自由度,除了眼球和眼睑的快速动作需要使用电动马达外,其余的执行器均是气动型。气动执行器可以通过高能压缩空气产生的机械能来实现灵活的关节动作,也可以通过释放空气进行被动的运动。这样可以确保交互过程中人类参与者的安全。该机器人也有一个人工声道,可以产生类似婴儿的声音。其传感器套件包括两个摄像机(一只眼睛一个)和两个麦克风。机器人的躯体中共有 197 个触觉传感器,都是嵌入软硅胶皮肤下基于 PVDF(聚偏氟乙烯)材料的压力传感器。由于触觉传感器是嵌入皮肤内部的,因此当机器人进行动作的时候也会引起自我肢体触碰,而且这些动作和传感器的反馈还可以帮助机器人建立内部表征。

Pneuborn-13 是 JST ERATO Asada 项目研发的第二款婴儿机器人平台(Narioka 等人 2009;Narioka 和 Hosoda 2008)。该机器人是一个气动肌肉骨骼型机器人,高 0.75m,重 3.9kg(见图 2-8b),和 13 个月大的人类婴儿具有相同的身高和体重。它总共有 21 个自由度:脖子有 1 个自由度,手臂有 10 个自由度(每个手臂有 5 个自由度,3 个控制肩膀,1

个控制肘部，1 个控制手腕），腿部有 10 个自由度（每条腿有 5 个自由度，臀部有 3 个自由度，膝盖和脚踝各有 1 个）。这款机器人的另一个原型是 Pneuborn-7II，类似于人类 7 个月大的婴儿，并且具有翻滚和爬行能力。

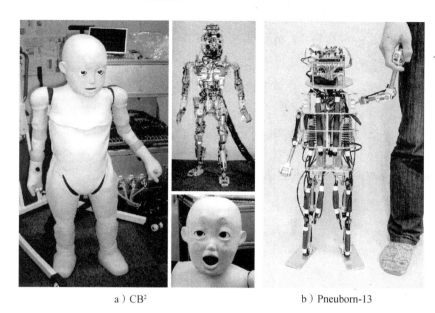

a）CB²   b）Pneuborn-13

图 2-8　JST ERATO Asada 项目的婴儿机器人。图片由 JST ERATO Asada 项目提供

Pneuborn-13 机器人的执行器是受到人类婴儿由骨骼与肌肉构成的启发，每个执行器都有一个作用和非作用的单关节肌肉，用来控制关节的角度动作和刚度。在 Pneuborn-13 用于早期婴儿双足行走的研究时，它的 18 个气动肌肉都集中在脚踝、膝盖和臀部关节中（每条腿有 9 个）。因此，它的腿可以在臀部位置做弯曲、向内侧收、向外侧打开和左右旋转动作，在膝盖位置可以做弯曲和伸直动作，在脚踝位置可以做弯曲和伸直动作。

47～48

上述两种婴儿机器人都在人-机器人交互实验中进行了运动控制和学习的相关测试。由于 CB² 的设计目标是支持人与机器人之间的长期社会交互，并且也是基于婴儿发展规则的，因此一系列实验均关注机器人感觉运动的发展，以及人类在搭建机器人运动学习框架中的作用。有一项研究探索了人类参与者在帮助机器人站立起来这一过程中的作用（Ikemoto、Minato Ishiguro 2009；Ikemoto 等人 2012）。在这项研究中，机器人可以完成三个姿势：①初始坐姿，②中间弯膝起身，③最后站姿。在从①切换到②时，机器人的手是由人类拉着的，从而使得 CB² 机器人产生一个弯膝起身的过程。由②切换到③时，机器人的腿会被人类参与者持续拉升而伸直。该实验分析了机器人在进行姿势切换时的时间点和运动策略，并表明这些时间点与策略取决于机器人机构，并且也取决于人类参与者是拥有初级还是专家级别的技能。在训练阶段，机器人和人类的一对组合可以展现出更强的动作协调性，这个现象是由在学习过程中机器人与人类之间的逐步提高的同步性所导致的。在第二个实验中，CB² 机器人发展出基于视觉、触觉和本体感觉输入的跨模态集成的自身表征方法(Hikita 等人 2008)。例如，当机器人与物体碰触时，其触觉信息会影响身体的视觉接受域的建立。此外，当机器人使用工具来触碰远距离的物体时，该工具就会被集成到一个扩展的身体图示中，可以参见 Iriki 的猴子实验(Iriki、Tanaka 和 Iwamura 1996)。

Pneuborn-7II 和 Pneuborn-13 机器人也用于一些爬行、站立姿势和行走的研究中。Pneuborn-7II 型机器人上的实验主要专注于翻滚和爬行行为，这些行为也包括在爬行时尝试在手臂中使用软性皮肤与触觉传感器(Narioka、Moriyama 和 Hosoda 2011)。Pneuborn-13 机器人有一个自动的动力供应来源和空气阀门，并且它可以在数小时的行走测试过程中不发生损坏和过热(Narioka 等人 2009)。

2.3.6 Repliee 和 Geminoid 机器人

Repliee 和 Geminoid 机器人是 Hiroshi Ishiguro 和他在日本 ATR 实验室以及大阪大学的同事共同研发的一系列人形机器人。需要强调的是，Repliee R1 型机器人有着 5 岁日本女孩的外表(Minato 等人 2004；如图 2-9 所示)。该原型的头部有 9 个自由度(眼睛有 5 个，嘴有 1 个，脖子有 3 个)，使用的都是电动执行马达。该机器人下半身的关节都是被动式的，当人类实验者移动关节时，这些自由的关节允许机器人做出各种动作。该机器人的脸部覆盖了一个日本女孩的脸部硅胶模型。Repliee R1 型机器人左胳膊的皮肤下有四个触觉传感器，这四个传感器使用一种变形压力传感器来做出与人类皮肤伸展相似的反应。

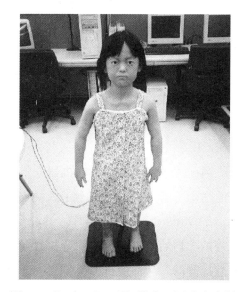

这款机器人的成人女性版本叫作 Repliee Q1，它使用气动执行器来控制整个成人女性的上半身躯干(Sakamoto 等人 2007)。随后的 Geminoid 人形机器人也是以成年人为模板制作的(Nishio、Ishiguro 和 Hagita 2007)，例如 Geminoid HI-1 型机器人是以 Hiroshi Ishiguro 本人为模板(详见图 2-1c)。Geminoid HI-1 型机器人坐在椅子上时(目前机器人还无法站立)有 140cm 高。它总共有 50 个自由度，其中有 13 个脸部自由度用来模仿人类面部动作。

儿童型机器人 Repliee R1 目前已经应用到人形机器人注视行为的研究中。Minato 等人(2004)探索了在与儿童型人形机器人按照剧本进行交谈时，人们交互过程中的眼球动作。在参与

图 2-9　Repliee R1 型机器人。图片由大阪大学 Hiroshi Ishiguro 授权提供

者与机器人进行交流和参与者与一个女演员进行交流这两个过程中，通过对比眼睛的注视次数与注视目标位置，可以发现：参与者看人形机器人眼睛的次数会比参与者看女演员脸

的次数更频繁。并且，通过对参与者注视点的分析可以发现：参与者注视机器人眼睛的方式不同于参与者注视人类的方式。另外，Repliee 和 Geminoid 机器人目前已经广泛用于探索在人类感知机器人的恐怖谷（uncanny valley）现象中的社交与认知机制，正如在 2.1 节中讨论的那些内容。

2.3.7 Infanoid 机器人

Infanoid 机器人是由 Kozima(2002)开发出来的用于研究人类社交发展的机器人，并且在人与婴儿的交互研究中，该机器人被作为支持儿童发展与教育的机器人实验平台。该机器人是一款上半身型机器人，类似一个 3～4 岁的人类儿童(图 2-10)。其共含有 29 个电动执行器。Infanoid 机器人有四个彩色 CCD 摄像机，每只眼睛有两个，分别用于外围视觉和中央视觉，在耳朵的位置还有两个麦克风。每个电机都有编码器和力传感器。

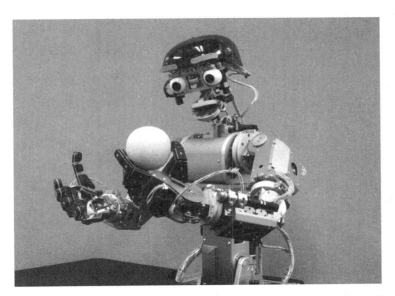

图 2-10　Infanoid 机器人。图片由 Miyagi 大学 Hideki Kozima 授权提供

该机器人的手掌能够做出一系列动作，例如指向、抓取和多种手势等。在嘴唇和眉毛处的电机用来产生各种面部表情，包括吃惊和愤怒等。该机器人的眼睛能够完成扫视动作和视觉目标的平稳跟踪。机器人中的软件系统提供了用于人脸检测和用来注视物体的视觉注视方向定位的模块。该机器人配备了一些相应的算法来听取和分析人类的声音，并且还可以进行语音模仿或者咿呀学语。

该儿童机器人目前已经广泛用于人类社交发展的探索，特别强调人际间沟通交流能力的获取。因此，该机器人还被广泛用于众多的儿童-机器人交互实验，包括一些针对残疾儿童和自闭症障碍儿童(Kozima、Nakagawa 和 Yano 2005)的实验。例如，在一项针对五六岁儿童的(包括正常发展的儿童和有自闭症的儿童)研究中，主要调查了儿童对机器人的感知。机器人通过编程进入自主模式,在与儿童相处的 45 分钟里,机器人交替进行眼神交流和指向动作引导的联合注意力任务。通过对儿童-机器人交互实验的分析,可以看出儿童经历了对 Infanoid 机器人进行"本体论理解"的三个阶段:①新事物恐惧阶段,在开始的三到四分钟,儿童表现出局促不安,并凝视着机器人;②探索阶段,儿童通过触碰机器人和向机器人展示玩具,来探索机器人的感知和应变能力;③交互阶段,儿童逐渐参与到对等的社会交往过程中,体会机器人的精神状态和诸如渴望与喜欢/不喜欢的感觉。自闭症儿童的实验展示出了类似的反应,唯一的区别是他们在长时间的交流后还不会感到无聊(Kozima 等人 2004)。

2.3.8 Affetto 机器人

Affetto 机器人是一个有着婴儿外表的上半身型人形机器人,由大阪大学的 Asada 发展型机器人实验室研制,该机器人研发的目的是专门研究人类看护者和婴儿机器人之间的情感交流(Ishihara、Yoshikawa 和 Asada 2011;如图 2-11 所示)。为了使 Affetto 机器人和人类看护者之间的类似婴儿般交互的情感与依恋质量达到最大化,该机器人的设计概念需要遵循以下三条准则:①基于柔软皮肤(聚氨酯弹性体凝胶)的真实脸部外表,并且使用婴儿衣服来覆盖上半身的机械部分;②实际婴儿的身材大小,机器人是 1～2 岁大人类儿童的模型(数据来自日本幼儿的尺寸数据库);③基于微笑的面部表情,能够与人类参与者进行积极的感情交流,同时使用节奏性的身体动作和手部姿势来加强情感交流。此外,为了使人类参与者和 Affetto 机器人之间的交互更加安全、无拘束,还必须遵循这些额外的技术标准:①使用柔性的被动执行器,通过在关节中使用气动

图 2-11 Affetto 婴儿机器人。图片由大阪大学 Hisashi Ishihara 和 Minoru Asada 授权提供

执行器来承受触碰交互中的外力;②使用柔软的肌肤,因为用柔软的皮肤覆盖脸部和手臂可以减少人身受到伤害的风险,从而提高参与者接触机器人的意愿;③减轻重量,通过分开布置马达与控制器,可以获得更安全的身体接触并能增强机器人的运动性能,还可以使用具有高功率质量/体积比的启动执行器;④在脸上使用参数化变形点,使机器人的面部表情更加容易变化。

这款机器人的头部高 17cm,宽 14cm,厚 15cm。Affetto 机器人头部有 12 个自由度:眼睑和嘴唇有 5 个自由度,下巴和眼睛有 2 个自由度用来上下运动,眼睛还有 2 个自由度

用来左右移动，脖子还有 1 个垂直轴。头的转动和俯仰轴是由两个气动执行传动器控制的。为了控制面部动作和情感表达，直流电机的输出轴连接到皮肤的内侧来拉动皮肤。

机器人的上身躯干高 26cm，整个婴儿的身体高 43cm。除去气动执行器的外置控制器外，其头部和躯干的整体体重小于 3kg。连接到头部的这部分机器人躯干总共有 19 个自由度：身体部分有 5 个自由度，每个手臂有 7 个自由度。

Ishihara、Yoshikawa 和 Asada(2011)在 Affetto 机器人平台上提出了四个研究领域。第一个领域专注于在人-机器人交互中，儿童真实外表和面部表情在人类看护者支架策略中的作用。其他的研究领域包括现实世界的依恋关系发展模拟器，以及探索机器人和人类看护者在情绪/情感交互的动态过程中影响作用的实验。另外，Affetto 机器人可以支持类似儿童的多模态特征的探索研究，这些特征除了面部/皮肤之外，还包括声音感知模态(高音、稚嫩而有活力的声音)和触觉模态。

Affetto 机器人目前主要用于人-机器人交互的实验中(Ishihara 和 Asada 2013)。交互的场景涉及：当人类看护者可以牵住婴儿机器人的双手并摇晃机器人的双手时，婴儿机器人还能试图保持直立的姿势。由于内在机构机电系统的柔性性质，Affetto 机器人的身体部分可以跟随人类看护者进行平滑运动，而不需要任何主动的计算。而且，为了方便在交互过程中节奏性动作的出现，后续的研究主要关注使用 CPG 控制器来实现动作节奏生成器。

2.3.9 KASPAR 机器人

KASPAR（www.kaspar.herts.ac.uk）机器人是一个儿童身材大小的小型类人机器人，该机器人的研发最初只是作为一个人-机器人交互设计项目的一个组成部分(Dautenhahn 等人 2009 年；图 2-12)。这个平台背后的设计理念是使用廉价的、现成的组件来使得更多的研究团队可以负担起机器人的成本，其设计灵感来自于漫画设计和日本能剧剧场，这些设计使得机器人拥有最低的具有表情能力的外观。具体来说，Dautenhahn 等人对 KASPAR 这类具有最低表情能力的机器人通用设计方法，提出了三个原则：①平衡的设计，换句话说，需要长期使用的审美与物理设计选择要适合预期的人-机器人交互场景；②创建带给人自主性印象的表

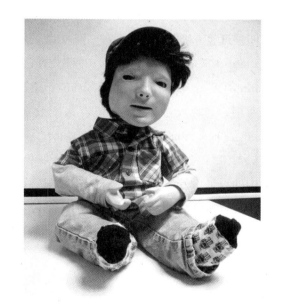

图 2-12　KASPAR 机器人。图片由 Hertfordshire 大学 Kerstin Dautenhahn 授权提供

54
～
55

情特征，这些特征包括机器人的注意力（通过头部转动和注视）、情绪状态（面部表情）以及人类参与者与机器人之间行为的偶然性；③最低的面部表情特征，通过使用类似日本能剧元素的设计，以及控制数量有限的自由度来表达感情行为，如微笑、眨眼、皱眉。

最初的 KASPAR 机器人高 55cm，宽 45cm，重 15kg。最新版本的 KASPAR 机器人共有 13 个自由度。在头部：脖子有 3 个自由度（左右摇动、上下倾斜和转动），眼睛有 3 个自由度（上/下、左/右、眼睑打开/关闭）同时控制两只眼睛，嘴有 2 个自由度（打开/关闭，微笑/悲伤）。每个手臂有 4 个自由度。该最新版本的机器人还包含具备 1 个自由度的躯干，这样可以使机器人向两侧转动，并且在该型机器人的身体表面还覆盖着触摸传感器（Robins 等人 2012a，2012b）。机器人的每只眼睛有一个 0.25ft [⊖] 的黑白 CMOS 图像摄像机，可以产生一个 288（水平）×352（垂直）的 PAL 制式的视频输出。该机器人的头部覆盖着橡胶面具，这种面具被广泛用在练习心肺复苏的假人上。

KASPAR 机器人的后续版本是 KASPARⅡ机器人，它提高了传感器和执行器的技术，但仍然是表情平台的低成本实现方案中最廉价的。KASPARⅡ机器人有与之前版本相同的头部机构，但是增加了眼睛的颜色并改进了连线方式，还有一个类似六岁儿童的更大型的身体。机器人的每个手腕也拥有了一个额外的自由度（扭转运动），还加入了关节位置传感器，且在机器人胸部装有一个 Swiss Ranger 3000 型声呐传感器用来采集深度信息。全新的、重大改进的 KASPAR 机器人版本在 2015 年完成，该机器人的系统更加稳定，对于非专业人士更容易使用，并且成本依然很低。

Dautenhahn 等人（2009）发表了与 KASPAR 机器人有关的三个重要研究成果。第一项研究是探索机器人辅助游戏和自闭症儿童治疗中的机器人应用情况。这是辅助型机器人与自闭症儿童（ASD）的一系列广泛实验的一部分（Wainer 等人 2010，2013；Robins、Dautenhahn 和 Dickerson 2009），并且最近这些实验还拓展应用到了唐氏综合症患儿上（Lehmann 等人 2014；详情参见 9.2 节）。第二项研究是在一个音乐击鼓游戏场景中，为了实现通用的与成人进行的人-机器人交互实验，探查人体动作学与姿势的交互作用（Kose-Bagci、Dautenhahn 和 Nehaniv 2008）。第三项研究关注 KASPAR 机器人如何使用在发展型机器人研究中，尤其是探索适合于躲猫猫（Peekaboo）这类游戏交互场景的交互历史认知结构的设计（Mirza 等人 2008）。KASPAR 机器人可以通过使用远程控制或者结合远程控制的混合模式（通过教师或儿童的手动控制），进行完全自主的操作。

2.3.10 COG 机器人

COG 机器人是一款只有上半身的类人机器人，由 MIT（麻省理工学院）在 20 世纪 90 年代早期研发（Brooks 等人 1999），它也是被专门研制用于认知机器人研究的第一代类人

⊖ 1ft＝0.3048m

机器人之一。该机器人共有 22 个自由度：手臂有 12 个自由度（每个手臂有 6 个自由度），躯干部有 3 个自由度，头部和脖子有 7 个自由度（详见图 2-1a）。该机器人的视觉系统含有四个彩色 CCD 摄像机，每只眼睛有两个摄像机（一个用于广度视角，一个用于 21°的窄度视角）。该机器人使用两个麦克风来感知声音。COG 机器人也有前庭神经系统，该系统采用一个三轴惯性系统部件、多个编码器、电位计和应变器作为运动传感器。

COG 机器人目前用于发展型机器人学研究，特别是社交学习、主动视觉和启发式学习。Scassellati(2002；详见 6.5 节)通过使用机器人意识理论的发展模型，在 COG 机器人上实现了多种认知和社交能力。Fitzpatrick 和 Metta(2002)在 COG 机器人上的实验表明，通过实验性操作，对物体的主动探索可以提高视觉识别能力。这种感觉运动的策略基于手臂动作与光流之间的可观测到的相关性，这些相关性对机器人区分出自己手臂和物体的边界有很大的帮助。

2.4 发展型机器人中的移动式机器人

大多数发展型机器人的实验采用在之前讨论过的仿人机器人实验平台来实现人-机器人交互实验。然而，也有一些较早的发展型模型使用的是移动机器人，如四条腿的宠物机器人 AIBO 机器人平台，以及 Khepera 和 PeopleBot 等轮式移动机器人。在本节中，我们将对 AIBO 机器人进行详细描述，因为该机器人目前已经用于各种各样的模型中，其中包括内在动机、联合注意力、语言等研究，其中一部分将会第 3 章中讲述。其他的轮式机器人平台将以参考文献链接的方式简要提及。

AIBO 机器人（Artificial Intelligence roBOt，人工智能机器人）是由 Toshitada Doi 领导的索尼数码生物实验室（Sony's Digital Creatures Laboratory）在 20 世纪 90 年代研制的（Fujita 2001；如图 2-13 所示）。第一个 AIBO 机器人在 1999 年的夏天投入商用（ERS-110 模型系列），2001 年推出了若干后续的升级版本（ERS-210/220 系列），2003 年推出第三代（ERS-310 系列）和最后的第四代（ERS-7 系列）。据估计，在索尼于 2006 年停止生产和商业化之前，有超过 150000 个 AIBO 机器人售出。之所以取得这样的成功，也就是大

图 2-13　索尼 AIBO 机器人。图片由索尼公司授权提供

量的 AIBO 机器人能够售出，主要原因是机器人的价格合适（1999 年第一个版本的售价是 2500 美元，2003 年最后一个模型售价约 1600 美元），以及索尼致力于将该机器人打造成娱乐平台，从而将大众用户作为销售目标。此外，机器人世界杯（RoboCup）也为该机器人的发行量提供了支持，即从 1999 年到 2008 年间，机器人世界杯的四足机器比赛的标准是

基于 AIBO 机器人的(随后被 NAO 机器人取代)。

最新的 ERS-7M3 型 AIBO 机器人,包括总共 20 个自由度:嘴巴有 1 个自由度,尾巴有 2 个自由度,头部有 3 个自由度,耳朵有 2 个自由度(每只耳朵有 1 个自由度),腿部有 12 个自由度(每条腿有 3 个自由度)。AIBO 机器人宽 180mm,高 278mm,长 319mm,体重约 1.65kg(如图 2-13 所示)。

AIBO 机器人的传感器中,包括一个 350000 像素的 CMOS 彩色微型摄像机,以及在头部和身体中的红外测距传感器。该机器人还有温度传感器和加速度计,在头部和背部有电子静态传感器,在下巴和每个爪子中有检测人类拍打动作的振动传感器和 5 个压力传感器。此外,为了方便用户交互,AIBO 机器人还有许多显示状态的 LED 灯,其中在面部有 28 个灯用来表达情感,在头部和身体中还有许多其他分布式的传感器。机器人可以使用由复调声音芯片(Polyphonic Sound Chip)驱动的微型扬声器进行声音交流。

机器人配有可充电的电池。它使用 64 位 64MB RISC 处理器的 CPU、外部存储插槽和无线 LAN 网卡。控制软件使用 OPEN-R 架构来控制传感器及行为控制所使用的各个软件模块。

AIBO 机器人的认知结构用于支持娱乐交互和复杂的行为,为了满足动作、多自由度配置和产生不重复的行为,就需要使用多动机的设计原理(Fujita 2001)。机器人的控制体系结构采用一种基于行为方法的混合"协商-反应"控制策略(Arkin 1998;Brooks 1991)。一种特殊机制被用来决定激活何种行为模块以应对外部刺激和内部状态。每个行为模块(例如,探索、休息、吠叫、情感表达、步行模式选择)由对环境敏感的反应状态机构成。随机方法也被用于处理随机(未预测到的)动作的产生。在与用户的多层次交互中,AIBO 机器人采用了一种发展策略,该策略通过缓慢的、已经学到的机器人行为倾向的变化来长期地适应用户。这个发展策略是通过强化学习来实现的。

对于认知机器人的研究,OPEN-R 软件提供了访问机器人的各种行为和感知功能的权限,从而产生发展型互动策略。例如,AIBO 机器人附带包括缓慢、稳定爬行步态和快速但不稳定的小跑步态的多种行走模式。这些模式可以手动选择,或者通过认知结构自动激活。对于视觉和物体感知,机器人含有一个专用的大规模集成电路,包含了嵌入式颜色检测引擎和一个多分辨率图像滤波系统(分辨率为 240×120px、240×60px、60×30px)。例如,低分辨率图像可用于快速颜色过滤以识别一个物体的存在,高分辨率图像则用于目标识别和模式匹配。最后,为了与用户进行听觉交互,该机器人实现了有声调的言语功能。这个声调系统和内部声音处理算法能够高效处理噪声和声音干扰。

除了 OPEN-R 软件,人们也开发了一些用于 AIBO 机器人认知实验的专门工具,如专门为认知建模和机器人教育活动而开发的 Tekkotsu 仿真框架(Touretzky 和 Tira-Thompson 2005),还有以 AIBO 机器人为标准 3D 仿真模型做的其他机器人仿真器(详见 592.5 节)。

AIBO 机器人具有较合适的价格以及在实验室中的易用性，这使其在许多早期发展型机器人实验中被广泛使用。尤其是 AIBO 已用于内在动机的研究（Kaplan 和 Oudeyer 2003；Oudeyer、Kaplan 和 Hafner 2007；Bolland 和 Emami 2007）、联合注意和指向的研究（详见第 7 章）以及词组学习实验（Steels 和 Kaplan 2002；详见第 8 章）。此外，一些实验专注于通过使用类似狗的训练方法来进行复杂行为的教学（Kaplan 等人 2002），甚至有一些研究通过对狗进行图灵测试来研究真正的狗对人工宠物的反应（Kubinyi 等人 2004）。

认知机器人学的研究也受益于一些其他的机器人平台，特别是不同大小的轮式机器人。例如，Khepera 和 e-puck 小型轮式机器人已经广泛用于进化机器人学的研究（Nolfi 和 Floreano 2000）。Khepera Ⅱ（K-Team 移动机器人）是一种直径 7cm、高 3cm 的圆柱形的微型机器人。e-puck（EPFL Lausanne；Mondada 等人 2009）是一种适合群体机器人研究的更小型的机器人。

在移动机器人尺寸范围的另一个极端，大型的 PeopleBot（ActivMedia）是一个高 104cm、重 19kg 的移动机器人平台，并且可以携带 13kg 有效载荷。这种机器人是特别为适合人-机器人交互实验而研制的，已经被 Demiris 及其同事用于发展型机器人的社交学习和模仿研究的实验中（详见第 6 章）。另一种大型的移动机器人是 Huang 和 Weng（2002）使用的 SAIL 机器人，主要用于创新和习惯的发展型研究。

最后，其他用于发展型机器人研究的机器人是一些机械臂和机械手，比如 Dominey 和 Warneken 使用 6-自由度的 Lynx6 机械臂（lynxmotion.com）用于合作和利他主义的发展型模型。

2.5　婴儿机器人模拟器

机器人平台往往是昂贵的研究工具，通常世界上只有很少的实验室能够负担得起。设备齐全的 iCub 的成本在 2012 年大约是 250000 欧元，因此只能通过参与大规模的研究资助才能承担得起这些费用。ASIMO 和 QRIO 等其他机器人平台还没有商业化，如果可以购买的话，其成本将超过 100 万美元。更便宜的机器人，比如 NAO 机器人，其成本大约 6000 美元，尽管一些中等规模的实验室和研究基金支付得起，但还是需要对实验室设备进行重大投资。此外，机器人实验室的配置和运行成本只有少数研究人员和实验室能够负担得起。这就是好的、真实的现有机器人平台仿真软件模拟器对发展型机器人研究极其有用的原因之一。

60

当然，鉴于机器人模拟器只能提供对有限的机器人机械结构物理性质的现实模拟，所以机器人模拟器不能完全替代真正的机器人实验（这还没有考虑如何以一种可靠且有用的方式来模拟更复杂的外部世界）。这种不完全的替代性对从模拟结果转换到现实机器人有着重要的意义。然而，为什么机器人软件模拟器更适用于一般认知建模与认知机器人研究？这个问题有着许多科学上的根本原因（Tikhanoff、Cangelosi 和 Metta 2011；Ziemke

2003；Cangelosi 2010）。这些原因包括：①对原型机器人的测试；②形态变换实验；③多智能体和进化机器人研究的应用；④合作研究。

使用模拟器的第一个优势是原型机器人的测试，尤其是在新平台设计的早期阶段。一些高级的物理模拟器工具，如免费使用的开放动力学系统（Open Dynamics System, ode. org），它能够真实地呈现刚性身体机器人模拟器的物体交互动力学。这就可以使设计师在实际生产之前，对模拟不同配置的传感器和执行器进行测试。第二个优势是，软件仿真的虚拟机器人在设想的形态配置设计阶段不需要开发出对应的硬件结构。比如，形态进化实验就是这样一个例子（Kumar 和 Bentley 2003；Bongard 和 Pfeifer 2003），机器人控制器与身体和外部世界交互的模型里是不需要有实际硬件结构的。在发展型机器人研究中，模拟器可以实现与身体形态相关的成熟现象的调查研究，如成长过程中的机器人肢体长度和全身尺寸之间比率的改变，从而对已知儿童形态学变化进行建模。使用机器人仿真器的第三个优势在于多机器人场景中的社交互动研究，因为在该场景中多机器人的控制是非常难以实现的，并且时间成本也很高（Vaughan 2008）。例如，在进化机器人的研究中，计算机仿真技术可以大幅减少测试每代机器人智能体所需要的实验时间（Nolfi 和 Floreano 2000）。最后，使用机器人模拟器软件还有一个更实际的优势，也就是支持不同实验室之间的合作研究。不同地域的研究人员可以通过相同的机器人仿真软件共享机器人配置和任务设置参数，进而执行初步的计算实验。这也使得一些没有机器人研究平台的研究人员能够和拥有真正机器人平台的实验室进行联合，以便将模拟工作在真实机器人平台上进行最终的联合适应与验证。

在下一节中我们将详细介绍一种开源的机器人模拟器，该模拟器可以非常容易地在 iCub 机器人上进行建模实验（2.5.1 节）。还会介绍一款名叫 Webots 的商用型机器人仿真软件，它包含了各种机器人的身体模型（2.5.2 节）。还有一个小节将描述东京大学研发的胎儿和新生儿机器人模拟器（2.5.3 节）。除了这些软件工具，还有一些在参考文献中所涉及的其他免费和商用型模拟器。一个是免费软件 Player（Collett、MacDonald 和 Gerkey 2005），其中，Player 模块提供对各种机器人传感器硬件的网络接口，Stage 模块提供简单的二维环境，Gazebo 模块提供三维机器人和环境的仿真模拟。其他的免费机器人模拟器软件还有进化型机器人 EvoRobot*（Nolfi 和 Gigliotta 2010）和 Simbad 机器人模拟器（Hugues 和 Bredeche 2006）。并且，还有各种各样用于机器人足球赛的模拟器，如 Simspark 和 SimTwo（Shafii、Reis 和 Rossetti 2011）。此外，微软机器人工作室（Microsoft Robotics Studio）软件还提供了现有机器人的众多仿真模型，如 NAO 机器人的模型（www. microsoft. com/robotics）。

2.5.1　iCub 机器人模拟器

作为主要的开源机器人 iCub 模拟器（Tikhanoff 等人 2008；Tikhanoff、Cangelosi 和 Metta 2011），它的设计目标是尽可能准确地复制 iCub 的物理和动力学属性，并且为将

iCub 作为发展型机器人研究基准平台提供进一步支持。该软件公布在 www.icub.org 网站上。

该模拟器使用开放式动力学引擎(Open Dynamics Engine，ODE)将机器人关节表达成刚性的身体，并使用碰撞检测的方法来处理机器人部件和环境中物体之间的实体交互。ODE 由模拟刚体动力学的高性能软件库构成，该软件库使用简单的 C/C++ 程序接口。为了能够对各种对象的参数(如质量和摩擦力)进行操作，ODE 还提供了预设的多种样式的关节种类、刚性身体、地形和创建复杂对象的网格。

模拟 iCub 机器人的创建使用了真实的机器人规格参数。其总高度约 105cm，重约 20.3kg，有相同数量的自由度(53 个)。机器人的身体模型是通过多种与 iCub 机器人实际执行器相对应的关节将多个刚性身体部件连接而成的。模拟器中实现了所有的传感器功能，包括手触摸传感器(指尖和手掌)和肩膀及臀部的力/力矩传感器。仿真机器人扭矩参数以及这些参数在静态或运动任务中的校验，已经通过实验证实具有一定的且可接受的可靠性(Nava 等人 2008)。

为了促进从模拟仿真机器人到真实机器人研究工作的转移，该软件使用了相同的软件基础架构和基于 YARP 中间件的进程间通信。无论从设备 API 角度还是从网络通信角度来看，模拟器与实际机器人具有相同的接口，并且从用户的角度来看，模拟器与机器人两套系统是可以互换的。机器人模拟器就像真正的机器人一样，可以直接通过通信接口和简单的文本模式控制协议来达到控制目的。所有发送到机器人和来自机器人的命令都是基于 YARP 的脚本指令。至于视觉传感器，有两个摄像机位于机器人的眼睛位置。通过连接一个标准的摄像机和在一个空白的屏幕投影出机器人的形象，可以让虚拟机器人在虚拟环境中看到真实的世界，并与人类用户进行交互。这就是机器人的模拟眼睛看到外部世界的方式。

模拟的 iCub 机器人可以与虚拟世界进行完整的互动(图 2-14)。模拟器的软件提供类似 YARP 语法的简单指令方式，可以动态地创建、修改和查询对象。软件还允许使用标准三维文件格式的 CAD 对象模型作为输入。这个模拟器目前已经用于多种 iCub 仿真实验，例如语言学习(Tikhanoff、Cangelosi 和 Metta 2011)、实现合作的心智模型(Dominey 和 Warneken 2011；第 6 章)以及大量基于这个模拟器的认知与抽象概念模型(详见第 8 章)。

图 2-14　iCub 模拟器运行截图。图片由 Vadim Tikhanoff 授权提供

62

另外还有一类 iCub 的软件模拟器（如 Righetti 和 Ijspeert 2006a，2006b），不过它们没有达到 Tikhanoff 模拟器那种细致的级别。但问题是，这些模拟器都是基于专有软件 Webots 的（详见 2.5.2 节），因此需要购买许可证才能运行 iCub 机器人。Nolfi 及其合作者也研制出了一种可作为替换的 iCub 模拟器——FARSA，该模拟器是基于开源游戏 "Newton Game Dynamics"（牛顿物理引擎）的一款软件，并且适用于进化机器人的实验（Massera 等人 2013；laral. istc. cnr. it/farsa）。

2.5.2　Webots 机器人模拟器

Webots 是一款由 Cyberbotics 有限公司研发和提供的商用机器人模拟器（Michel 2004；www. cyberbotics. com），并被广泛用于认知机器人的研究中。该软件能够进行多种移动机器人的仿真，包括轮式机器人、足式机器人平台和飞行机器人。Webots 标准版本在默认情况下包括 NAO 类人机器人平台的三维模型（图 2-15）和用于发展型机器人研究的 AIBO 机器人平台的三维模型。该软件还提供了许多其他平台的三维模型，包括：Katana IPR 手臂型机器人（Neuronics），轮式机器人 e-puck（洛桑理工学院"EPFL Lausanne"）和 Khepera Ⅲ（K-Team Corporation），Hoap-2（Fujitsu Automation）和 KHR-2HV（Kondo Kagaku 有限公司）人形机器人，DARwIn-OP（Robotis 有限公司），Pioneer 3-AT 和 Pioneer 3-DX（Adept 有限公司）平台，以及 KHR-3HV 和 KHR-2HV 机器人。

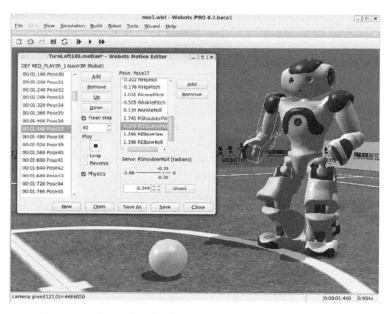

图 2-15　Webots 模拟器中 NAO 机器人的三维模型。图片由 Cyberbotics 授权提供

该软件带有一个机器人编辑器，通过导入 VRML 文件格式来构建新的机器人平台配置。它还带有一个世界编辑器来创建物体和地形环境（例如物体的属性，像形状、颜色、

质地、质量、摩擦等），或者直接使用默认的世界配置。为了编辑新的机器人，Webots 还包括了含有传感器和执行器的扩展库。预定义的传感器模块包括：红外和超声波距离传感器，各种用于视觉的一维、二维、黑白、彩色摄像机，压力和碰撞传感器，GPS 传感器，用于伺服电机的位置和力传感器，车轮编码器，三维加速度计和陀螺仪。这些传感器在范围、噪声、响应和视野内是可控制的。执行器的库包括：差动轮电机单元，伺服电机（用于腿、手臂、车轮），夹持器，发光二极管和电子显示器。

机器人编辑器整合了接收器与发射器来进行机器人内部通信，因此可以模拟在机器人沟通和语言方面的多智能体系统和实验。该软件也带有一个运动编辑器，用于创建和重用关节型机器人的运动序列。此外，该软件也能够设置实验的监督部分，例如，用于线下执行各种各样的实验（如遗传算法或与不同任务设置的训练）。通过使用这个监督功能，研究人员可以编写一个程序脚本，如改变对象属性及其位置的动作、给机器人发送信息以及记录机器人轨迹或视频。

63
～
65

Webots 是一个多平台的应用程序，可用于 Windows、Mac OS、Linux 系统。该模拟器基于 ODE 物理仿真引擎。它拥有一个由各种程序语言（如 C/C++、Java、Python）编写的通信接口，并且在 MATLAB 和其他机器人应用程序（ROS、URBI）中编写的程序也可以通过 TCP/IP 的第三方软件作为接口。

为促进模拟器中研发的机器人控制器转移到真实机器人平台上，除了要包含现有平台的三维模型，也需要为标准的机器人软件应用程序提供接口。例如，使用 NAO 机器人的实验可以使用 Webots 的 URBI（Gostai SAS）或 NaoQi 和"NAO_in_webots"（Aldebaran Robotics SA），这些都可以与真实机器人或模拟机器人直接进行通信。

Webots 是一款商用型软件应用程序，需要购买许可证才能使用所有功能。当然，Webots 也提供功能简化的免费版本，只能在认知机器人的实验中进行有限的使用。

Webots 模拟器目前已经用于认知和发展型机器人的研究，如使用 Hoap-2 机器人模型的双足行走实验（Righetti 和 Ijspeert 2006b）、使用 Webots 模拟 iCub 机器人的爬行实验（Righetti 和 Ijspeert 2006a）以及使用 NAO 机器人模型的行走实验（Lee、Lowe 和 Ziemke 2011）。

2.5.3 胎儿机器人和新生儿机器人模拟器

胎儿机器人和新生儿机器人模拟器这两个计算机仿真三维模型是由 Kuniyoshi 及其同事们在 JSP ERATO Asada 项目中开发的。第一个模型，我们称为 Fetus Model 1（Kuniyoshi 和 Sangawa 2006），是最早出现的、"最简"身体的胎儿和新生儿发展模型。随后的 Fetus Model 2（Mori 和 Kuniyoshi 2010）提供了胎儿感觉运动装置的更真实呈现，并且更加关注学习实验。

这些胎儿发展模型是通过计算机模拟来实现的，当前已有的技术还不可能开发出一个漂浮在液体中的机器人胎儿。因此，这些胎儿发展模型为探索产前胎儿感觉运动的发展建立了一套有用的研究工具，这套工具能够提供一种关于胎儿感知器官的真实表征方式，以及身体对重力和子宫壁的反应。

Fetus Model 1 机器人模拟器包含一个婴儿的三维模型，这个模型模拟了子宫内胎儿和新生儿出生时的形态（Kuniyoshi 和 Sangawa 2006；Sangawa 和 Kuniyoshi 2006；如图 2-16 所示）。该模型包括由 19 个球形身体部件与连接在圆柱体上的 198 块肌肉（手指和面部肌肉没有建模）构成的一套肌肉骨骼系统。该模拟器通过与 iCub 和 Webots 模拟器一样的 ODE 物理引擎来实现。肌肉的动力学属性和肌肉的尺寸、质量、惯性参数是基于来自人类生理学文献的知识。关节的设置可以使其模拟胎儿的自然姿势和动作。总共有 1448 个触觉传感器分布在其身体的各个部位，用来反映已知的婴儿身体敏感的触觉。子宫环境由模拟重力、浮力和流体阻力等物理参数的球状环境构成。连接胎儿和子宫壁的脐带也会影响胎儿的运动。子宫壁则由拥有阻尼特性的非线性弹簧建模而成。

66

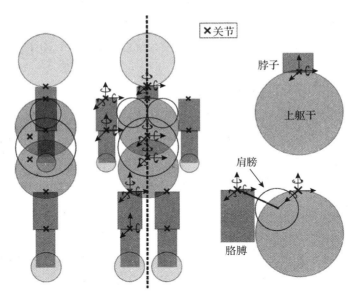

a）拥有19个圆柱体的Fetus Model 1机器人模型

b）在子宫内胎儿的可视化三维模型

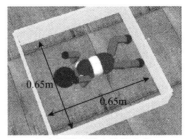

c）在围挡环境中的新生儿

图 2-16　Kuniyoshi 和 Sangawa 2006。图片由东京大学 Yasuo Kuniyoshi 教授提供。Springer 授权复制

该模型旨在对通用的涉身发展原则在早期感觉运动学习中的作用进行研究。特别是，该模型是以探索可以部分排序的涉身动态模式假说为目标的，这些涉身动态模式是在孕期过程中从身体-大脑-环境之间交互的无序探索中涌现出来的。这个假说随后将导致一些有意义的运动行为的涌现，如新生婴儿的翻身和类似爬行的动作。这个假说与人类胎儿所观察到的自发性运动是有关联的，自发性运动也就是一般动作，这种流畅的动作并不是对外部刺激的反应（Kisilevsky 和 Low 1998），而是在妊娠两个月（8～10 周）之后就能出现。该模型还实现了一个细致的神经体系结构，基于的是感觉器官、髓质与脊柱模型，以及初级躯体感觉与运动区域。肌肉感觉器官的模型包括纺锤体（对肌肉拉伸速度敏感）和高尔基腱器官（与肌肉收缩成正比反应）。脊柱模型处理从纺锤体和高尔基腱器官传递来的成对输入，以控制拉伸反射并使用抑制来调节肌肉张力。髓质模型由每块肌肉的中枢模式发生器（CPG）构成。虽然两个肌肉的 CPG 并不直接耦合，但是这两个 CPG 可以通过身体与物理环境和肌肉的反应交互来达到功能耦合。耦合的 CPG 能产生周期性的活动模式，从而应对持续输入和非均匀感觉混乱模式的输入。神经皮层模型由相互联系的初级躯体感觉区（S1）和运动区（M1）组成，通过自组织映射（SOM）人工神经网络来实现。

该模型只有一个与发展时间刻度相关的主要参数，也就是用于区分胎儿和新生儿的孕龄。子宫内的胎儿模型展示的是一个 35 周大小的胚胎。新生儿模型展示的是刚出生的婴儿。新生儿的环境模型是一块围挡的正方形区域，该区域只有重力作用，没有像在子宫里那样的流体阻力作用。

对子宫内胎儿模型的自发运动的模拟，以及对在围挡平面内新生儿自发翻滚动作的模拟，能够显示出丰富的有意义运动模式的涌现，还能显示出感觉运动区域与躯体结构组织过程的涌现。胎儿模拟器也强调了在球形子宫内环境限制下的自发性胎儿运动的重要作用。子宫壁的约束会使胎儿的身体产生以旋转为主的动作，这些动作通过感觉区 S1 和驱动运动区 M1 的构造，进而促进腿与脖子之间的协作关系的学习。如果没有这样一种预设的胎儿环境限制和体验，婴儿将只能体验到用头部引导的运动探索，而不会协调其他身体部位。

67
～
68

更复杂的胚胎模拟仿真模型是 Fetus Model 2，该模型是随后开发出来的，它通过行为模式学习中触觉感知的特殊贡献来研究子宫内学习的细化机理（Mori 和 Kuniyoshi 2010；如图 2-17 所示）。这个复杂的胎儿有 1542 个触觉感知器（见图 2-17a），大部分集中头部（365 个触点）和手部（173 个）。其余的感知器分布在颈部（6 个）、胸部与腹部（54 个）、髋部（22 个）、肩膀（15 个）、手臂（31 个）、大腿（22 个）、小腿（17 个）和脚（43 个）。

模拟器上的实验专注于更加复杂的行为学习，在胎儿发展过程中，这些复杂的行为是在一般运动后出现的。特别的是，模拟器探索了触觉引起胎儿运动的假说。实验结果表明，在胎儿身体里使用与人类相似的触觉分布可以引起对两种反应动作的学习，这两种反应动作是在胚胎的一般运动之后被观察到的。这两种反应动作是：①孤立的手臂或腿部动作（IALM），在人类胎儿妊娠 10 周之后观察到一组独立于其他身体部位的忽动忽停的动作；②手/脸接触动作（HFC），手部慢慢地触摸脸部，该动作可以在怀孕第 11 周被观察到。这些结果除了可以探索出生之前运动学习的作用之外，对临床研究也有

影响。特别是这些结果有助于理解潜在的学习能力，并应用于早产儿在新生儿重症监护病房的护理，如"筑巢护理"或"襁褓法护理"（Mori 和 Kuniyoshi 2010；van Sleuwen 等人 2007）。

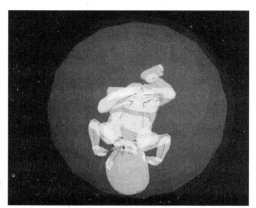

a）触觉传感器分布图   b）在子宫内胎儿的三维呈现

图 2-17   Mori 和 Kuniyoshi 2010。图片由东京大学 Yasuo Kuniyoshi 教授提供。IEEE 授权复制

与开源的 iCub 模拟器或商用的 Webots 程序相比，这些胎儿和新生儿模型的仿真软件还没有开放使用。然而，它们提供了一个使用三维物理模拟器模型来研究机器人潜在原理的非常吸引人的实例，甚至这种模拟还可以发生在胚胎发展阶段。这使得我们可以对胎儿的自发运动和其他认知功能的作用假说进行验证，如先天与后天的评估行为、动力机制与认知的起源、胚胎体验对引导出生后更复杂能力的作用。

2.6   本章总结

本章介绍了用在机器人学中的关键概念以及常见传感器和执行器的技术。本章还概述了用于发展型机器人研究的主要人形机器人平台和相关模拟器软件，特别强调人形"婴儿"机器人。发展型机器人平台的多样性和复杂性展示了该研究领域的活力，并且在不到十年的时间里，发展型机器人研究中就产生了许多令人印象深刻的技术成果。

由于机器人平台设计技术的持续进步，该领域正在非常迅速地发展。新材料、新传感器、更高效的电池系统以及更简洁、节能的电脑微处理器这些令人印象深刻的发展，都为设计更先进的、完全自主的机器人提供了巨大支持。

在材料科学领域，开发新的可用于机器人效应器的柔性材料，可以促进由柔软的材料制作的机器人的生产（Pfeifer、Lungarella 和 Iida 2012），以及促进基于拟人化肌肉骨骼的执行器的生产（Holland 和 Knight 2006；Marques 等人 2010）。原型的软体机器人应用包括气动人工肌肉执行器和电活性聚合物，或许在某些情况下，还可以将刚性材料与软体动力学结合，诸如使用电磁、压电或热感执行器以及变量柔性执行器（Trivedi 等人 2008；AlbuSchaffer 等人 2008）。这些方案的灵感直接来自于各种各样的动物与植物，这些动植物可以使用柔软的结构生成复杂动作，如章鱼触手与大象鼻子的肌肉。在传感器技术方面也产生了包括机器人皮肤与触觉传感器这些产品的重大进展，并且，这些进展也适用于柔体机器人的外壳（Cannata 等人 2008）。

有助于完全自主机器人设计的另一个发展领域是光能和高效电能电池的快速进步，例如，机器人不需要一直插着充电线或为低效电池进行连续充电。这主要是由智能手机电池的研发推动的，这些技术目前导致了更小、更高效、更廉价电池的产生。一些创新的解决方案也在机器人的设计生产中得到体现，机器人可以通过消化代谢有机材料来产生能量（如微生物燃料电池），英国布里斯托机器人实验室（Bristol Robotics Labs）研发了一种缓慢但完全能量自给的吃苍蝇的"生态机器人"（Ieropoulos 等人 2012）。

最后，导致人形机器人创新的另一个技术发展领域是众多机器人可以使用的简易、低能耗和价格便宜的核心微处理器。这是大量使用 GPU（图形处理器）进行并行处理的结果。GPU 为在标准计算机使用的 CPU 提供了另一种选择，因为 CPU 只具有有限的并行处理能力，而不能在对计算需求极高的图形任务中使用。GPU 可以用来对神经网络、遗传算法和数值模拟执行并行计算。GPU 还为昂贵、笨重且高耗能和高性能的计算机和集群提供了一种可替代工具，这些高性能计算机和集群为机器人到中央处理器提供持续的连接。例如，GPU 及其相关的编程语言 CUDA 已经被用在 iCub 机器人中，为机器人进行运动学习的大型人工神经网络提供快速的计算（Peniak 等人 2011）。

接下来的章节将着眼于发展型研究的机器人平台的发展水平，以及在婴儿机器人中对感觉运动、社交能力建模的重要进展。机器人技术和计算系统的持续发展将有助于进一步引导具有认知功能的机器人的设计。

扩展阅读

Matarić, M. J. *The Robotics Primer*. Cambridge, MA: MIT Press, 2007.

这本书为非专业学科的学生和读者简明地提供了一个清晰易懂的关于机器人概念和技术的入门介绍。该书既对构建机器人的主要传感器和执行器的基本概念进行了描述，也对目前机器人行为建模（包括行走、操作、群体机器人和学习）的发展现状进行了综述。书中还附有一份免费的机器人编程习题册。推荐那些想对机器人学中的主要概念和技术多些了解的人类科学学科的学生和研究者阅读。

Siciliano, B., and O. Khatib, eds. *Springer Handbook of Robotics*. Berlin and Heidelberg: Springer, 2008.

　　这是机器人学研究领域最全面的一本手册。该书共有 64 章，每一章都是由该领域内的国际学术带头人编写的。这些不同的章节涵盖了 7 个部分：①机器人基础，②结构，③传感器和感知，④操作和界面，⑤移动和分布式机器人，⑥领域内的应用和服务型机器人，⑦以人为本和栩栩如生的机器人。第 7 部分是本书中与读者最相关的部分，因为这部分涵盖了各种认知和仿生机器人领域，如类人机器人、进化机器人学、神经机器人学、人-机器人交互和机器人伦理学。

71
~
72

新奇、好奇与惊奇

发展型机器人学的一个主要设计原则是自主性。自主性是指发展型机器人、机器或智能体与周围环境的交互和探索是自由的。与那些决定和行为被提前严格编程或被远程控制器控制的机器人相反，自主型机器人根据内在状态和外界环境感知恰当地自主选择自身行为（如 Nolfi 和 Parisi 1999；Schlesinger 和 Parisi 2001）。在本章中，我们着重关注学习的自主性，也就是基于智能体的自由来选择学习什么、何时学习以及怎样学习。

从这个自由中引申出一个根本问题：探索环境的最佳策略是什么？当机器人面临全新的体验时，对这一体验有各种各样的探测和研究方式，机器人该怎样决定选择哪个行为或哪个选项以进行优先尝试，又该在何时从一个选择转向另一个？传统人工智能的解决方法一般是把这个情况当作优化问题来求解（如能量最小化、探索奖励等），结果是，他们通常专注于用来寻找最佳探索策略的分析和学习方法。在这里，发展型机器人的研究虽然依赖于多种相同的计算工具，但是问题建立的方法以及启发和引导那些计算模型的理论观点是不同于传统实现方法的。特别地，本章将突出介绍内在动机的涌现领域，内在动机可以赋予机器人"人造的好奇心"。因此，内在动机驱动的机器人并非着力于解决特定问题或任务，而是学习本身的过程（如 Oudeyer 和 Kaplan 2007）。

人们将内在动机（Intrinsic Motivation，IM）作为一种驱使自主学习的机制，它不仅应用于发展型机器人学，而且广泛应用于机器学习领域。相比传统的学习方法，它有三个重要优点（如 Mirolli 和 Baldassarre 2013；Oudeyer 和 Kaplan 2007）。首先，IM 是任务独立的。这意味着机器人或人工智能体可以被置于全新的环境中——制造者也没有相应的前提知识或经验的环境。通过自我导向的探索，机器人将不仅能学到环境的重要特性，而且还能学到应对环境的行为技能。其次，IM 促进了技能的层级式学习和再利用。学习的目标是掌握知识、技能或者两者兼顾，而非解决一个特定的、预定义的任务。因此内在动机驱动的机器人可以掌握某个环境（或发展阶段）中的一种能力，这种能力没有立即产生效益，但却是后续更多复杂技能的关键基石。最后，IM 是开放式的。这样一来，在特定环境下，学习取决于机器人的技能或知识等级，而不取决于朝向某个已定的、外部施加的目标而取得的进步。的确，正如我们将要强调的，有很多 IM 模型包含这样一个原则：当机器人在某个领域已达到娴熟程度时，它能将自己的注意力高效地转向环境的新特性或者没学过的新技能。

作为发展型机器人领域的一个研究课题，IM 的研究受两个密切相连的领域所启发。第一，在探究 IM 如何在人类和非人类中发展的问题上有广泛的理论和经验，它们主要集中在心理学领域（如 Berlyne 1960；Harlow 1950；Hull 1943；Hunt 1965；Kagan 1972；Ryan 和 Deci 2000；White 1959）。第二，在神经科学领域也有数量可观的研究成果，这些成果不仅分析 IM 的神经基础，而且揭示这些生物机理如何运作（如 Bromberg-Martin 和 Hikosaka 2009；Horvitz 2000；Isoda 和 Hikosaka 2008；Kumaran 和 Maguire 2007；Matsumoto 等人 2007；Redgrave 和 Gurney 2006）。

与发展型机器人学的其他研究领域相比（比如，运动技能发展或语言学习），机器人和人工智能体中的 IM 研究仍处于相对早期的阶段。所以，本章与其他章节的主题大不相同。首先，在研究婴幼儿以及机器人的 IM 模型中，研究重点与实验之间没有明确的对应关系。特别是直到今天，发展型机器人领域中有关 IM 的研究仍侧重于设计高效的算法和架构，而直接面向人体发展的研究相对少很多（例如自我区别，Kaplan 和 Oudeyer 2007）。在 3.3.1 节中，我们会详细介绍可以模拟 IM 的各种架构。其次，迄今进行的许多建模工作都注重在模拟器上进行研究，这就使得真实世界机器人平台中获得的数据相对少很多。然而，利用机器人研究 IM 问题变得逐渐热门，在本章的后半段，我们会用几个实例对模拟器上的和真实的研究进行着重介绍。

[74]

3.1 内在动机：概念总览

正如我们即将介绍的，心理学中的数据和理论均对 IM 概念有着重大影响。然而，或许令人惊奇的是，发展型机器人学（更通俗地讲，机器学习）中的"外在"和"内在动机"两个词与心理学中的用法并不同。比如，心理学家通常将内在动机行为定义为生物体"自由"选择的动作，也就是说，没有任何外界刺激和后果，而外在动机行为的发生是为了应对外在提示或线索。根据此观点，儿童可以简单地为了玩（内在）而画画，或者为了钱或糖果（外在）这样的奖励而画画。相反，我们采纳 Baldassarre（2011）的观点，即外在动机行为是为了满足基本的生理功能（比如，口渴或饥饿）需求，而内在动机行为没有明确目标、目的或生理功能，进而可以推测这么做是为了自身目的。

3.1.1 早期的影响

早先理解内在动机的方法受到已有行为理论的影响，特别是受基于内驱力和自我平衡理论。Hull 有一个关于自我平衡的知名理论（1943），该理论指出所有的行为都可被理解为两种结果：① "原始"心理内驱力，比如饥饿或口渴；② "次要"心理内驱力，该激励在满足原始心理内驱力的过程中形成。Hullian 的观点有两个关键因素。第一，原始内驱力是内在的，并受到生物定理的约束——它们进化的目的是保护或促进生物体的生存。第二，它们是自我平衡的，这就是说，对于一个给定的生理系统，存在完美的"设定点"，并且原始内驱力是为生物体接近该设定点而服务的。例如，当动物感到寒冷时，它可能会发抖或移向阳光来增加体温。换言之，自我平衡使动物具有一种"回归平衡"能力，即在环境改变抑或破坏生物体稳态时达到平衡的功能。

有些研究人员想要得知 Hull 的刺激理论是否可以应用于玩耍和物体探索之类的行为，尤其是动物中的这种行为。例如，Harlow（Harlow、Harlow 和 Meyer 1950）观察到恒河猴面对如图 3-1 所示的机械谜题（包括杠杆、铰链、链条等）时的行为。猴子们普遍为谜题所痴迷，并且玩法多样。值得注意的是，它们的探索行为并未依赖于外在奖赏（比如食物），而且通过反复实验，猴子们解决谜题的效率逐步提高。由此可知，Harlow 研究中的 猴子们不仅能够学习解开谜题，而且更重要的是，它们对摆弄和探索谜题的尝试似乎也直指理解或弄清其原理的目标。

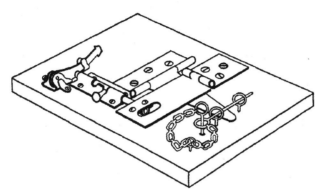

图 3-1　Harlow 研究中的机械"谜题"（1950）。公共图像，美国心理协会

其他研究人员也观察到类似的探索行为事件（如 Butler 1953；Kish 和 Anonitis 1956）。对这些行为的一种解释方法就是将其与 Hullian 框架融合起来，即作为实现"操作""探索"等行为的激励的有可能是本能（如 Montgomery 1954）。可是，正如 White（1959）所强调的，这些 Harlow 观察到的探索或玩耍行为并非自我平衡，因而在本质上也就和经典刺激理论分道扬镳。首先，它们并非是对因食物或水被剥夺而产生的环境的焦虑或扰动的回应。其次，产生这些行为不能使生物体"回到"应有的生理状态。相反，它们似乎是开放的，没有明显的目标或对生物体没有立即的效益。

3.1.2　知识与能力

IM 问题之后的解决方法专注于研究基于内驱力的局限性以及自我平衡理论。这些理论可以分为两个广义理论派别，即基于知识的和基于能力的 IM 理论（如 Baldassarre 2011；Mirolli 和 Baldassarre 2013；Oudeyer 和 Kaplan 2007）。首先，基于知识的理论认为 IM 是一种认知机制，这种机制使得生物体可以检测到新奇性或者意外的特性、对象及环境中的事件。根据这种观点，IM 是生物体的当前知识状态的产物。特别地，通过系统地探索环境，搜寻不 熟悉或不怎么理解的经验，生物体将有目的地扩展自身的知识库（如学习）。

基于知识的 IM 包含两种或两类：基于新奇性的或基于预测的 IM。基于新奇性的 IM

体现了由几个发展学理论家提出的原则，即经验是被整合进认知结构的，这种结构的功能是解释新的信息（如 Fischer 1980；Kagan 1972；Piaget 1952）。新情境在当前经验和储备知识间产生不匹配或不协调，这就导致需要花费努力来解决这种差异（比如，通过增加对物体或情境的注意力；详见下文中的"比较理论"）。基于新奇性的方法也意味着在低级新奇性、中级新奇性以及高级新奇性的情境之间有着关键的区别：低级新奇性对应熟悉的经验，而高度新奇的经验可能无法在生物体的当前知识库中被解释清楚。相比之下，中级新奇性或许适合学习，因为它既可理解却又令人觉得陌生（如 Berlyne 1960；Ginsburg 和 Opper 1988；Hunt 1965）。基于预测的 IM 是基于知识的 IM 的另一个变异版本。该方法注重生物体-环境的互动作用，而且用积极探索自身知识库的陌生"边缘"来表示生物体的特征。基于预测的 IM 与好奇和惊奇的概念一致：在探测环境时，生物体暗中预测对象或事件将如何对自己的行为做出反应，以及当意外结果发生时，如何用附加的动力或注意力来进一步探测环境。

尽管基于新奇性的和基于预测的 IM 都产生关于环境的新知识，但两种学习机制之间有着细微且重要的差别。就基于新奇性的 IM 而言，智能体被看作普遍被动，因为其寻找新经验的主要工具是在空间中移动（比如，头和眼睛运动）。相反，基于预测的 IM 相对主动，智能体能有条不紊地在环境里操控以及观察自身动作的结果（比如，抓、提或丢弃物体）。然而，这样的区分有些随意，而且应当强调的是新奇性寻找和动作预测并非彼此独立，它们实际上经常一起出现。

基于知识的 IM 专注于环境的属性，以及生物体如何逐渐知道并弄懂这些属性（例如物体和事件）——就基于预测的 IM 而言，在生物体的动作影响下这些属性会如何改变。基于能力的观点是另一种可选方法，它关注的是生物体以及生物体拥有的特殊能力或技巧。基于能力的 IM 有几种理论动机。例如，White（1959）强调"影响力"的概念，它是主观经验，即个人的行为将影响某个局面的结果（参照 Bandura 1986 的一个关联词"自我效能"）。类似地，de Charms（1968）提出一个自己命名的概念"个人因果关系"。更近一点，自我决策理论（Deci 和 Ryan 1985）不仅通过将 IM 的概念联系到自主和能力的主观经验上来进行论述，而且通过证明能力可解释为朝向改进和增加熟练度的趋势的方式来阐述这些观点。Piaget（1952；也可参见 Ginsburg 和 Opper 1988）提出了一个差不多的相关现象——功能仿真，它指婴幼儿有条理地练习或重复新出现的技能（比如，学习抓或走）。因此，基于能力的 IM 的一个基本含义是，它通过引导生物体寻找挑战性的经验来促进能力发展。

3.1.3　IM 的神经基础

目前讨论的观点和方法代表了发展型机器人中作用于 IM 的两个根本影响之一，那就是行为的观察和分析加上心理学理论。然而，正如我们在本章开头所述，还有另一个研究领域提供了第二种根本影响：神经科学。我们在此简要介绍特定大脑区域的活动是如何与前面介绍的 IM 各个类型连接的。

首先，检测新奇性的一个重要区域是海马体，它不仅在长期记忆上起着根本性作用，而且在对新物体和新事件的反应处理上也是无可替代的（如 Kumaran 和 Maguire 2007；Vinogradova 1975）。在功能方面，当遇到新体验时，海马体激活一条位于自身和腹侧被盖区（VTA）之间的常用通路，通过释放多巴胺在海马体中建立新的记忆痕迹。这种机制不断在重复事件上进行，直至最后不再产生反应（即习惯；Sirois 和 Mareschal 2004）。更通俗地说，中脑边缘通路（腹侧被盖区、海马体区、杏仁核区以及前额皮质区）上释放的多巴胺与突出事件或"警惕"事件的检测有关（如 Bromberg-Martin 和 Hikosaka 2009；Horvitz 2000）。一个整合了所有这些区域，再加上下丘脑、伏隔核以及其余周围区域的更全面的理论叙述已由 Panksepp（如 Wright 和 Panksepp 2012）提出。他主张这些网络的激活刺激"寻找"行为（即好奇、探索等）。

其次，有一系列参与感觉运动处理的大脑区域，它们可为预测学习以及意外物体或事件检测提供基础。例如，与主动的眼球运动相关的额叶眼区（FEF）在视觉搜索中起着关键作用（如 Barborica 和 Ferrera 2004）。从猴子的 FEF 单细胞记录中可知，FEF 活动是可预期的（例如，追踪的物体凭空消失）。此外，如果预期的目标位置与观察位置经常不匹配，FEF 活动就会增加（如 Ferrera 和 Barbo-rica 2010）。综上，该区域的神经活动不仅可预测，而且提供一种"学习信号"，该信号可调制未来的感觉运动预测。

最后，作为基于能力的 IM 潜在基板的一个区域叫作上丘（SC）。Redgrave 和 Gurney（2006）最近提出的一个模型揭示了一些意外的事件，比如一道闪光，它能激活 SC 而导致多巴胺短期（即阶段性的）释放增多。然而，必须要指出的是，这种通路不是简单的"新奇性检测器"。Redgrave 和 Gurney 还指出，阶段性的多巴胺增加（因 SC 激活而产生）强化了持续的运动和感觉信号之间的联系，这种联系存在于纹状体中。因此，SC 的作用和"偶然性"或"因果"检测器一样，它不仅在生物体连续行为产生突出或意外结果时发出信号，而且更重要的是，也增加了特定行为将来在对应环境中重复发生的可能性。

78

3.2　内在动机的发展

接下来我们转到 IM 在婴幼儿期如何发展这个问题。有一点很重要，IM 并非独立的研究话题或知识领域，而是穿插多个研究领域的系列问题中的某一部分（例如，知觉和认知发展）。下面我们从基于知识的 IM（即新奇性和预测）所涉及的成果开始介绍，然后着重介绍基于能力的 IM。

3.2.1　婴儿中基于知识的 IM：新奇性

从行为的角度看，在环境中发现新对象或事件的过程可以分解为两个关键能力或技能。第一个是探索行为，即搜索或扫描环境中潜在的兴趣区域。第二个是新奇性探测，即发现或识别某状况是新的，然后把精力集中在那个对象或事件上。需要注意的是，这些现象都可用多种方式阐明。例如，探索和新奇性可在儿童的自身行为下产生，比如蹒跚学步所带来的好奇，或者手臂运动所引起的视觉探索。或者，那些现象也可以产生于对环境的搜索。我们此处仅限讨论婴儿视觉探索现象的特例。

　　视觉探索是如何发展的？解答该问题的一种方法是划分婴儿在自由观看简单几何形状时的扫描模式。例如，图 3-2 展现了视觉编码研究中，关于 2 周大和 12 周大婴儿的注视行为的例子（Bronson 1991）。在研究中，婴儿观看倒 V 形的图形，同时他们的眼球运动由图像下面的摄像机记录。对于每个婴儿，初始的注视点固定由一个小点指引，接下来的注视转换由点与点间的连线指引。小的点指示的是初始注视位置，点与点之间的连线指示的是随后发生的注视位置的变换。左侧的例子（图 3-2a，由一个 2 周大婴儿产生）突出了扫描行为的两个特性方面，这些是在年龄很小的婴儿中观察到的：①单独的注视（大的点）没有均匀分布在形状图中，而是聚集在一个很小区域里；②驻留或注视时间比较长（例如，若干秒）。相反，由 12 周大的婴儿产生的扫描模式中（图 3-2b），注视更加短且均匀分布。其他的研究对相同年龄的婴儿进行观察并产生了可类比的发现。例如 Maurer 和 Salapatek（1976）分析了两个月大的婴儿观看脸谱的注视模式。年幼点的婴儿倾向于专注脸的外边缘区，而年长点的婴儿更有条不紊地扫描整个脸，包括眼睛。

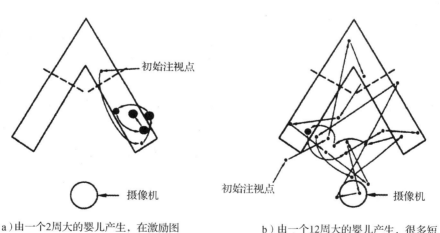

a）由一个2周大的婴儿产生，在激励图　　　　　　b）由一个12周大的婴儿产生，很多短
　形的右下角有一些长时间的注视簇　　　　　　　　暂的注视均匀地分布在激励图形处

图 3-2　扫描模式。摘自 Bronson 1991。Wiley 授权复制

　　定义这种发展型模式的一种方式是把它当作从内源性到外源性的一个转变（如 Colombo 和 Cheatham 2006；Dannemiller 2000；Johnson 1990）。因此，婴儿在出生后几个月的生活中的定向行为是由显著感觉事件所主导的。一到两个月大的时候，婴儿开始更多地通过视觉探索行为来发展控制力，而且逐渐掌握了一种能力，可以将他们的注意力以

一种更有意识或更具策略性的方式从一个地方调配至另一个地方。在下一章我们会回到这个问题上，探讨视觉选择注意力的发展。

第二种方式认为发现新物体或事件的核心元素是新奇性检测。这种能力的研究主要集中在两个问题上：①婴儿多大的时候开始回应新物体或事件；②新奇性检测如何体现在他们的行为上。同时探究这些问题有很多可行方法，主要的方法就是在两个特定方向上缩小 |80| 问题范围。首先，大多数研究给婴儿观看视觉形象或物体，测量婴儿盯着视觉激励的时长（即看的时间）。其次，观看时长的变化——特别是对个别图像或物体系统的观看时长的增加或减少——被作为新奇性检测的指标或代表（如 Colombo 和 Mitchell 2009；Gilmore 和 Thomas 2002）。用来研究婴儿新奇性感知的最常见实验是习惯化-去习惯化。在第 4 章中我们将详细介绍该实验，并强调其作为研究工具在研究感知发展上起的作用（如人脸感知）。这里主要专注于习惯化-去习惯化如何为婴儿的认知处理提供一个窗口这种更一般的问题，以及它是如何来衡量婴儿对特定新物体和事件的偏好的。

在习惯化-去习惯化研究中，物体或事件通过一系列的实验展示给婴儿（如分次展示视觉激励），每次实验中记录他们的观察时间。婴儿逐渐对物体或事件失去兴趣——也就是说他们已习惯，实验中他们观察时间的减少正反映了这个情况。这时，给婴儿展示类似先前已习惯的视觉激励，但是在一个或多个关键维度上存在差异。例如，在习惯化阶段展示女性的脸，而在已习惯阶段展示男性的脸。对新的刺激的观察时间在统计上有显著增长，已习惯激励因而被解读为体现出一种新奇性偏好：婴儿不仅检测到已展示的新物体或事件，而且也对其增加了注意力。

通过这个范例，发展型研究人员会问：新奇性偏好在婴儿前 12 个月大时是如何发展的？这个问题的最初研究引出了一个令人吃惊的答案。与其说表现了一种新奇性偏好，不如说婴儿趋向于选择熟悉的物体，特别是幼小的婴儿（即出生到两个月大；如 Hunt 1970；Wetherford 和 Cohen 1973）。对于 3～6 个月大的婴儿，这种偏好似乎转向新物体和事件，6～12 个月大时，对新激励则是一种稳定一致的偏好（如 Colombo 和 Cheatham 2006；Roder、Bushnell 和 Sasseville 2000）。

早期婴儿从对熟悉事物的偏好转向了对新奇性的偏好，这种观察结果可以运用 Sokolov 的比较器理论来理解（Sokolov 1963）。特别地，Sokolov 提出婴儿观察物体时，他们逐渐创造了一个内在的表征方法（或内在"模板"）。习惯化的过程可以解释成婴儿在花时间构建内在表征：当内在复制模型与外在物体匹配时，观察时间（即视觉注意）就减少。展示新物体时（该物体与内在表征间出现不匹配）婴儿的习惯化被解除，也就是内在表征随新物体更新导致观察时间的增加。 |81|

后续新奇性感知的研究工作利用了比较器理论来解释年幼婴儿如何从熟悉性偏好（表面上）转向新奇性偏好。比较器理论特别指出，因为更年幼的婴儿不仅视觉经验有限，而且视觉处理能力也有限，所以他们编码物体和事件的能力更差，而且他们的内在表征更不稳定或更不完整。综上所述，他们倾向关注熟悉的视觉激励。根据这个观点，当刺激以一种占用婴儿处理速度和视觉经验的方式展现时，各个年龄层的婴儿应该展现出一种新奇性偏好（如 Colombo and Cheatham 2006）。因此，新奇性检测和新奇性偏好看来是人类婴儿一出生就表现出来的，熟悉性偏好现在可以理解为部分或不完全的视觉编码产物（如 Roder、Bush-nell 和 Sasseville 2000）。

3.2.2　婴儿中基于知识的 IM：预测

研究婴儿预测能力的发展主要是通过调查婴儿对简单动态事件结果的预期反应进行的（例如，从轨道上滚下的球）。在这种情形下，"预测"被严格定义为一种感觉运动技能，婴儿因对事件结果的预期而发出特定行为，比如注视切换或抓取。

一个完善的衡量年幼婴儿预测行为的技术是视觉预期范式（VExP；参考 Haith、Hazan 和 Goodman 1988；Haith、Wentworth 和 Canfield 1993），一系列依次连续摆放的图像放在两个或更多的位置上展示给婴儿，同时记录婴儿观察的位置和注视的时间。在框3-1中，我们详细描述了 VExP，包括该技术揭示的主要发展成果。需要说明的是，VExP 一般用于研究较小年龄范围内的婴儿（即 2～4 个月大），也就是说，预测的或期望的视觉活动不仅在该阶段快速发展，而且也和婴儿 FEF 成熟过程的单独评估一致（如 Johnson 1990）。

框 3-1　视觉预期范式

在年幼婴儿中观察到的最早最基本的一种预测行为的形式就是观看依次排列事件的能力（比如，视频中的图像一张接一张出现），以及在事物出现前预测其位置的能力。在一个开创性的实验中，Haith、Hazan 和 Goodman（1988）设计了视觉预期范式（VExP）来研究这种能力。在 VExP 中，婴儿观看一系列出现在两个或更多位置的图像，遵循规则的模式（例如，A-B-A-B-A-B）或乱序模式（例如，A-B-B-A-B-A）。正如我们这里强调的，这项研究的核心发现就是两个月大的婴儿在规则模式中很快学会预测接下来的图像位置。Haith 和其同事的后续研究表明年幼的婴儿不仅对图像的空间位置敏感，而且也对图像的内容和出现时间敏感。

1. 过程

下图描述了 Haith、Hazan 和 Goodman（1988）在 VExP 实验中研究婴儿注视模式的设备。在实验中，三岁大的婴儿平躺着，通过反射镜（镜子 Y）观看一系列的视频图像。与此同时，视频摄像机（眼部照相机）记录婴儿一只眼睛的特写镜头，眼睛由红外线光源照亮（光线准直器）。实验分为两种次序：常规交替顺序，图像在屏幕的左右交替出现；非常规顺序，图像在两个位置随机出现（参见下图，图片由 Wiley 授权复制）。所有的婴儿都观看这两种顺序，并且数量均衡。

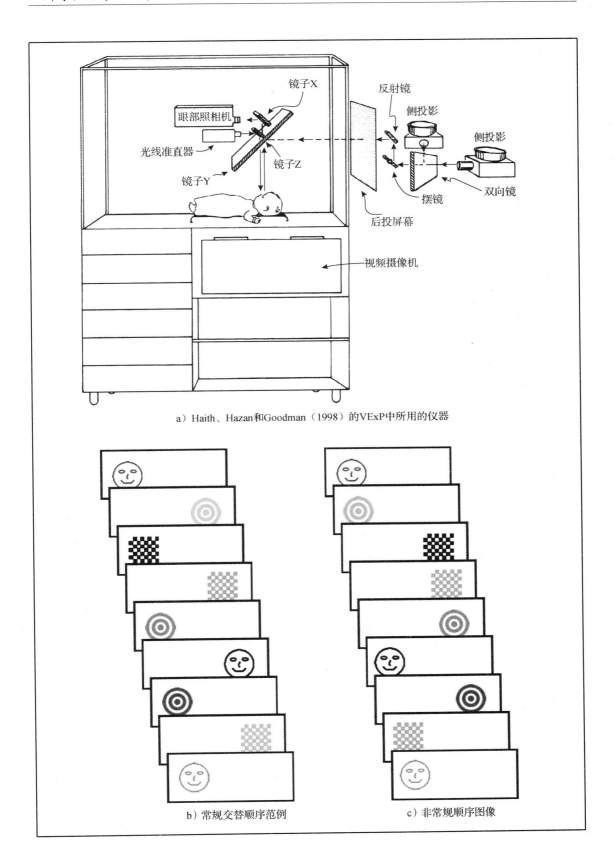

a）Haith、Hazan和Goodman（1998）的VExP中所用的仪器

b）常规交替顺序范例   c）非常规顺序图像

2. 结果

Haith、Hazan 和 Goodman（1988）通过计算图像出现与注视相应位置间的平均时间差系统地分析了婴儿的反应时间，主要有两个发现。第一，婴儿在常规顺序中的整体反应时间比乱序中的要短（391ms vs. 462ms）。第二，预期的定义是图像出现的 200ms 内眼睛转到图像位置。基于这个标准，婴儿在常规顺序中预测到图像的可能性是非常规中的两倍（22% vs. 11%）。

83
～
84

3. 后续发现

在接下来的研究中，Canfield 和 Haith（1991）把最初实验中婴儿三个半月的年龄缩小到两个月，实验说明了更年幼的婴儿也能学会预测两个位置交替出现的图像。但是，这个年龄的局限在于两个月大的婴儿不能学会非对称的顺序，例如 A-A-B-A-A-B，而三个月大的婴儿就不存在这个局限。其他一些有意义的能力也出现在三个月大时。例如，Wentworth、Haith 和 Hood（2002）发现三个月大的婴儿不仅能学会三个位置交替的顺序，而且他们也会利用一张图像的特定位置（如中间）来正确预测下一张图的位置（右侧 vs. 左侧）。最后，Adler 等人（2008）系统地改变了图像间的时间（而不是位置），并且发现三个月大的婴儿成功学会了利用时间间隔作为线索来预测接下来出现的图像。

量化预测的另一个更具挑战性的实例是：跟踪挡在屏幕后面从视野内滚到视野外的球。成功预测球的再现需要两项技能：第一，当物体被遮挡在屏幕后时婴儿必须在"脑子"里记住它（即 Piaget 所谓的客体永存）；第二，他们必须在球到达前通过引导目光到球的再现点来前瞻性地控制眼睛运动。在第 4 章中，我们着重介绍第一项技能，它是物体感知能力发展的基础步骤。这里，我们顺便关注一下后一项技能，也就是在遮挡物追踪中预测的或预期的注视是如何发展的。

4 岁大的时候，婴儿可以成功地追踪到可看到的移动球（Johnson、Amso 和 Slemmer 2003a）。相反，一旦球被遮挡，这个年龄段的婴儿就不能追踪到球。特别是他们没能预测球的出现，而是仅仅注视着球消失的地方。可是，当有额外帮助时（例如，遮挡屏幕宽度被缩短），4 个月大的婴儿便开始产生预测性的眼睛运动。因此预测物体轨迹的基本知觉动作机制似乎是 4 个月时开始出现，但在这个机制能够可靠地产生前，或许还需要知觉的支持。到了 6 个月大时，婴儿能够可靠地预测了球的再现，即便是球被更大的屏幕遮挡。

85

最后，把婴儿放在球滚动的轨道旁边，预测轨迹任务可以做得更具挑战性。部分轨道还是被遮住，好让球在视野里快速消失又再现。在这种情形下，预测行为可以同时通过两种方式衡量——除了预测滚动还可预测眼睛运动。Berthier 等人（2001）研究了 9 个月大的婴儿在两种跟踪条件下如何完成这项任务。如图 3-3 所示，在"无墙"条件下，球从轨道滚下，经过屏幕后面，从另一侧出来，婴儿全程观看。在"有墙"条件下，在屏幕后的轨道中放置障碍物，阻止进入遮挡屏幕的球继续运动。（注意，"墙"比屏幕高若干英寸[⊖]，好让婴儿清晰地看见。）

有三个主要发现被报道过。第一，当分析婴儿的注视行为时，Berthier 等人（2001）强调 9 个月大的婴儿只有在无墙的条件下才能一直预测到球的再现。相反，婴儿很快就学会墙挡住球的再现，因此，有墙时他们不会注视球通常再现的位置。第二，当分析婴儿的手臂接近行为时，Berthier 等人也指出婴儿在无墙条件下比有墙条件下能可靠地产生更多的接近行为。因此婴儿似乎也利用墙的出现作为是否可以触碰到球的线索。第三，如图 3-3 所示，在一些实验中无论有没有墙婴儿都触碰到了球。有趣的是，Berthier 等人发现这些接近行为的运动学特性作为墙出现的一种影响结果并没有变化。换言之，手臂接近行为似乎是符合弹道学的，一旦被初始化，即便是预期的也不再受额外视觉信息影响。他们还提出这些偶然的触碰错误反映了视觉和视觉运动技能的部分结合，这种结合将会在第二年继续发展。

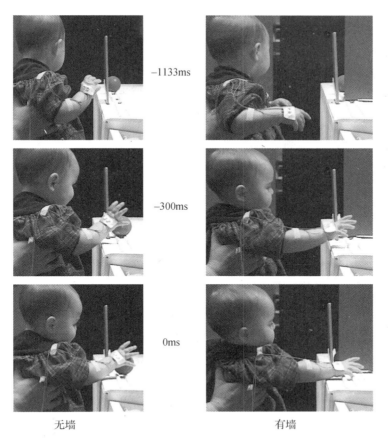

图 3-3　用眼做预测轨迹任务以及触碰预测运动实验。摘自 Berthier 等人 2001。Wiley 授权复制

⊖　1in＝2.54cm

3.2.3　婴儿中基于能力的 IM

正如之前提到的，基于能力的 IM 与基于知识的 IM 的区别在于前者专注于发展的生物体和技能的掌握，而不是掌握有关环境的知识或信息。自我效能（或效能）是在人类婴儿中早期出现的基于能力的 IM 成分，它指生物体自己的行为对周围的物体或人产生影响这一认识。

基于行为的偶然感知（或简单地表示为偶然感知）是一种在婴儿中探索自我效能的方法。偶然感知实验的一般设计方法是，将婴儿放在感知突出事件发生的地方（例如，屏幕上出现的图像或扩音器播放的声音），然后将事件的发生与婴儿正在进行的行为"联系"起来。Rovee-Collier（Rovee-Collier 和 Sullivan 1980）设计了一个著名的实验——"移动"实验，将婴儿放在婴儿床里，用缎带把婴儿的脚和头顶上的移动悬挂架系在一起（见图 3-4）。从行为角度看，移动物提供了一种联合强化模式：这种情况是不断进行强化的，因为婴儿很快学会踢连着移动架的腿（同时另一只脚保持常态静止），而且它是一种联合强化模式，因为强化物连续发生（无疑就是移动架移动的现象），发生的次数也和腿的运动次数成比例。

图 3-4　Rovee-Collier 和 Sullivan（1980）的"移动"实验，将婴儿放在婴儿床里，用缎带把婴儿的脚和头顶上的移动悬挂架系在一起。经 Wiley 授权复制

经过无数实验，Rovee-Collier 和同事们系统地分析了移动实验的学习机理。有趣的是，实验中三个月大的婴儿最引人注目。本实验的一个重大发现是经过学习控制移动物，三个月大的婴儿将这段经历保留了若干天（Rovee-Collier 和 Sullivan 1980）。一般一周以后他们会忘掉，如果只是简单地面对没有控制过的移动物体，他们的记忆可以拓展到长达四周（Rovee-Collier 等人 1980）。本实验的一个重要特征（虽然这个特征没有被系统研究过）就是婴儿似乎享受控制移动，踢腿时常常伴随咕咕笑（见图 3-4）。

与探索偶然感知相关的一个实验给婴儿观看视频，一个屏幕播放他们的腿，另一个屏幕播放其他婴儿的腿（如 Bahrick 和 Watson 1985）。为了区分两个画面（他自己的 vs. 其他的），婴儿必须能把移动腿产生的本体反馈和相应的视觉画面匹配起来。本实验产生了两个有趣的问题：多大的婴儿可以区分两个画面，他们会选择哪个？Bahrick 和 Watson 首先研究了五个月大的婴儿，发现这个年龄的婴儿观看非自己的视频画面（即另一个婴儿的腿的画面）的时间明显更长。当三个月大的婴儿重复同样实验时出现了双峰分布：大约一半选择观看自己的腿，而另一半观看非自己的画面更长。Gergely 和 Watson（1999）后来提出在生命的最初三个月，婴儿专注于他们的身体运动如何产生感觉效果（Piaget 称为初级循环反应）。这种专注导致了对绝对偶然事件的偏好。Gergely 和 Watson 假设三个月大之后，绝对偶然的事件变得让婴儿厌恶，导致婴儿把偏好转向高度（但非绝对）偶然的事件，比如照料者的社交回应（参见 Kaplan 和 Oudeyer 2007，包含了类似的过渡 IM 模型）。一个有意思的言外之意在于有患自闭症（ASD）风险的婴儿可能不会有这种转变。根据 Gergely 和 Watson，自闭症儿童的这种对绝对偶然的偏好可能会表现在重复行为、自我模拟以及对日常环境或路线改变的厌恶上。

最后，自发游戏行为的研究与婴幼儿中基于能力的 IM 存在一些不同的观点。表 3-1 列出了一系列复杂度递增的游戏，它们都出现在婴幼儿的早期（Bjorklund 和 Pellegrini 2002；Smilanksy 1968）。这些等级不代表离散的阶段，而是重叠的发展阶段，在这些阶段里各种各样的游戏形式开始涌现。第一阶段叫作功能游戏（也叫作感觉运动游戏或运动游戏），通常是大幅度的运动，比如跑、爬、挖以及其他类似的全身运动。功能游戏也可能包含物体操控，比如荡秋千、踢球或者扔木块。这种等级的游戏在第一年开始出现，并贯穿整个早期儿童时期，且社交元素逐渐增多。值得一提的是这种类型的游戏行为（特别是，所谓的粗糙混乱的游戏）在人类和非人类中都有出现，而且很可能有进化基础（例如，Siviy 和 Panksepp 2011）。第二级叫作构造（或对象）游戏，它出现在第二年，也是在早期儿童时继续发展。构造游戏一般包含良好运动技能的使用和一个或多个物体的操控，隐含的目标是建造或创造。例子有堆叠木块、重组谜题块或用画笔画画。

表 3-1　游戏行为等级（摘自 Smilansky 1968）

年　龄	游戏类型	例　子
0～2 岁	功能型或感觉运动型	跑，爬阶梯，挖沙
1～4 岁	构造型	堆木块，连接火车车厢，用蜡笔画画
2～6 岁	表演或象征	坐在飞机里飞行，做早餐，指挥海盗船
6＋岁	规则游戏	踢球，四方形游戏，跳棋，跳房子

构造游戏和表演游戏有很大的重合度，表演游戏在大概两岁的时候出现，而且变成了早期童年的主要游戏形式。在表演游戏中（也称为幻想的、象征的或戏剧的游戏），儿童用他们的想象力把现实环境转换为令人信服的某种东西，比如，假装坐在火箭或海盗船上，或想象在真的厨房里做饭。同时早期的表演游戏形式上趋向于孤单性，到了四岁的时候常会变得极具社交化性，不仅包含幻想和表演的元素，而且为了协调和维持游戏主题会包含多个"游戏者"的合作。社交互动和社交合作的趋势在规则游戏形式化后达到巅峰，比如，棒球和跳棋在六岁左右出现，伴随着孩子开始转入常规的校园环境。

3.3 内驱型智能体和机器人

现在我们把话题转向内驱型机器、人工智能体以及机器人。我们首先从 IM 是如何近似为一个计算问题这一概念性描述开始，之后会介绍一套模拟基于知识的和基于能力的 IM 的基本架构。然后我们深入探讨这些架构是如何应用到各种模拟、模型以及真实环境的机器人平台上的。

90

3.3.1 IM 的计算框架

目前发展型机器人领域有关 IM 的大部分研究方法都倾向把精力集中在使用强化学习（RL）上。正如 Barto、Singh 和 Chentanez（2004）指出，RL 提供了一种多样的学习框架，不仅包含环境（"外部的"动机）如何影响行为，而且也包含内部或内在因素如何影响行为。我们推荐有兴趣的读者看 Sutton 和 Barto（1998）关于 RL 的全面介绍，这里仅涉及 IM 建模所需的基本元素。

RL 的核心组成部分包括自主的智能体、环境、一套环境中能被体验到的可能存在的感觉状态，以及将每个状态映射到一套可能行为的功能（即策略）。图 3-5a 说明了两个元素间的关系：智能体觉察到周围环境，使用策略选择行为，并执行所选的行为。然后环境提供两种形式的反馈：首先，环境返回一个奖励信号，智能体用这个信号修改策略来最大化将来的期望奖励（即增加或减少被选定行为的价值），然后更新感觉信号。在移动机器人领域，智能体一般指的是移动机器人，环境可能是凌乱的办公环境，可能的行为将包括旋转机器人的轮子（例如，前进、后退以及左转或右转），而感觉信号可能包括一排红外传感器的示数和"抓手"或接触传感器的状态。可以想象这样一个例子，工程师想让机器人回到充电器上以便充电。简单的奖励函数可能是，机器人每走一步奖励 0（例如，八个方向中的一"步"），当到达充电器时奖励 1。

如图 3-5a 所示，因为奖励信号源自环境，所以智能体是受外部驱动的。然而，我们还需要考虑奖励信号产生自智能体本身的情况。图 3-5b 描述了这样的一个框架，它和图 3-5a 的格局几乎一样，除了当前环境被限制因而只能提供感觉信号，而内部激励系统（智能体内）提供奖励信号。在这个例子中，智能体是受内部驱动的。然而，不混淆内部和内在驱动行为其实很重要。特别是当上文所说的移动机器人计算自己的奖励时，它是受内部激励的。

可是，因为它的目标是维持充电的状态，所以它也是受非内在驱动的。特别是因为成功的行为（到达充电器那里）直接使得机器人受益。另一方面，当机器人在工作区内漫游，而且每次成功产生一个内部的奖励时，例如，在预测工作区的哪个部分之前没有访问过时，它是内在驱动的。这是因为奖励信号并非建立在满足稳态"需求"的基础上，而是建立在随时更新的信息流，特别是机器人当前知识和经验等级的基础上。

91

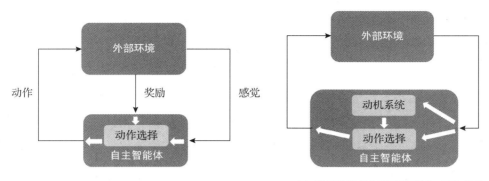

a）环境提供奖励信号，智能体受外部激励　　　b）智能体拥有内部激励系统，可为自己
　　　　　　　　　　　　　　　　　　　　　　　　提供奖励信号，环境仅提供感觉信号

图 3-5　Oudeyer 和 Kaplan（2007）提出的两种可选的外部/内部激励系统。
图片由 Pierre-Yves Oudeyer 授权提供

Oudeyer 和 Kaplan（2007）在这个计算框架内描述了有可能模拟 IM 架构的系统分类。分类的基本原则源自单个自主智能体一直与环境互动，智能体每次行为之后都收到内在激励的奖励信号，此外传感器也会更新。为了简便，这里我们讨论的传感器或状态空间均视为离散量，而且每次行为之后的状态转换均为确定的。但是，有一点必须明确，这里描述的每个奖励函数都可被泛化并应用到连续空间，同时也用于部分可观测的或随机的环境，或者两种情形兼具的环境。

首先，我们定义事件 e^k 为事件集合 E 中的第 k 个样本。一般假设 e^k 为某时刻传感器显示的向量（如上所述），这种设置方式是目前所采用的具体认知结构中通用的方法。接着，我们定义 $r(e^k, t)$ 为智能体在时刻 t 观察或经历事件 e^k 而获得的离散的纯奖励值。有了这些基本理论，我们就可以探讨目前所涉及的 IM 学习机制的每个方面。

1. 基于知识的 IM：新奇性

驱使智能体寻找新奇事件的简单直接方法就是首先给它一个函数 $P(e^k, t)$，函数返回在时刻 t 观察到事件 e^k 的可能性估值。有一种策略是假设函数初始时未知（例如，事件的分布是均匀的，也就是所有事件等可能发生），智能体用自己的经验来调整函数 P，因为环境的模型是逐渐获得的。然后，给定 P 函数和常数 C，

$$r(e^k, t) = C \cdot (1 - P(e^k, t)) \tag{3-1}$$

得到一个随事件可能性减小而递增的奖励。当这个奖励函数被嵌套在一个常规 RL 问题中时（此时的目标是最大化奖励累积总和），智能体应该偏向于选择导致罕见或低概率事件的行为。然而，该公式的问题在于极其新的事件或不可能的事件也会被最大化回报。正如早先我们已经看到的，在理论上或大量经验数据上都预示中等新奇事件的新奇性或回报是最大的。这个问题之后还会再讨论。

Oudeyer 和 Kaplan（2007）把奖励函数式（3-1）描述为不确定动机：智能体受内在激励去寻找新奇的或不熟悉的事件。另一个可行的算式是信息增益动机，在该算式中，智

能体的奖励被替换为增加自身知识的可观察事件。因此，我们先将 $H(E, t)$ 定义为在 t 时刻所有事件 E 的全部熵的值，得到

$$H(E, t) = -\sum_{e^k \in E} P(e^k, t)\ln(P(e^k, t)) \tag{3-2}$$

其中 $H(E)$ 表征概率分布 $P(e^k)$ 的形状。将此种信息衡量方法进行拓展，得到奖励函数

$$r(e^k, t) = C \cdot (H(E, t) - H(E, t+1)) \tag{3-3}$$

也就是当连续事件引起熵减少时智能体得到奖励。不确定动机将 IM 与环境中事件的绝对概率联系在一起，与之相反，信息增益动机的一个潜在优点在于 IM 可作为智能体知识状态的函数而变化。

2. 基于知识的 IM：预测

智能体能活跃地学习预测未来状态，而不是学习静止的世界模型 P。预测或期望事件与实际发生事件之间的区别为基于预测的 IM 提供依据。$SM(t)$ 是该公式的核心组成函数，代表当前时刻 t 时的感觉运动环境，并且编码含背景信息事件的广义概念，例如，机器人当前摄像机画面和红外线（IR）传感器读数以及电机状态等。这里我们用 $SM(\to t)$ 这个概念，它不仅包含时刻 t 时的状态信息，而且包含过去情形下的所需信息。Π 是一个预测函数，它利用 $SM(\to t)$ 来产生事件 $\tilde{e}^k$ 的预测，$\tilde{e}^k$ 为下一个时间点估计或期望发生的事件：

$$\Pi(SM(\to t)) = \tilde{e}^k(t+1) \tag{3-4}$$

有了预测函数 Π，则预测误差 $E_r(t)$ 可定义为：

$$E_r(t) = \| \tilde{e}^k(t+1) - e^k(t+1) \| \tag{3-5}$$

也就是期望事件和观测事件在 $t+1$ 时刻的差值。最后，奖励 r 由一个特别简洁的奖励函数定义，它等于常量 C 与 t 时刻的预测误差的乘积：

$$r(SM(\to t)) = C \cdot E_r(t) \tag{3-6}$$

有趣的是，Oudeyer 和 Kaplan（2007）把函数式（3-6）称作预测新奇的动机。在这种情形下，智能体找到预测"糟糕"的事件也会得到奖励，也就是预测误差最大的事件。然而需要注意，和不确定动机类似，这个公式仍然摆脱不了奖励随新奇性单调增加的事实。解决这种局限性的一种办法是假设一个对应最大奖励的中等新奇性的"阈值"E_r^σ，在其周围的其他预测误差都得到比较少的奖励：

$$r(SM(\to t)) = C_1 \cdot e^{-C_2 \cdot \| E_r(t) - E_r^\sigma \|^2} \tag{3-7}$$

Schmidhuber（1991）提出了式（3-6）的另一种形式，用于奖励连续预测 $E_r(t)$ 和 $E'_r(t)$ 间的提高值：

$$r(SM(\to t)) = E_r(t) - E'_r(t) \tag{3-8}$$

这里

$$E'_r(t) = \| \Pi'(SM(\to t)) - e^k(t+1) \| \tag{3-9}$$

因此式（3-8）比较了 t 时刻的两个预测。第一个预测误差 $E_r(t)$ 发生在事件 $e^k(t+1)$ 被观测到之前，而第二个预测误差 $E'_r(t)$ 发生在观测之后，而且预测函数已经被更新为新的预测模型 Π'。

3. 基于能力的 IM

正如我们早先提出的，基于能力的 IM 的一个独特特征就是它专注于技能，而不是环境状态或环境知识。因此，为基于能力的 IM 建模的计算方法也不同于用来模拟基于知识的 IM 的方法。该方法的一个重要组成是目标 g_k 的概念，它是 k 个目标或选择之一。一个相关的概念是发生在离散阶段的目标导向的行为，它的持续时间 t_g（即分配给目标 g 的预算时间）有限，并且可以包括作为低级构件块的、用于学习正模型、逆模型和规划策略的各种方法（例如，参见 Baranes 和 Oudeyer 2013 中这种层级的探索和学习体系的讨论）。最后，函数 l_a 计算得到期望目标和观测结果间的差值：

$$l_a(g_k,\ t_g)=\parallel \widetilde{g}_k(t_g)-g_k(t_g)\parallel \tag{3-10}$$

这里 l_a 指计划目标的（未）完成等级。有了这些公式后，可得到一个与期望目标和取得目标间差值成正比的奖励函数：

$$r(SM(\rightarrow t),\ g_k,\ t_g)=C\cdot l_a(g_k,\ t_g) \tag{3-11}$$

Oudeyer 和 Kaplan（2007）给奖励函数式（3-11）起了个有趣的名字——最大化-无能为力动机。确实，这样的函数奖励智能体选择远超自己技能等级的目标。（然后非常不幸地没完成这些目标！）

为了解决这个问题，一个类似式（3-3）或式（3-8）中奖励函数的方法得到应用，其中比较了连续的尝试。Oudeyer 和 Kaplan（2007）把这个方法称为最大化-能力进步，因为它奖励智能体较之前尝试有进步的目标导向的行为：

$$r(SM(\rightarrow t),\ g_k,\ t_g)=C\cdot(l_a(g_k,\ t_g-\Theta)-l_a(g_k,\ t_g)) \tag{3-12}$$

这里，$t_g-\Theta$ 指前一阶段的尝试。

3.3.2　基于知识的 IM：新奇性

3.3.1 节中的架构集合表示在计算层级的一个理想的抽象 IM。需要指出的是，它们还没有经过系统的评估或比较。然而，最近几年研究者已经开始在模拟和真实世界机器人平台上应用这些以及其他相关的架构。这里我们从基于新奇性的 IM 开始，简单强调一下各个 IM 种类的最新成果。

正如我们在 3.2.1 节中指出的，寻找新奇性的行为可被细分为探索和新奇性检测。Vieira-Neto 和 Nehmzow（2007）提出了一个整合这两种元素的模型，探究了移动机器人的视觉探索和习惯。首先，机器人应用基本的避障策略来探索环境。在漫游环境时，机器人获得视觉输入的显著性映射图。接着，映射中高度突出的位置被选出来做额外的视觉分析。这些位置中的每一个都要通过新奇性滤波器处理，该滤波器将相关区域的颜色值作为

输入，并把这些值投影到特征的自组织映射中。习惯机制是通过逐渐减小一直活跃的
SOM 节点的连接权值来实现的。

图 3-6a 展示了机器人开始探索环境时的输入情况：标号对应突出位置（0 表示最突出
的位置），每个位置的圈代表新奇性滤波器的输出（圆圈代表新奇性超过一定等级的位
置）。如图所示，新奇性滤波器的初始输出值很大，但随时间延长而逐渐减小。到了第五
次穿过环境时，机器人已经熟悉该区域的两边和地面，新奇性滤波器的输出一直很低。

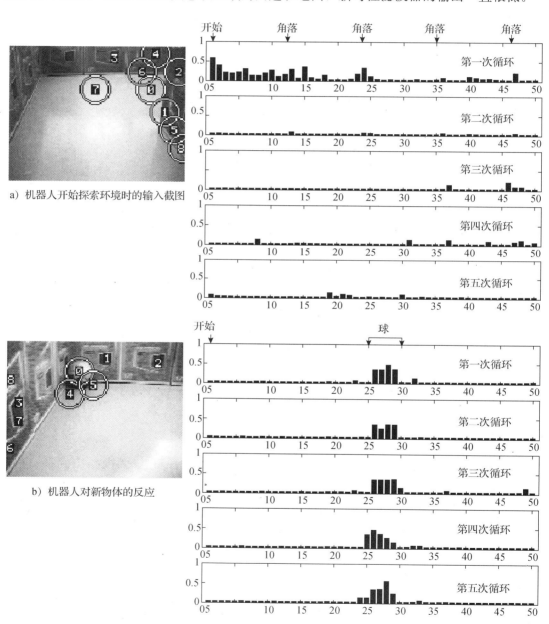

a）机器人开始探索环境时的输入截图

b）机器人对新物体的反应

图 3-6 Vieira-Neto 和 Nehmzow（2007）在移动机器人视觉探索和习惯中的实验结果。Springer 授权复制

图 3-6b 说明了机器人对放入环境中的新物体（一个放在第二个角落的红色球）如何反应。当机器人触碰到红色球时，在球的位置（即标签 0、4 和 5）产生三个极大值，导致新奇性滤波器对该位置的进一步处理，结果新奇性过滤器的输出陡增。需要说明的是，本次试验中习惯机制在新奇性阶段是关闭的，以便球的新奇性在几次相遇（第 2~5 次循环）之后可被估计出来。虽然该模型不完全适合用于捕捉人类婴幼儿的视觉探索和学习过程，但是它不仅言简意赅地解释了某种基本行为机制（如避障）如何驱动视觉探索，而且说明了环境中的新物体或新特性如何被探测到以及如何被选出来以做进一步视觉处理。

Huang 和 Weng（2002）提出了一个相关的方法，他在 SAIL（自组织、自主、增量学习者）移动机器人平台（参见图 3-7a）考察新奇性和习惯。Vieira-Neto 和 Nehmzow（2007）使用视觉突出和颜色直方图来定义新奇性，与之相反，Huang 和 Weng 的模型用期望的和观测的感觉状态差异来定义新奇性。而且，该模型结合了跨越多个模态（视觉、听觉及触觉）的信号。Huang 和 Weng 的模型的另一个重要特性在于它在 RL 框架内实行新奇性探测和习惯机制。该模型包含内部和外部强化信号：内部训练信号由感觉新奇性发出，而外部信号由老师发出，老师通过按机器人身上的"好"或"坏"按键偶尔给机器人奖励或惩罚。

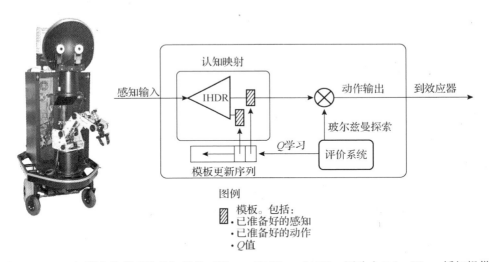

图 3-7　SAIL 机器人及模型的认知结构（Huang 和 Weng 2002）。图片由 John Weng 授权提供

图 3-7b 是模型的认知结构。感知输入被传入 IHDR（增量分层决定回归）树，IHDR 树对当前感觉环境的估计（被存储为一个环境原型）进行更新，并对当前感觉状态进行分类。然后模型用"环境＋状态"的结合体来选择行为，该行为由价值系统评估。接着，利用 Q 学习算法更新环境原型的感觉数据、行为及 Q 值。

$$r(t) = \alpha p(t) + \beta r(t) + (1 - \alpha - \beta) n(t) \qquad (3\text{-}13)$$

式（3-13）是 Huang 和 Weng 模型中应用的奖励函数。每个时间段的奖励由三部分组成：惩罚 p 和积极强化 r，它们由老师给出，新奇性 n 则由机器人自己给出。需要注意 α 和 β 的值是可调参数，用来权衡三个奖励信号的相对贡献。此外，Huang 和 Weng 假设惩罚的效果比强化的效果更强，而且每个外部奖励信号都比内部奖励信号要更大（即 $\alpha > \beta > 1 - \alpha - \beta$）。

习惯性是模型中涌现出来的特性：因为新奇性取决于机器人的相关经验，所有感知输入都初始化为新的体验，所以机器人随意地探索周围环境。然而几分钟过后，期望的和观测到的感知输入差距开始减小，导致机器人选择性地朝向不常体验到的视觉激励或者视觉上复杂的物体（如米老鼠玩具）。因此，机器人逐渐习惯于熟悉的物体，策略性地选择能引发新感觉输入的行为。此外，Huang 和 Weng 也指出这种对新激励的方向性的反应可以被选择性地塑造或者通过老师的反馈推翻。

Hiolle 和 Canamero（2008）研究了一个相关的模型，在这个模型中，一只索尼 AIBO 机器人在看守人的照看下利用视觉探索周围环境。Hiolle 和 Canamero 模型中的一个有趣转折是，探索是被一种唤醒机制明确驱使的，不仅可通过盯着看守人来调节这种机制，而且可以通过看守人触碰机器人来调节。与 Huang 和 Weng 的模型类似，Hiolle 和 Canamero 研究中的机器人学习自己周围环境的内部模型（用 Kohonen 自组织映射表示）。在视觉探索过程中，机器人比较视觉输入和自己的内部描述，它的观察行为受三个选择决策规则约束：①对于低级新奇性，机器人的头从当前位置转向其他地方，②对于中级新奇性，机器人保持原位（继续编码当前经验），③对于高级新奇性，机器人发出吠叫声，并寻找看守人。在最后一种情形中，看到看守人会适量降低唤醒敏感度，而看守人触摸机器人会明显降低唤醒敏感度。

在训练过程中，Hiolle 和 Canamero 比较了两种学习情境下机器人的表现。在高度关照的情境中，看守人一直出面并且在机器人表现出为难时积极帮忙舒缓。与此同时，在低度情境中，看守人只偶尔出现，而且不会积极回应机器人。有两个重要发现从该对比中涌现出来。第一个发现是，在两种情境中，机器人都学会调整视觉探索行为来寻求看守人的帮助。因此，在高度关照的情境中，处于高度兴奋状态下的机器人频繁地吠叫并寻找看守人。相反，在低度关照环境中，机器人学会将注意力从高度新奇的视觉经历中转移开，产生困苦表现。第二个发现是，在高度关照情境下，机器人发展出一个更加稳定的关于周围环境的内部模型，导致长周期下较低的平均新奇性。总的来看，这些发现不仅突出了看守人在视觉探索中的重要性，而且更重要的是，它们也阐明了新奇性探索和唤醒调制以及社交互动间的联系。

最后，Marshall、Blank 和 Meeden（2004）提出了第四种方法。他们把新奇性定义为一种关于期望的和观测的感知输入函数。确实，Marshall、Blank 和 Meeden 的模型清楚地结合了基于新奇性和基于预测的计算。他们将一个静止的机器人放在圆形区域中央进行模拟实验，观察另一个从一侧走向另一侧的机器人。当静止的机器人观察周围环境看到移动的机器人时，它对即将到来的视觉输入做预测。然后，将这个预期的输入与观察到的输入进行比较，会得到一个预测误差。和式（3-8）类似，新奇性则被定义为预测误差在两个连续时间段上的变化。Marshall、Blank 和 Meeden 的模型中涌现出两个重要发现。第一，在朝向高度新奇的视觉激励的过程中，静止的机器人学会"自由"（即没有任何明确的外部奖励）跟踪移动机器人的运动。第二，可能更重要的一点是，在学会高精度跟踪移动机器人后，静止的机器人逐渐减少花在这个方向上的时间。因此，与 Huang 和 Weng 的模型一样，学会检测新事件导致习惯机制的出现。

3.3.3 基于知识的 IM：预测

正如前面的例子所说明的，基于新奇的和基于预测的 IM 模型间存在重叠。因此，在我们本节关注基于预测的模型时，也应该注意到这些模型不仅和基于新奇的模型有许多共性，而且在某些情形下，它们也在相同的计算框架下结合了预测和新奇的元素。

Schmidhuber（1991，2013）提出了一个雄心勃勃且奇妙的基于预测的 IM 模型，他主张 IM 背后的认知机制负责多元化的行为，不仅包括新奇性搜寻、探索和好奇，还包括解决问题、艺术和音乐表现力（或更通俗地称为审美体验）、幽默以及科学发现。Schmidhuber 的"创新的形式理论"包含四个部分：

1）世界模型。世界模型的目的是诱使和表示智能体经验的总和。该模型编码智能体的全部有效历史，包括发出的动作和观测到的传感器状态。从功能角度上看，可以将世界模型看作通过检测模式或规律将原始数据压缩成紧凑格式的预测者。

2）学习算法。一直以来，世界模型都在改进自己压缩智能体的经验历史的能力。这种改进来自学习算法，该算法辨别出新的感知数据或事件，在编码时增加存储在世界模型中数据的压缩率。

3）内部奖励。世界模型中的改进（即增加压缩率）发出一种有价值的学习信号。特别的是，Schmidhuber 提出新奇性或惊奇性可被定义为世界模型中改进量的大小。因此，每次学习算法检测到增加模型压缩率的经验时，产生该经验的行为就被奖励。

4）控制器。最后一个部分是控制器，它基于内部奖励信号的反馈来进行学习，那些奖励信号用来选择能产生新经验的动作。控制器因而起着探索机制的作用，为世界模型产生新数据，特别是受内部驱使产生增加世界模型预测能力的经验。

Schmidhuber 理论区别于其他基于预测模型的一个重要特性在于，产生的 IM 奖励信号不是依据预测误差自身，而是依据预测误差随事件的变化，即学习过程（参见 3.1.1 节）。对于离散时间模型，学习过程可根据连续预测误差（参见式（3-8））的不同来衡量。首先，给定当前状态和计划行为，世界模型生成下一状态的预测，该预测然后会被观测到并被用来计算初始预测的误差。世界模型根据该预测误差来更新，然后通过使用原始状态和动作，接下来的预测通过已更新的模型生成。再次计算预测误差，并将这个误差从原始误差中减去。预测误差随着连续预测的良性变化对应着学习的改进，并产生增加控制器所选行为价值的 IM 信号。从心理学的角度来看，该行为被奖励的原因是它使得预测器得到改进。还可以这样认为，预测误差的恶性变化或空的变化使得相应行为的价值减小。

Oudeyer 与他的同事已经将相关的方法应用在一系列的计算结构中，其中的第一个叫作智能适应好奇性（IAC；Oudeyer、Kaplan 和 Hafner 2007；Oudeyer 等人 2005；Gottlieb 等人 2013）。这些结构专门用于研究在连续高维机器人的感觉运动空间中，IM 系统如何缩放到允许生命周期这么长的高效的机器人自主学习与发展中。特别的是，IAC 结构及其应用在一系列游乐场实验中进行了研究（Oudeyer 和 Kaplan 2006；Oudeyer、Kaplan 和 Hafner 2007）。图 3-8a 展示了 IAC 中应用的认知结构。与 Schmidhuber 模型类似，预测学习在 IAC 结构中扮演着中心角色。该模型中有两种特定模块来预测未来状态。首先，"预测学习者" M 是一个学习正模型的机器。正模型接收当前传感器状态、环境和行为，并产生计划行为的传感器状态预测。反馈得到预测和观测间的误差信号，使 M 更新正模型。其次，"元认知模块"（元 M）接收的输入和 M 一样，但元 M 不产生传感器状态预测，而是学习元模型，该模型预测稍低级的正模型在局部感觉运动空间的误差减小量，换句话说，进行局部学习过程建模。该方法存在的一个挑战是如何将该感觉运动空间分到已定义好的区域中（Lee 等人 2009；Oudeyer、Kaplan 和 Hafner 2007）。

[102]　　为了在物理实现上评估 IAC 结构，人们设计了游乐场实验（Oudeyer 和 Kaplan 2006；Oudeyer、Kaplan 和 Hafner 2007）。实验过程中，一只索尼 AIBO 机器人被放在婴儿玩耍的垫子上，旁边放了很多物体，还有一位"成年"机器守护人（参见图 3-8b）。有四种若干连续数字组成的参数基元用于初始化机器人，这些数字可随意组合成无数种行为：①头部转向各个方向；②蹲伏的同时不定时地用不同的力度张嘴和闭嘴；③以多种角度和速度摇摆腿；④以不同的音调和音长发声。类似地，几种感觉基元使得机器人能检测视觉运动、突出的视觉特性、嘴巴的本体触觉，以及感知到的声音的音调和音长。对于机器人来说，这些运动和感觉基元最初是黑箱子，它对其语义、作用或关系都一无所知。IAC 结构纯粹用好奇来驱使机器人的探索和学习，也就是通过自己的学习过程进行探索。旁边的物体包括一只大象（可被嘴咬住或"抓住"）、一只悬挂的玩具（可被腿"击打"或推动）和一只"成年"机器看守人，它被预编程为当学习的机器人盯着成年机器人并发声时便模仿学习者的动作。

游乐场实验的一个重要发现是结构化发展轨迹的自组织性，在游乐场中，机器人以逐步复杂的类似阶段化的方式去探索物体和行为，同时机器人还能自主掌握多样的可供性和今后可被复用的技能。经过一系列这样的实验，通常可观察到以下发展序列：

1）机器人实现无组织的身体运动蹒跚。

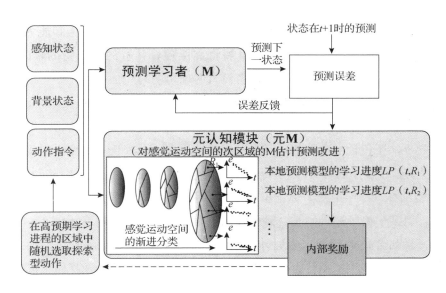

a）模型架构

b）游乐场实验中使用的机器人平台（Gottlieb 等人 2013）

图 3-8　Pierre-Yves Oudeyer 授权提供图片。Elsevier 授权复制

2）在学习第一个粗糙模型和元模型后，机器人停止合并运动基元，并一个个地探索，而不是随机地探索每个基元。

3）机器人开始朝周围环境的区域试验一些动作，环境外面的观察者知道里面有物体（机器人不知道物体这个概念如何表示），但处于一种得不到启示的方式中（例如，它朝着没有反应的大象图案叫喊或推远处碰不到的成年机器人）。

4）机器人探索启示实验：它专注于抓取玩具大象图案的运动，然后转向推悬挂玩偶的运动，最后转向模仿成年机器人的发声运动。

关于这个序列有两点应该强调。第一，它说明了一个 IM 系统在没有人类工程师事先编写特定奖励函数的情形下，如何驱使机器人自主地学习多种可供性和技能（参见 Baranes 和 Oudeyer 2009 中控制的重复使用）。第二，在观察到的过程中自发产生目前大部分都无法解释的婴儿发展的三种特性：①性质上不同且更复杂的行为和能力随时间延长而出现（即阶段性的发展）；②大范围的发展轨迹伴随着共有的和独特的临时模式出现；③交流和社交互动自主出现（即模型创造者没有明确指明）。

Barto、Singh 和 Chentanez（2004）提出了第三个基于预测的 IM 模型。Barto、Singh 和 Chentanez 模型的一个重要特性在于采用了选择框架，其中不仅包含每个时间段都出现一次的基元行为，还包含由多种基元行为组成并发生在一个较长（可变）时间刻度上的选择。图 3-9 说明了该模型的任务域：一个 5×5 的格子，智能体能在其中移动手臂或眼睛，也可以用 T 型图标（十字准线）标记位置。当用手操控时，格子中的每个物体都产生突出回应。例如，当某个格子被触碰时会播放音乐，而触碰其他格子时音乐停止。可是，一些物体只有在一系列合适的行为出现时才会反应。例如，铃铛在球朝它滚动时才会响。因此，一些物体可通过产生基元行为被探索到，而另一些只对正确的选择做出反应。

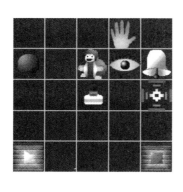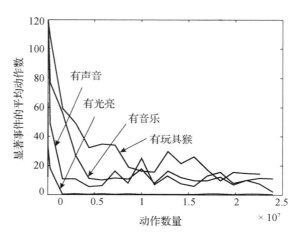

图 3-9　Barto、Singh 和 Chentanez（2004）模型中的玩具世界情景以及技能学习模式。Andy Barto 授权提供图片

模型中对内在动机的奖励信号与选择的结果联系在一起。特别的是，当一种选择被选定时，模型将预测选择中最终动作的结果。内在奖励与预测误差的大小成正比。在早期学习阶段，智能体偶尔"无意地"触发一个突出事件，产生一个意料之外的结果并刺激智能体集中精力复制该事件。随着预测误差的减小，奖励也随之消失，于是智能体将注意力转向任务空间中的其他物体。与 Oudeyer 的 IAC 模型类似，Barto、Singh 和 Chentanez（2004）模型也掌握了一套稳定有序的行为：它首先学习产生简单的事件，例如开灯，然后将其变成技能的组成部分，该技能又被融合进可产生更加复杂行为的选择里（例如，使得猴子灯打开需要 14 个按顺序的基元动作!）。

3.3.4　基于能力的 IM

目前所描述的建模工作焦点都在机器人或自主智能体从周围环境中学到了什么，要么是通过寻找新的或不熟悉的经验，要么是通过预测它的行为将如何转换连续不断的传感器数据。本节我们将重点介绍基于能力的方法，其中的探索和学习过程注重发现机器人能做什么。

虽然机器人研究者并没有尝试去模拟我们在 3.2 节提到的大部分发展现象，但有一个问题有联系两个学科的潜力，它就是应变认知。回想一下，应变认知在婴儿早期开始发展，在婴儿的影响检测（即他们的行为对环境有影响）能力中表现出来。正如我们在 3.1.3 节中提及的，Redgrave 和 Gurney（2006）提出了一种有可能解释这种能力的神经机制，他们认为产生新的或意外的感觉事件是上丘细胞分泌一阵多巴胺的结果。Baldassarre（2011；Mirolli 和 Baldassarre 2013）提出这些阶段性的分泌物可能起着学习信号的作用，支撑着两种相关的机能。首先，分泌物作为"应急信号"把生物体的行为与当前感觉结果捆绑或联系在一起。其次，他们提供了一种奖励相关行为的内在强化信号。

为了评估这个方案，Fiore 等人（2008）在一只模拟机器老鼠身上进行了模拟实验，其中老鼠被放在一个拥有两个控制杆和一个灯的盒子里（见图 3-10a）。老鼠有许多用来探索周围环境的内置行为，包括推控制杆和避开墙壁。在这个环境下，按控制杆 1 使得灯亮两秒，而按控制杆 2 没有任何效果。图 3-10b 是模型的架构，它决定机器老鼠对两个控制杆的反应：视觉输入通过一个关联层投射到基底神经节，然后投射到运动皮层。短暂的灯光使得上丘产生活动，进而产生多巴胺（见图 3-10b 中的 DA）信号，该信号结合了运动信号传出的复本，并调节相关皮层和基底神经节的连接强度。Fiore 等人（2008）表明在该环境下模拟不超过 25 分钟的时间，机器鼠对控制杆 1 产生的偏好差不多是控制杆 2 的四倍。因此，他们的模型不仅说明 Redgrave 和 Gurney 学习机理的可行性，而且提供了在模拟机器人平台上的一个基于行为的实现。

[106]

虽然 Fiore 等人的模型从神经生理学角度强调了感知突出事件的重要性，但更通用的问题关心的是一个给定的神经信号如何获得成为内在奖励信号的能力。Schembri、Mirolli 和 Baldassarre（2007）通过模拟一群移动机器人学习解决空间导航问题来探究这个问题。该模型有两个关键特性。第一，每个机器人的寿命被分为儿童阶段和成年阶段。在儿童阶段，机器人在环境中漫游探索，而在成年阶段要接受完成指定任务的评估。奖励信号在儿童阶段内在生成，而在成年阶段外在生成。第二，这群机器人经过多代进化。特别的是，完成目标成功率最高的机器人被选来繁殖下一代（以变异算子的方式在再繁殖中引入变异）。

在使用演员-影评家架构后，Schembri、Mirolli 和 Baldassarre（2007）提出疑问，评估是否可以产生一个内部评论家，该评论家能高效地评估并促使机器人在儿童时代的探索行为。换句话说，IM 系统能进化吗？如果可以，它会提高成年阶段的导航能力吗？模拟结果为该理论提供了强有力的支持。不仅成年机器人可轻松学会解决导航任务，而且 IM 系统在进化中很快就能使年轻机器人形成一种促进成年学习的探索行为模式。该模型表明基于能力的 IM 有两个重要的含义。第一，它说明了内在动机行为或技能（它们对生物体

没有即刻利益或价值）如何在发展后期被利用。第二，它还表明了进化如何帮助建立内在
动机学习的潜力，而这些学习对长期健康有着可测量的间接影响。

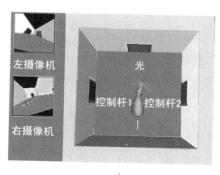

a)

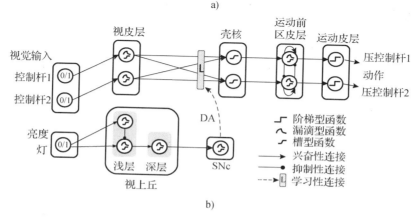

b)

图 3-10 Fiore 等人（2008）用来探究应急检测和内在动机的模拟机器鼠和模型架构。
Gianluca Baldassarre 授权提供图片

　　另一个基于能力的 IM 模型中存在的问题是当与其他模型相比时它们的表现怎样，尤
其是与相对的基于知识的 IM 模型相比。Merrick（2010）通过提出一个能容纳两种方法的
一般性神经网络结构解决了这个问题。图 3-11a 说明了用来给基于能力的 IM 进行建模的
神经网络结构。首先，感觉输入从乐高"螃蟹"机器人（见图 3-11b）映射到对输入进行
分类的观测层。接着，观测层映射到误差层，在误差层中每个观测值都由一个相应的误差
权值进行权衡。然后，从该层得到的激活值映射到产生一套潜在行为的行为或强化学习
层。也可以这样，用一套新奇性单元替换误差层，新奇性单元用来评估每个观测的新奇
性，或用兴趣单元替换，兴趣单元是被修改过的新奇性单元，它对中级新奇性反应最大。
在每种情形中，相应的神经网络控制机器人的腿，用来训练神经网络的强化学习规则根据
IM 动机系统的各自功能不同而不同。特别的是，基于能力的 IM 在选择学习误差（即时
间差分算（TD）误差）高的行为时会受到奖励。

　　Merrick（2010）比较了四个版本模型的表现：新奇性，兴趣，能力，以及作为基准
线的随机选择行为的模型。评价学习的一个重要指标是看该学习模型重复某个行为环的频

率，例如抬起腿，放下腿，然后又抬起腿。图 3-11c 呈现的是所有行为环的连续重复的平均频率。如图 3-11c 所示，基于能力的模型中重复非常频繁。此外，Merrick 发现基于能力的模型中行为环的持续时间也明显更长。一方面，考虑到基于能力的模型是专门关注技能的发展和提高过程，因此发现这种模式有点在意料之中。然而另一方面，值得注意的是该模式也显示出一条重要的发展原则，即 Piaget 强调过的同化功能，我们在前面章节提过它为婴幼儿练习或重复涌现技能提供倾向。

107
~
108

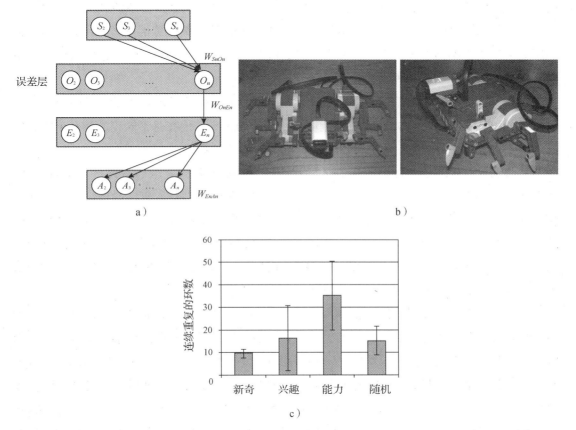

图 3-11　a) Merrick（2010）用来比较基于能力的和基于知识的 IM 的神经网络结构；b) "螃蟹"机器人平台；c) 由不同模型产生的连续行为环的数量。Kathryn Merrick 授权提供图片。IEEE 授权复制

3.4　本章总结

　　内在动机是发展型机器人领域相对较新的研究领域。相反，内在驱动的婴幼儿理论早已在心理学历史中扎根，包括相关的好奇、探索、惊奇、理解的动机等概念。Harlow 关于恒河猴的工作暗示了一个重要的问题：当传统的激励满足了像饥饿这样的生理需求时，那么解决谜题或探索新物体又满足了什么需求呢？为了回应内在动机中基于激励的理论，最近几年一个更加缜密的观点被提了出来，包括：①基于知识的 IM，它可细分为基于新

109

奇性的和基于预测的 IM；②基于能力的 IM。这些观点的每个版本又可联系到哺乳动物大脑的功能特性上，包括专门检测新奇性的区域、预测未来事件的区域以及检测自己产生的行为和环境结果间的偶然性的区域。

此外，婴幼儿中关于基于新奇性、基于预测以及基于能力的 IM 还存在着广泛的证据。第一，婴儿的视觉活动代表探索的早期形式，其中视觉注意力偏向于相对不熟悉的物体和事件。第二，到了两个月大时婴儿产生的行为直接指向未来事件，例如，将他们的注视点转向物体即将出现的位置。在接下来的几个月中，会出现更多复杂的预测或指向未来的行为，例如预料的抓取。第三，也是在两个月大的早期时候，婴儿在偶然回应他们行为的环境中很快检测到物体或事件。确实，婴儿对偶然事件表现出强烈的注意力偏向，这暗示对环境的感知控制是一种高度显著的刺激。

在计算层面上建立一种 IM 模型结构的分类一直是发展型机器人的一个主要焦点。Oudeyer 和 Kaplan（2007）在该目标上取得了显著的进步，他在基于知识的和基于能力的这两个 IM 模型中提出了一个包含各种各样结构的系统框架。

然而还没有任何模型可以捕捉单个婴儿的行为或发展阶段，但已有许多基于新奇性、基于预测以及基于能力的好方法。第一，一些研究者在移动机器人中已经提出了基于新奇性的策略来驱动探索。贯穿在这些模型中的共同点就是习惯机制的使用，该机制计算当前状态和近期过往记忆中经验间的差异来定义新奇性。在这些模型群中，存在独特的性质，比如把新奇性和某些东西结合起来，这些东西包括：①视觉中的突出物，②外部强化信号，③看守者给的社交线索，④感觉预测。

第二，也有一些模型专注于把预测作为核心学习机制。Schmidhuber（1991）对基于预测的方法有着显著的贡献，他提出了一个有雄心并包罗万象的理论框架，预测（和知识压缩）在其中起着核心作用。此外，Oudeyer、Kaplan 和 Hafner（2007）在 AIBO 平台上的工作说明了基于预测的 IM 的重大意义：通过把 IM 连接到学习进程中，机器人以稳步的和系统的方式把注意力和动作从环境中的一个区域转向另一个区域。Barto、Singh 和 Chentanez（2004）提出了一个相关的方法，他们描述了一个基于预测的玩具世界 IM 模型，在该模型中，智能体的动作是以预测智能体自身动作的结果按照层级的方式进行组织。

最后，基于能力的 IM 模型也获得了很多支持。Fiore 等人（2008）的模型很值得一提，他们探究了 Redgrave 和 Gurney 关于偶然性检测和上丘多巴胺释放的模型。特别的是，Fiore 等人证实该理论可在模拟老鼠的实验中成功实现，实验中老鼠学会用环境中两个控制杆中的一个来控制灯。Merrick（2010）通过系统地对比各种 IM 架构控制机器螃蟹的运动而提供了另一种有价值的贡献。该工作中的一个重大发现在于基于能力的 IM 会产生一种发展性相关模式，也就是对新学到的技能进行重复。

在结尾处我们强调，因为机器人和人工智能体的 IM 建模是一种相对新的研究领域，有许多重要并且有趣的行为还没有被模拟，因此需要进一步研究。这些研究不仅包含像 VExP 和习惯化-去习惯化这样的实验范例，还包含如假装游戏和内在激励解决问题之类的现象。确实，潜在的长期目标可能是设计一个能应对广泛激励的行为，例如绘画和绘图、作曲、白日梦等。

扩展阅读

Baldassarre, G., and M. Mirolli, eds. *Intrinsically Motivated Learning in Natural and Artificial Systems*. Berlin: Springer-Verlag, 2013.

Baldassarre 和 Mirolli 所编辑的这本书展现了理解内在驱动的各种方法，不仅包括真实生物体中的神经生理学和行为，还包括计算模型和机器人实验。该书的一个重要特点是既专注于理论又注重经验数据，还有对探究内在动机的研究者们遇到的开放挑战的全面讨论。它代表了该领域的最新进展而且将一直是展现新想法和新思维的杰作。

Berlyne, D. E. *Conflict, Arousal, and Curiosity*. New York: McGraw-Hill, 1960.

Berlyne 所著的这本书（目前已有 50 余年）是内在动机领域学生的必读物。其中分析激励减少理论的优点与局限的一章是该书的特点，它为一种可行方案最大限度地奠定了基础，该方案强调好奇性和学习的适应性一面。在其他章节中，他把重点放在一些额外问题上，包括新奇性、不确定性以及探索，这些问题是发展型机器人的中心问题。另一个有价值的特点是 Berlyne 对动物行为实验数据的使用，这有助于缩小人工系统和人类间的差距。

Ryan, R. M., and E. L. Deci. "Self-Determination Theory and the Role of Basic Psychological Needs in Personality and the Organization of Behavior." In *Handbook of Personality: Theory and Research*, 3rd ed., ed. O. P. John, R. W. Robins, and L. A. Pervin, 654–678. New York: Guilford Press, 2008.

尽管这本书是为心理学人士所写的，但 Ryan 和 Deci 所著的那一章为自我决定理论（SDT）提供了详细的介绍，它强调了自治权和能力在人类经验中的重要性。他们的方法也奠定了经验的基本维度，该维度经常被行为研究者无视或疏忽，也就是定性的、个人的或主观的方面。理解主观经验的本质，尤其是自我效能的发展意义，或许能为机器人和其他人工系统的内在动机研究提供有价值的理解。

111
～
112

观察世界

研究儿童心理学的学生们往往很熟悉 William James 的《心理学原理》，他将小婴儿对于这个世界的首次体验描述为"混沌初开之感"（one great blooming, buzzing confusion）（James 1890，462）。一百多年过去了，James 的观测一直让父母、哲学家和科学家好奇婴儿是如何感知世界的。婴儿会因他们最初的感知体验而感到生命的茫然无措吗？如果 James 是对的，那么婴儿如何学会感知物体、空间、声音、味道和其他形式的感知数据？

感知的研究通常包括五大主要感官（即视觉、听觉、触觉、味觉和嗅觉），将感知定义为一种整合和拓展感官体验的认知过程。在这个框架下，感知是将感官信息转化为更高层次的能被辨认、识别、分类等的模式的过程。感知系统的全面研究超出了本章的范围，感兴趣的读者可以参考 Chaudhuri（2011）以便进行更好的了解。此外，在本章中，我们着重探讨视觉的发展，它不仅是感知早期发展的主要领域，也是发展型机器人中相对于其他四种感官研究得比较充分的领域。

正如我们在本书中所强调的，首先要考虑的一个重要问题就是理论背景，尤其是目前感知发展研究的主要理论观点。一种观点与 James 的观点截然相反，强调内生或生物影响对发展过程的影响，认为婴儿出生时的感官系统并不是完全杂乱无章的，而是可以随着时间发展被结构化。同时，一些理论认为人类婴儿对感官世界是发展完全的，即他们刚出生就能够处理感知数据。一些心理学理论学者已经开始关注内在或预先定义形式的感知活动。例如，Haith（1980）描述了一组引导婴幼儿视觉活动的内在原理。这组原理包括"高命中率法则"——一种简单的探索性启发方法，其原理是使幼儿的注意力转向视觉反差明显的区域。其他理论家专注于内在结构或处理系统。婴儿早期的人脸感知研究就强调第二种途径的研究。这项工作的一个重大发现是，新生儿对脸状刺激表现出强烈的倾向（如 de Haan、Pascalis 和 Johnson 2002；Maurer 和 Salapatek 1976）。这一发现已被解释为婴儿天生就有感知脸的能力（如 Valenza 等人 1996）。同理，其他研究调查了新生儿整合或"匹配"多种感官体验（如视觉和触觉）的能力，并得出了跨模态（或跨感官）感知是一种与生俱来的能力的结论（如 Meltzoff 和 Borton 1979；Meltzoff 和 Moore 1977）。

另一种替代的理论观点强调低层次的、先天的处理倾向（例如基因指定的神经连接或通路）之间的交互，这些交互也是随后由感官体验来形成的。Greenough 和 Black（1999）清楚地阐述了该观点中的一个基本概念，即经验预期性（experience-expectant）发展。根据这一观点，个体在环境下形成特定神经结构需要通过两步：第一步，在产前发展期，一种粗糙的、原始的神经模式就已经建立起来了；第二步，在出生后，这种模式被精细地调整为一个感知输入的函数。然而，若这种"预期"的环境体验在正常时间没有出现，典型发展模式就会发生偏差。感知发展的交互论引出的另一个关键点是儿童本身在发展过程中扮演着参与者的角色。例如，Piaget（1952）强调了感知和认知发展的适度新奇性原则。根据这一原则，婴儿的探索活动是由他们目前的感知认识水平决定的，更具体地说，是由追求适度新奇性的感官体验的倾向所主导。Piaget 认为，将婴儿置于要求适度改变或修改现有运动方案的环境中，这种倾向可以"扩展"或"锻炼"婴儿的感知能力。

尽管上述两种理论角度在机器人研究中都有出现，但交互论（或者说构造论）方法为发展型机器人学补充了几个重要主题（如 Guerin 和 McKenzie 2008；Schlesinger 和 Parisi 2007；Weng 等人 2001）。例如，学习和发展被理解为发生在人与物理世界交互的基本行为（如可变性反射）过程中。在发展中，与神经处理的早期偏好相呼应的另一个影响是已经在机器人建模中实现的特定形式的计算结构或认知体系（如人工神经网络、生产系统、群模型等）。虽然这些结构可能会在没有初始感知数据的情况下开始生命（最初是没有内容的感知系统），但它们会被体验范围和组织形式上的约束规范为某种特定结构。Elman 等人（1996）将这种发展中的先天限制的弱形式称为建筑天赋（architectural innateness）。充实了发展型机器人学的交互论观点所引出的另一个重要话题是"不确定性"，这在感知发展的研究中体现得很明显。确切地说，该观点强调感官数据是嘈杂且随机的，相较于事先对感知分类编程，允许机器人或智能体通过与环境的相互作用来建立或发现内部表征可能更有效。

目前我们正在深入探索感知的发展，同时对人类婴儿以及人造系统和发展型机器人进行研究。正如之前指出的，我们专注于讨论视觉感知发展，而非覆盖每个主要感官系统。此外，值得注意的是，人类感知发展（如运动发展或语言习得）的研究是一个比较广泛和多样的话题，因此在 4.1 节我们重点选择五大基本感知能力——物体、人脸、空间、自我感知和可供性，并跟踪它们在婴儿身上的发展轨迹。本章的其余部分（4.2～4.6 节）系统地介绍在发展型机器人领域上述五个能力的研究方法及成果。

4.1 婴儿的视觉发展

在本节中，我们首先让读者熟悉两个研究婴儿视觉感知发展的基本实验方法，然后探讨五个基本感知能力的发展。

4.1.1 婴儿感知的测量

研究婴儿的感知发展对于研究者来说是一个独特的挑战，特别是因为这需要让几个月大的婴儿听懂口语，且需要持续一年直到婴儿开始说话。如果不能要求婴儿完成一个特定任务（例如，看一张图片、寻找一个目标物等），那么该如何评估婴儿的感知体验？类似地，如果婴儿不能给出口头回应，研究者又该如何推测婴儿感知到了什么？

这些问题为难了研究人员几十年，直到出现了一个主流且先进的方法论——Robert Fantz（1956）设计了一个称为"婴儿观察室"的装置，婴儿在里面观察图片，我们在外面观察婴儿。如图 4-1 所示，婴儿舒适地面向上方躺着，一位训练有素的观察员则通过一个小窥视孔观察婴儿的脸。使用这个装置，Fantz 向婴儿展示了各种各样的视觉图像，包括带颜色的形状、几何图案和简单的人脸。当 Fantz 测量婴儿看这些图片所花的时间时，他发现婴儿对某些类型的视觉刺激有一致的偏好。也就是说，比起相对温和或均匀的刺激，婴儿往往更倾向于长时间观看有图案的、有反差的、有不同细节的图片。

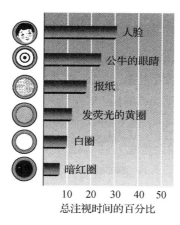

图 4-1　Fantz（1956）使用的视觉刺激（左图）；注视观察室内的婴儿（右图）。摘自 Cook 和 Cook 2014。Pearson Education 公司授权复制，Upper Saddle River, NJ

婴儿观察室实验和 Fantz 提供的这些数据帮助研究者产生了一个至关重要的领悟：如果婴儿更愿意看特定类型的刺激物，那么这种趋势可以作为检测婴儿视觉感知的一个非语言的方法。因此，对于婴幼儿包括新生儿认知的研究，Fantz 的方法迅速成为主流研究范式，而且设计和使用观察室的基础理论被称为优先注视技术（preferential-looking technique）。

116

对于这种技术，我们举一个具体的例子，想象一个研究员想要确定婴儿是否能区分男性或女性的脸。图 4-2 的左半部分说明在这个问题中如何利用优先注视范式。在一系列实验中，将一对人脸展示给婴儿，保持男性和女性随机呈现在婴儿中线左右两侧。在每次实验中，婴儿观察人脸所花的时间都会被记录（例如，通过远程摄像机来观察婴儿的观察员或通过眼球自动跟踪系统）。作为一个控制条件，在一些实验中两个男性人脸或者两个女性人脸会同时呈现。收集数据后，婴儿能区分男性和女性人脸的假说可通过计算每组人脸的注视时间的不同来检验。有趣的是，在实验中使用优先注视法时，婴儿并不都喜欢相同的刺激物，一些婴儿可能更喜欢女性的脸，而其他的可能更喜欢男性的脸。因此，优先注视法的合适的样本统计量，是对样本中的婴儿观察两类刺激的时间差异的绝对值取平均。

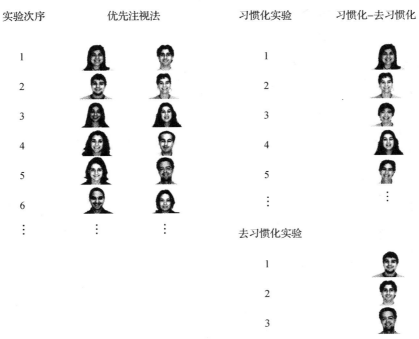

图 4-2 优先注视法的说明（左图）；习惯化-去习惯化样例（右图）。感知女性与
男性面孔的刺激样本实验

117

　　优先注视法是两类基于行为的研究范式之一，这两类方法有助于发展研究者系统地研究和详细规划婴幼儿视觉感知的发展。第二类方法是习惯化-去习惯化（habituation-dishabituation），它把婴儿对一组刺激物的注视时间作为感知处理过程的指标。然而，这两类方法有一个重要的区别。优先注视法需要婴儿偏爱一组刺激物，而习惯化-去习惯化不要求这种偏好。后者设想：如果婴儿能区分两组视觉刺激物，那么在熟悉或习惯一组刺激物之后，他们对新的一组刺激物应该会显示出偏好（即去习惯化）并增加注视时间。换句话说，习惯化-去习惯化假定婴儿会对新刺激更感兴趣且注视得更久。然而，正如第 2 章提出的，婴儿对新奇性的偏好可能不是恒定的，相反，婴儿的这种偏好可能会随时间变化（如 Gilmore 和 Thomas 2002）。

　　图 4-2 的右半边举了一个习惯化-去习惯化方法的例子，用于婴儿性别认知的问题。该方法与优先注视法有两个重要的差异。第一，在习惯化-去习惯化的每个实验中，通常只展示一个刺激物或图像。相反，在优先注视法的每个实验中，刺激物被成对地展示。第二，在习惯化阶段，所有的刺激物都来自同一类样本（如女性面孔）。婴儿先看到一系列女性面孔，虽然每次实验都展示一个新面孔，但在后续的实验中，婴儿对女性面孔逐渐失去兴趣。兴趣的散失被认为反映了一个感知编码的过程，在这个过程中，婴儿会从这些人脸中检测出共同的特征或元素（如 Charlesworth 1969；Sokolov 1963）。一旦婴儿对人脸类别充分编码而熟悉女性面孔后，婴儿会感到"无聊"，或者更正式地说——习惯化（注意，在第二组实验中，该组的婴儿会先习惯男性面孔）。接着把男性面孔展示给婴儿（即习

惯后的阶段），此刻注视时间显著增加，这有力地支持了"婴儿能区分男女面孔"的假说。

虽然优先注视法和习惯化-去习惯化是用于研究（特别是婴幼儿的）感知发展的主要方法，但也有许多相关的方法及范式可被采用。例如，可以记录婴儿头部和眼睛的动作。此外，生理指标测量法（如心率、呼吸和瞳孔扩张）也是值得关注的。在下一节中我们要探究人脸、物体、空间、可供性和自我感知发展，所以先简要描述这些替代方法。

4.1.2　人脸感知

婴儿在什么年龄开始感知人脸？有两条研究路线支持该能力是从一出生就有的。首先，Meltzoff 和 Moore（1977）表明，新生儿可以模仿成人示范的简单的脸部动作（如吐舌等）。他们认为这种行为是因为人脑中存在一个先天的人脸的内在表示和一个匹配机制，该机制使婴儿能够意识到他人与自己的脸的对应关系。然而这是一个有争议的说法，随后的研究提供了混合的支持。第二条研究路线用一种更直接的方法来测量人脸感知。例如，Bushnell（2001；Bushnell、Sai 和 Mullin 1989）用优先注视法来研究两到三天大的婴儿的人脸感知。经过几天与母亲的互动，Bushnell 所观察的婴儿开始观察自己的母亲以及与母亲长相相似的陌生人，观察员会记录婴儿注视每一张面孔的时间。婴儿注视时间的对比不仅支持婴儿能区分人脸的理论，也显示了相比于陌生人的面孔，婴儿更喜欢母亲的面孔。

然而，Bushnell 实验的一个潜在不足是每个婴儿都观察到不同的一对人脸。为了更系统地控制婴儿视觉体验，其他研究者则向婴儿展示简化而具概括性的人脸。这种方法有两个优点。首先，它确保了婴儿视觉刺激的一致性（即所有婴儿观察同一组人脸）。其次，它也能使研究者操纵人脸上特定的视觉部分，用以确定哪些特征可以在婴儿感知过程中被检测。例如，图 4-3 显示了 Maurer 和 Barrera（1981）所使用的人脸刺激，他们采用优先注视法来研究一个月和两个月大的婴儿的人脸感知：①一个正常的人脸简图，②一个混乱的、保持左右对称的人脸简图，③一个混乱的、不对称的人脸简图。Maurer 和 Barrera 发现一个月大的婴儿注视以上三种人脸简图时花的时间一样长，但两个月大的婴儿则更喜欢正常的人脸简图。这一发现在 Morton 和 Johnson（1991）的后续研究中被重复验证。

图 4-3　Maurer 和 Barrera（1981）用于研究婴幼儿人脸感知的刺激样例。图片由 Wiley 授权复制

　　将这两组发现放在一起考虑，会发现它们很难调和。为了解决研究间的明显冲突，Morton 和 Johnson（1991）提出了一个婴儿脸部感知发展的双处理模型，认为皮层下的视觉通路是天生就有的，出生大概一个月后，则会发展出第二条皮层通路。Morton 和 Johnson 认为，如果他们的双处理模型是正确的，那么当人脸感知第一次出现时，皮质和皮质结构的行为测量值应该不同。特别是，他们猜想测量婴儿追踪移动的人脸刺激（依赖于脑皮层下的处理）应该在新生儿上进行，而对偏好静态人脸刺激的测量（相较于其他非人脸的刺激，依赖于脑皮质处理）应该在婴儿两个月大之后进行。Morton 和 Johnson 通过对比"移动人脸和静态人脸刺激"和"静止时给相同的刺激"的婴儿注视时间，找到了预期的模式。

　　因此，从某种意义上说，这些发现同时支持了先天主义和后天主义的观点。婴儿出生时会带有一个基本的视觉机制，让他们能够检测类似人脸的特征。这些原始能力可以由一个次要的、更先进的机制来补充，这个机制可以使婴儿学习具体的特征（如眼睛、鼻子等的相对位置），该机制在出生后的第一个月和第二个月内开始起作用。

　　此外，婴儿与看护人和他人的交流在面部识别的发展中起着重要且有趣的作用。例如，3 个月大的婴儿具备辨别男性和女性面孔的能力（如 Leinbach 和 Fagot 1993；Quinn 等人 2002）。然而 Quinn 等人表明，这种能力在某种程度上受到与主要看护者广泛互动的影响：由女性抚养者照顾的婴儿趋向于喜欢盯着女性的脸，而由男性抚养者照顾的婴儿更喜欢盯着男性的脸。随后，婴儿异族效应理论出现，并成为发展理论中的一座里程碑。异族效应是一个证据充分的视觉处理偏好，即相比于其他种族的面孔，观察者能更准确地识别自己种族的人脸（Meissner 和 Brigham 2001）。有趣的是，虽然 3 个月大的白种人婴儿可以识别和区分来自四个种族群体（如非洲、中东、中国和高加索）的一对相似面孔，但是 9 个月后，这种能力便消失了，白种人婴儿只能区分他们自己的种族群体的人脸（Quinn 等人 2002）。

120

4.1.3　空间感知

　　人脸感知在出生后不久就逐步发展，而空间感知是相对较慢的。例如，婴儿在两个月大的时候才开始使用双目视觉信息来感知深度（如 Campos、Langer 和 Krowitz 1970）。评估该技能的一种方法是使用一个叫作"视觉悬崖"的装置（Gibson 和 Walk 1960）。如图 4-4 所示，视觉悬崖是一个表面覆盖着玻璃板的大平台，平台正下方的那一侧直接覆盖着一个有图案的表面，另一侧则会呈现出一个大的落差。

图 4-4　这个视觉悬崖设备用于研究对深度的感知和对高度的恐惧。摘自 Santrock 2011

Campos、Langer 和 Krowitz（1970）研究被放置在鞍面上的两个月大的婴儿是否可以区分悬崖的浅层和悬崖的深层，然后慢慢把婴儿降到悬崖的一侧或者另一侧。当婴儿被降低的时候，可以检测他们的心率，并作为婴儿感知的一个衡量指标。Campos、Langer 和 Krowitz 发现婴儿被降低到浅层的时候，心率没有发生变化。婴儿被降低到深层的一侧时，他们的心率会经历一次减速，这和轻微好奇心或兴趣的体验是一致的。

有趣的是，直到 9 个月大，婴儿被放置在靠近悬崖的深层时才开始表现出恐惧和痛苦。发展过程中，是什么样的"触发器"触发了其对高度的恐惧？在一系列的研究中，Campos 和同事们（如 Campos、Bertenthal 和 Kermoian 1992；Kermoian 和 Campos 1988）论证，自身运动（如爬行）对空间感知的发展产生了深远的影响。因此，虽然婴儿年龄差不多，但刚开始爬行的婴儿会跨越这个视觉悬崖，而那些有几个星期爬行经验的婴儿会显示出害怕的表情并拒绝跨越。在光流感知的发展过程中会出现类似的模式，这就是通过空间来探测自身运动方向的能力。特别是，有运动经验的婴儿会根据光流信号来调整他们的姿势，这个光流信号可以暗示自身运动，而还不会爬行的婴儿则不会响应同样的提示（如 Higgins、Campos 和 Kermoian 1996）。

［121］

空间感知发展的相关领域是从以自我为中心的参考空间框架到非自我为中心（或以世界为中心）的过渡。特别是，以自我为中心的这种偏好倾向于利用观察者的参考位置而不是他们的绝对位置来进行空间位置编码。Acredolo（1978；Acredolo、Adams 和 Goodwyn 1984；Acredolo 和 Evans 1980）的一系列研究强调了两个重要的发现。第一，婴儿趋向于以自我为中心去编码空间位置，但是这种偏好随着年龄的增加而减少。例如，在看到一个人出现在左边窗口时，6 个月大的婴儿在他们旋转 180°后，会继续朝他们的左边看；相比之下，9 个月大的婴儿在被移动后会朝右做一个旋转的补偿（Acredolo 和 Evans 1980）。第二，Acredolo、Adams和Goodwyn（1984）也表明自我生成运动的涌现和非自我为中心的空间编码增加相关。在他们的研究中，婴儿会查看隐藏在两个位置之一处的物体（见图4-5）。婴儿随后被移动到装置的对面。Acredolo、Adams 和 Goodwyn 发现 12 个月大的婴儿在被移动的同时会继续看着隐藏的位

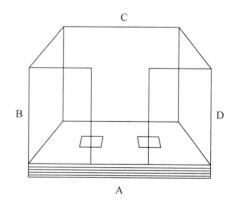

图 4-5 Acredelo、Adams 和 Goodwyn（1984）使用双位置设备来研究婴儿的空间编码策略的发展。图片已获授权

［122］

置，并正确找到目标。然而，在婴儿被移动的时候，如果把装置隐藏起来（这样可以防止目标位置的跟踪），他们就会以自我为中心进行搜寻。与此同时，18 个月大的婴儿会在正确的位置进行搜索，尽管装置被覆盖了。Acredolo 等人认为较大的婴儿会"心理上跟踪"目标位置，这个技巧的发展就像婴儿开始学习走路一样。

4.1.4　自我感知

　　跨越感知发展与社交发展的边界的一个重要技能是感知或认识自我的能力。研究自我感知的主要方法是把儿童放在镜子、图片或视频显示器前方，然后记录和分析他的行为。这个方法的一个版本是让婴儿观看单个的展示（可以随着不同的实验或条件而变化），或者可以向婴儿展示并排的两个视频显示器（例如，一台显示器上播放婴儿的实时视频，另一台显示器上播放该婴儿或其他儿童的延迟视频），记录他们对每个视频的注视时间。虽然关于婴儿自我感知的潜藏机制存在很大的争议，但它在发展时序表上还是被高度认可的（如 Bahrick、Moss 和 Fadil 1996；Courage 和 Howe 2002；Lewis 和 Brooks-Gunn 1979；Rochat 和 Striano 2002）。表 4-1 提供了一个发展时序表，强调了婴儿最初两年内的一些关键发展里程碑。

表 4-1　**自我感知的时序与重要里程碑**（摘自 Courage 和 Howe 2002；Butterworth 1992）

年　龄	特　征
3 个月	镜像的自我探索、区分自我/他人（偏好"他人"）
5～6 个月	跨通道应急信号的检测
9 个月	"他人"导向的社会行为（如微笑、发声等）
15～18 个月	镜像自我识别（即"标记测试"）
22～24 个月	在图片中正确标注自我

　　自我感知的最早证据出现在 3 个月大的时候（如 Butterworth 1992）。当一个 3 月大的婴儿被放在镜子前面时，他会提高自我探索行为的频率，例如看着自己的手（如 Courage 和 Howe 2002）。此外，这个年龄的婴儿能够在视觉上区分自己和他人。特别是当自己的实时影像和其他人的录像视频同时出现时，3 个月大的婴儿更喜欢看的不是自己而是他人。当婴儿开始使用跨通道的偶然事件作为自我认知的偏好时，区分"自我"与"非我"的能力在 5～6 个月的时候会继续发展（如 Bahrick 和 Watson 1985；Rochat 1998）。例如，Bahrick 和 Watson 给 5 个月大的婴儿看一段他们腿部的实时视频，接着看第二段视频，播放他们腿部的延迟录像，或是其他婴儿的腿部延迟录像。在这两种情况下，婴儿显著地停留在非偶然录像[⊖]上更久。在自我感知测试实验中，研究者发现 3 个月大的婴儿喜爱观察他人，而 9 个月大的婴儿开始出现指向"他人"的社交行为（如微笑、发声；Rochat 和 Striano 2002）。

　　镜像自我识别是一种特别重要的能力，在婴儿 15～18 个月大时涌现出来。与自我感知相比，这是一种更基础的区分自我和他人的能力，自我识别涉及一个更高级的意识，该意识知道在镜子或视频中的人是"我"（即一个持久的时间中的实体）。测量这种能力的主

123

　　⊖　即实时视频。——译者注

要方法是标记测试。标记测试是由 Gallup（1970）首次研究，研究人员在黑猩猩脸上标记一个红点，然后观察黑猩猩在镜子前的行为（见图 4-6）。Gallup 发现，黑猩猩注意到并触摸了那个红点，另外两种猴类（猕猴和恒河猴）则没有在镜子前表现出自我导向的行为。15～18 个月大的婴儿不仅能像黑猩猩一样留意标志，而且他们还表现出了尴尬（如 Lewis 和 Brooks-Gunn 1979）。这一行为表明，婴儿已经开始发展出一种自我概念，并意识到他们与别人是如何地相似。自我识别的进一步发展是获得在图片中标注出自己的能力，它会在婴儿 22～24 个月大的时候涌现出来（如 Courage 和 Howe 2002）。

图 4-6　标记测试。一只黑猩猩在眉毛上检测到一个红色标记，并利用它在镜子中的反射来探索标记（Gallup 1970）。图片已获授权

[124]

4.1.5　物体感知

正如空间感知的发展，婴儿对物体感知的学习受到他们的处理能力和与外界互动能力的影响（如 Bushnell 和 Boudreau 1993）。一般来说，在生命第一年里的发展模式是建设性的：婴儿先学会检测三维物体的一个重要特征或维度，然后婴儿将这些特性结合到他们自己的感知技能集中。

虽然感知发展的总体模式与建构主义观点一致，但是早期有个例外，年幼的婴儿不仅有可能探测物体的基本属性（即纹理），而且更重要的是，他们也可以将该属性的感知匹配到跨感觉模块上。对这种观点的支持来自 Meltzoff 和 Borton（1979）的研究，他们展现给一个月大的婴儿一个光滑的或"残缺的"橡皮奶嘴。在婴儿用嘴巴探索过奶嘴后，两个奶嘴被并排地展示给婴儿。在"优先注视"实验过程中，婴儿明显看熟悉的奶嘴时间更长，换句话说就是与婴儿以前含过的奶嘴匹配的那个。随后关于新生儿的研究工作（如 Sann 和 Streri 2007）重复了这一发现，并提供了对 Meltzoff 和 Borton 的额外支持：跨通道物体感知是与生俱来的。然而，需要注意的是，虽然 Sann 和 streri 发现纹理的视觉和触觉之间存在双向传输，但是对于形状却只有单路传递方式（从触摸到视线）。因此，虽然这些研究结果意义深远，但是仍不清楚有多少能力是在婴儿出生时展现出来的。

幸运的是，研究人员已经就随后的感知发展达成了广泛共识（如 Fitzpatrick 等人 2008；Spelke 1990）。例如，一个已研究出的关键能力是：婴儿如何学习去解析与分割视觉场景中的物体。一个重要的视觉特征是联合或者普通表面的出现，它将作为单个的、有边缘的对象物体的一个线索（如 Marr 1982）。3 个月大的婴儿不仅能够检测常见的表面，而且他们也利用了这样的一个表面作为线索来感知对象（如 Kestenbaum、Termine 和

Spelke 1987）。然而，在这个年龄的一个基本限制就是婴儿缺少感知完备，换句话说，就是将部分遮挡的对象作为一个融合、连贯的整体来感知的能力。在框 4-1 中，我们提供了一个详细描述的整体感知实验，适用于在婴儿中研究感知完备能力。正如我们在框 4-1 的实验结果所强调的，4 个月大的婴儿已经学会使用各种视觉线索，以帮助感知部分遮挡的物体，包括可视物体表面的常见移动和对齐。

125

框 4-1　整体感知实验

物体感知发展中重要的一步是感知完备，它能够将部分封闭的对象作为一个融合的、连贯的整体来感知。在实用性层面，感知的实现涉及"重构"被部分遮挡的物体，即通过桥接或链接被遮挡物分隔的物体表面来实现重构。那么，感知完备是与生俱来的能力，还是通过积极的后天学习过程获得的呢？Kellman 和 Spelke（1983）设计了整体感知实验来研究这一问题。在这项任务中的婴儿观察一个横向移动的杆，杆的中心部分被一个巨大的固定屏幕遮挡。然后，婴儿观察两个新的事物（一个是完整杆，另一个是断开的或是两段的杆），并且，婴儿会对这两个事物产生反应，他们的反应为遮挡杆的显示如何被体验到提供了非语言性标记。我们简要地复述实验任务和发展模式，这个发展模式是通过对不同阶段婴儿的研究而涌现出来的。

1. 步骤

整体感知实验采用习惯化-去习惯化范式。婴儿首先习惯于有遮挡的杆的演示（见下图）。特别是这个演示重复出现，直到婴儿观看的时间低于预定阈值。一旦形成习惯，婴儿就可以在交替变化实验中观察完整的杆和断杆（见下图）。再看两个后习惯化的演示，它们被认为反映了新奇偏好。因此，婴儿对断杆产生反应并将其看作新对象被称作"察觉"，这个偏好表明他们将遮挡杆作为单一、整体的物体。相反，婴儿对完整杆产生反应并将其看作新对象被称作"未察觉"，因为这个偏好表明他们将遮挡杆感知成两个单独的物体。

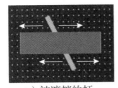 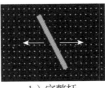 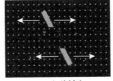

a）被遮挡的杆　　　　b）完整杆　　　　c）断杆

在整体感知实验中用到的刺激物

126

2. 感知完备的发展

感知完备（在婴儿）出生时并不会出现（如 Slater 等人 1996）。在后习惯化阶段，新生婴儿观察完整杆要更久，说明婴儿对断杆相对较熟悉（换言之，相比于完整杆更熟悉遮挡杆）。这种模式一直持续到 4 个月大，在这个时间点上，婴儿确实在后习惯化阶段开始更喜爱断杆（如 Johnson 2004）。这些数据支持的结论是，虽然婴幼儿可以感知不连贯的被遮挡物分隔的物体表面，但是他们在大约4个月大之前不会将这些表面感知成一个物体。

3. 选择性注意作为感知完备的一个机制

什么样的认知-感知机制推动了感知完备的发展？为了与**主动视觉**的概念相一致（如 Ballard 1991），Johnson 和他的同事提出的视觉运动技能中的逐步改进，特别是**视觉选择性注意**中的逐步改进，支持了与感知完备的视觉线索有关的发现。Amso 和 Johnson（2006）的研究支持了上述提议，他们在遮挡杆的显示实验中记录了3个月大婴儿的眼睛移动。完整杆和断杆实验被按顺序呈献给婴儿，并将对察觉或未察觉的分类作为后习惯化偏好的功能。下图（左）是3个月大能够察觉的婴儿的渐增式扫描图，而右图是3个月大未能察觉的婴儿的扫描图。值得注意的是，大多数能够察觉的关注集中于杆上，而未察觉的关注趋向于落在信息量大的区域，例如遮挡的屏幕。这种模式是通过样本中的所有22个婴儿的量化分析所确认的。

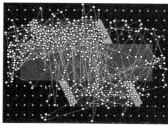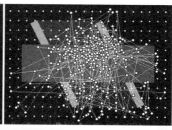

物体感知在婴儿4~6个月大之间持续发展。特别是在此期间，婴儿获得了感知被短暂完全遮挡的物体的能力。例如，6个月大的婴儿会追踪一个藏在遮挡物后面的对象，并预测它的再现（如 Johnson、Amso 和 Slemmer 2003a）。相反，4个月大的婴儿不会自发地预测一个被遮挡物体的再现。同样，6个月大的婴儿可以感知被遮挡物体的轨迹是沿着一个连续的路径运动的（如 Johnson 等人 2003b）。然而在4个月大的年龄，婴儿会感知这个相同的轨迹为不连续的（就好像物体的动作间存在间隙）。有趣的是，Johnson 等人证实，虽然4个月大的孩子缺乏感知完全被遮挡物体的能力，但是他们在这些实验上的表现可以在6个月大的时候被改善，方法是向婴儿短暂地呈现一个看得见的物体的运动（这将有利于追踪行为），或是减少遮挡屏幕的宽度（这会降低空间工作记忆的要求）。

4.1.6 可供性

自我认知提供了感知与社交发展之间的联系，而可供性的感知构建了感知和运动技巧发展的桥梁。"可供性"一词是由 Gibson（1979）提出的，他推测物体被感知是根据目标和观察者的能力。特别地，一个对象的可供性指的是说明潜在动作的感知技能。我们把一把椅子作为一个具体的例子。在传统意义上，一把椅子意味着"拿来坐的一些物体"。然而，视不同情况，它也可能是"在更换灯泡时用来站在上面的一些物体"，或者在野生动物面前，它是"用来躲藏的一些物体"。在这个意义上，Gibson 认为一个人如何感知一个对象的可供性，就像一把椅子会因为不同的意图和那一时刻心中的想法而不同。

目前为止描述的感知技能的形式通常涉及婴儿的视觉偏好和关注模式，然而，研究可供性的感知要求衡量的不只是婴儿的感知反应，还有他们的运动反应。学者们已经开始研究可供性感知中的一个问题——婴儿工具使用的发展。例如，8 个月大的婴儿可以很快学会使用各种工具，如一块可使用的布、一根细绳，甚至是用一个大钩形棒来找回远处够不到的玩具（Schlesinger 和 Langer 1999；van Leeuwen、Smitsman 和 van Leeuwen 1994）。有趣的是，婴儿对工具和玩具之间的空间关系的敏感性随他们使用工具的技巧而不同。因此，当一个玩具被放在布上，而不是放在布旁边时，8 个月大的小孩只会拉动一块布——它是一个相对容易的工具。当提供一个钩形棒时（这是一个更难、更复杂的工具），同样年龄的婴儿会去拉钩形棒而不关心玩具的位置。直到 12 个月，婴儿才会利用钩形棒和玩具的相对位置来指导他们的取物行为（Schlesinger 和 Langer 1999）。相似地，van Leeuwen、Smitsman 和 van Leeuwen（1994）通过有系统性地改变目标的位置，来研究婴儿对于工具和目标物之间空间关系的敏感度。例如，图 4-7 展示了目标物相对于钩状棒的几个不同的位置。特别地，van Leeuwen、Smitsman 和 van Leeuwen（1994）发现，年幼的婴幼儿往往不加选择地使用工具，而年龄较大的婴儿和儿童由于工具和目标物之间特定可供性的作用，会调整他们的工具使用策略。

128

图 4-7　Van Leeuwen、Smitsman 和 van Leeuwen（1994）通过目标物体与工具之间变化的相对位置来研究使用工具可供性的感知。版权© 1994 美国心理协会。已获授权

一个类似的发展模式也出现在其他工具上。例如，McCarty、Clifton 和 Collard（2001b）提出给 9 个月大和 24 个月大的婴儿一系列的物体，如勺子和梳子，无论它们是朝向左边还是右边。婴幼儿往往会自动用他们占主导地位的手去拿，不管物体的朝向，而年龄大的婴儿在接触工具之前，会根据方向调整他们伸手臂和抓取的动作。此外，McCarty、Clifton 和 Collard 也发现，比起朝向其他位置（如给玩偶梳头发），婴儿在预期动作朝向自己的时候（如把勺子放进嘴里），可以更成功地调整他们朝向工具时的动作。

可供性感知的一个次要领域的研究是爬行和行走的发展。例如，如图 4-8 所示，婴儿会遇到一个倾斜的表面，而且需要根据斜坡的坡度来调整自己的身姿。Adolph（1997，

2008；Joh 和 Adolph 2006）的一系列研究说明了两个重要且有趣的发展模式。第一，刚

开始学习爬行的婴儿对倾斜表面的感
知能力较差。因此，无论一个斜坡的
倾斜程度是轻微的还是严重的，已经
开始爬行的婴儿不会根据倾斜表面来
调整他们的身姿或者爬行策略。然
而，经过后来几天或者几周的爬行经
验，婴儿可以很好地接近并通过倾斜
的表面。第二，也许更重要的是，这
个相同的发展模式在婴儿开始走路时

刚开始爬行的婴儿　　　　　经验丰富的行走者

图 4-8　下斜坡的运动发展，摘自 Santrock 2011

也会发生。换句话说，刚开始走路的婴儿会再次忽视斜面的倾斜角度，且会重新学习去感
知斜坡。这些发现有力地支持了 Gibson 的可供性概念，尤其要强调感知发展和动作及目
标导向行为之间的动态关系。

129

4.2　机器人的人脸感知

人脸感知的发展模型很大程度上依赖于模拟方法，而不是使用涉身的或者类人机器人
平台。虽然 Fuke、Ogino 和 Asada（2007）的工作打破了这个趋势，他们调查一个问题：
当这些面孔对他们自己来说实际上是"隐形的"时候，婴儿如何获得他们的面孔表征方
式。虽然 Fuke、Ogino 和 Asadad 的模型没有直接着眼于人脸感知或新生儿模仿，但是它
仍然和 Meltzoff 和 Moore（1977）的研究相关，他们发现婴儿会模仿面部表情，如吐舌
头；特别是，正如我们前面提到的，多模式的人脸表征是面部模仿中的首要能力。Fuke、
Ogino 和 Asada 模型的核心思想是，虽然婴儿不能直接看到自己的脸，但是他们有三个重
要的感知数据来源，这些感知数据可以提供脸部状态信息。第一，如图 4-9 所示，当把手
放在面前或者靠近脸时，婴儿可以看到自己的手。第二，婴儿也会收集到表明手的位置的
本体感知信息。第三，当婴儿用手触摸自己的脸时，他的手或脸都是不可见的，尽管如
此，他们还是可以在这个自我探索的过程中接收到触觉信息。Fuke、Ogino 和 Asada 表
示，通过整合这三个信息来源，模拟的机器人可以学习估计它的手的位置并通过估计到的
手的位置，来形成内部人脸表征。

130

Bednar 和 Miikkulainen（2002，2003）相关工作的重点在于一个更根本的问题：为什
么新生儿对人脸刺激表现出一种偏爱？Bednar 和 Miikkulainen 的解释是：胎儿发展时期，
内部产生的自发神经活动从外侧膝状体（LGN）向前连接到人脸选择区域（FSA）。
图 4-10a 突出了两个发展阶段。在胎儿发展期间，该通道首先由 PGO（觉皮层）模式产生
器来刺激；出生后，PGO 的输入减少且会被来自视网膜的视觉刺激替换。图 4-10b 强调了
在两种训练条件下 FSA 区感受域的活动。具体而言，在胎儿期就训练好的网络中，类人

脸的接受域已经自发形成。在这个朴素的网络中，该接受域拥有一个经典的高斯响应模式。图 4-10c 展示了这个模型（对应于结构化面孔和真实的面孔）在视网膜、LGN 和 FSA 中的活动。这里有两个重要的发现，这个结构密切复制了 Morton 和 Johnson（1991）描述的发展模式。首先要注意 FSA 在孕期训练期（FSA-0；如"出生"）要结束的时候，会响应结构化面孔和真实的面孔，而不会响应结构化的非人脸。其次，在出生后反复学习 1000 次后，对结构化的面孔的先天反应会下降，而对真实人脸的反应会保持不变。通过操纵出生后见过的特殊的面孔的次数，Bednar 和 Miikkulainen 模型也能够捕捉对"妈妈的"脸的偏好，这是由 Bushnell、Sai 和 Mullen（1989）报告的。

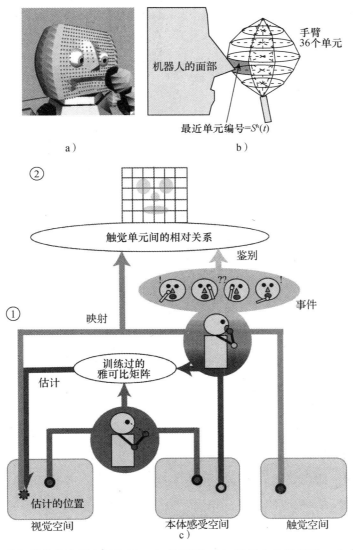

图 4-9　一个模拟婴儿的脸部表征发展：a）前视图；b）机器人的手模型；c）模型的结构。来自 Fuke、Ogino 和 Asada（2007）。图片由 Fuke 授权提供

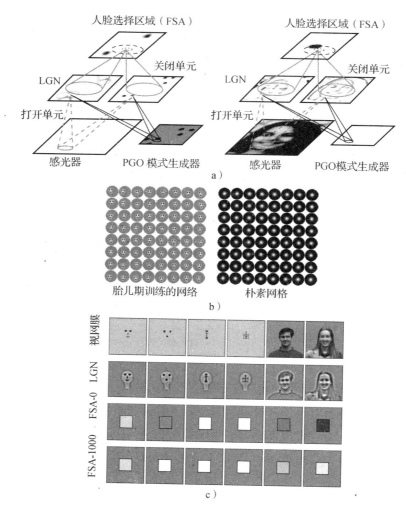

图 4-10　a）人脸处理的最初模型（Badnar 和 Miikkulainen 2002）强调了两大发展阶段；
b）两种培养条件下的感受域活动；c）在视网膜、LGN 和 FSA 中，模型的活跃
区域对应于轮廓图和真实面孔图的响应。图片由 James Bednar 提供

　　另一个问题涉及异族效应的发展。Furl、Phil-lips 和 O'Toole（2002）通过比较几种人脸感知模型的性能来探索这个问题。特别地，他们提出了发展型接触理论：早期的人脸感知可以表达没有任何偏好的人脸特征，而对自己种族的脸不断增长的体验会"扭曲"这个人脸特征空间，导致了对异族面孔的区分能力逐渐下降。Furl、Phillips 和 O'Toole 验证了这一假说，他们系统地侧重早期学习过程中每个模型所经历的人脸，并且成功再现了其他种族效应的发展。相反，另一种表示早期视觉处理的计算过程可选模型就不能用一些特定人脸的体验来调整，并且也无法捕捉到这个现象。总之，这些研究结果支持了这样一个观点：在一个特定人群的人脸中，因为感知的特定化，自然而然地涌现了异族效应。

4.3 空间感知：地标和空间关系

对比感知学习和发展的其他领域，只有相对较少的机器人研究从发展的角度来探索空间感知。出现这种差异的一个可能原因是一些任务（如物体识别或自然语言处理）本质上是困难的，这是由于任务的计算复杂性、信息处理的瓶颈、传感器的噪声或者不确定性等导致的。因此，研究人员可以寻找新方法（如发展型机器人）来帮助研究这些任务。其他任务从发展型的角度可能会受到较少的关注，因为它们大多数可以用传统的人工智能方法来解决。机器人导航和空间感知可以划到后者的范畴，这是基于如下考虑：对机器人设计者来说，可以直截了当地为移动机器人提供接近完美的位置感知。如果机器人研究人员决定采纳一种发展型的观点，那么他们必须依赖不精确的位置感知方法和近似定位策略（如航迹推算法）。

无论如何，机器人空间感知研究的一个很好的例子是：明确采用一种发展型的方法。Hiraki、Sashima 和 Phillips（1998）研究了在 Acredolo、Adams 和 Goodwyn（1984）描述的搜索任务中移动机器人的性能。这个任务指得是在一个物体被移动到一个新的位置后，要求观察者找到这个隐藏的物体。相对于 Acredolo、Adams 和 Goodwyn 研究的任务，Hiraki、Sashima 和 Phillips 的研究尤为吸引人的是，它不仅使用了一个实验范式，还提出了一个模型专门设计用来测试 Acredolo 的假说——自我生成的运动有利于从自我中心到非自我中心感知的过渡。

Hiraki、Sashima 和 Phillips 的机器人为了将目标位置保持在它的视野中心，使用了一个正模型和逆模型相结合的模型。首先获得正模型，把每个计划的动作映射到视野内目标位置的预期变化（见图 4-11a 右半边）。接着，训练逆模型来把当前感知的状态映射到最佳动作（图 4-11b 的左半部分）。在获得正模型和逆模型后，机器人通过用正模型产生的预期视觉输入来替换从机器人摄像机得到的视觉输入以进行心理跟踪（见图 4-11b）。换句话说，当目标位置的视觉信息不可用时，Hiraki、Sashima 和 Phillips 模型使用一个内部表征（同时补偿其自身的动作）来估计目标位置。

为了检验自我生成运动会导致非自我中心的空间感知这一假说，将机器人分成三个阶段来训练。第一阶段，只产生头部动作。第二阶段，产生头部和身体动作。第三阶段，机器人会产生头部、身体和轮子（即移动）动作。注意：正模型和逆模型的训练在每个阶段都会发生。在每个阶段的最后，会在机器人上测试隐藏任务，在这个任务里目标对象是被隐藏的，并且，为了防止目标被看到，机器人还会被移动到一个新的位置。

在第一阶段和第二阶段，机器人在搜索任务里表现出偶然搜索到的水平（即它会在自我中心的位置来寻找隐藏的对象）。然而机器人在第三阶段实现了自我生成运动，非自我中心空间编码策略涌现出来了，在超过 80% 的测试实验中，机器人会在正确的位置进行搜寻。这些发现不仅支持 Acredolo 的关于运动与非自我中心的空间感知之间的关系的假说，

131
～
133

134

而且提供了一个特定的认知-感知技能（心理跟踪），这个技能可以作为产生这种关系的发展机制来使用。

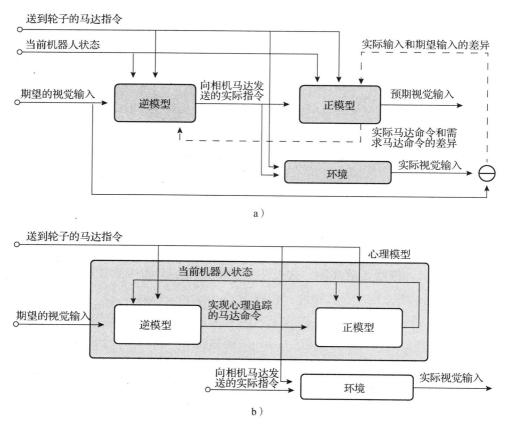

图 4-11   a）视觉跟踪模型；b）Hiraki、Sashima 和 Phillips（1998）的心理跟踪模型。改编自相同出处

4.4   机器人的自我感知

正如我们在回顾人类婴儿自我感知的过程中所指出的那样，自我感知发展的关键一步是检测自我生成运动，以及这些运动的感知结果之间的相关性或时间偶然性。因此，大多数的自我感知机器人模型已经实施了相同的通用检测策略：生成运动，观察运动后的感知结果，然后将那些感知事件或在一定概率上发生的结果标签或归类为"自我"。这种建模方法的一个例子是由 Stoytchev（2011）提出的，它采用一个双阶段过程来模拟自我感知的发展。在机器人 3-DOF（三自由度）的手臂上做一些彩色的标记，在第一阶段（即"运动蹒跚"），机器人随机地移动手臂，同时通过一个远程视频摄像机来观察自己的手臂动作（见图 4-12b）。利用这个模型发现的策略如图 4-12a 所示。特别的是，该模型假定"自我"是任何视觉上检测到的运动，该运动是在自我生成运动后在预先计算的延迟时间内被观察到的（即分别是传入和传出的信号）。那么，顺着这样的逻辑，只有蓝色特征会被归类为

"自我"，因为该特征在传入-传出延迟阈值内发生改变。相比之下，红色特征动作太慢，而绿色特征动作太快。

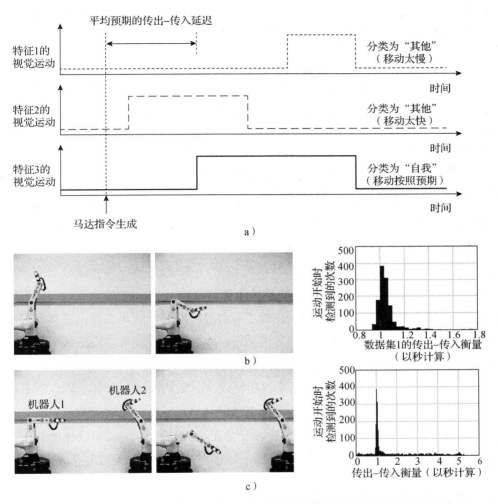

图 4-12　a）自我感知算法的说明；b）单一机器人情况下的运动蹒跚和时间延迟的例子；c）
两个机器人并存情况下的运动蹒跚和时间延迟的例子。摘自 Stoytchev 2011。剑桥
大学出版社授权复制

在运动蹒跚的过程中，第一阶段的目标是观察传出-传入延迟的分布。图 4-12b 展示
了独自在环境中的机器人的运动，以及在这种运动状态下机器人观察到的传出-传入延迟
的直方图。该直方图用于计算传出-传入的平均延迟，它定义了一个时间阈值或窗口，并
提供了自我认知的依据。在第二阶段（这里未说明），Stoytchev 测试了机器人在各种新环
境中精确检测自身的能力，并发现它是非常准确的。在传出-传入延迟数据的环境中还有
另一个重要的发现。图 4-12c 显示了一个可替代的训练环境，当第二个自由移动的机器人
出现时，第一个机器人产生随机的手臂运动。在此环境下学习的一个重要结果是：相比于
隔离情况下机器人观察自身运动得到的延迟范围，两个机器人时的传出-传入延迟范围明

显小了很多。因此，这一发现表明，包含多个感知数据源的嘈杂环境会促成自我认知的能力。

　　Stoytchev 的模型使用了一个相对简单的特征集合（即被着色的标记物的运动），其他模型都扩大了视觉特征的集合从而可以检测和利用更复杂的时空关系。这些方法的例子包括计算视觉显著性、有节奏或周期性的运动以及物理外表相似性（如 Fitzpatrick 和 Arsenio 2004；Kaipa、Bongard 和 Meltzoff 2010；Michel、Gold 和 Scassellati 2004；Sturm、Plagemann 和 Burgard 2008）。然而，这些模型中的大多数都有一个重要的局限，就是它们依赖于内部状态（如电动机命令）和外部感觉数据（如视觉运动）之间的实时匹配。为了解决这个问题，Gold 和 Scassellati（2009）提出了一个贝叶斯模型框架，为了得到三个动态信念模型，要随着时间的推移来计算和保持信念估计。这种方法的优点是，它不仅包含信念估计中机器人的完整观察历史，也允许这些估计随时间变化作为新的传感器数据被获取。在训练过程中，自我认知模型首先使用运动线索把视觉输入分割到离散的区域，然后随时间的推移跟踪这些区域的运动。第一个贝叶斯模型估计一个对象响应"自我"的概率（即它的运动和自我生成运动信号相关），而第二和第三个模型分别计算"有生命的"（其他）估计和"无生命的"估计。这些信念估计在一个四分钟的训练期内建立起来，在这个训练期内，机器人会被放在镜子前面进行测试，并观察自己手臂的移动。在测试过程中，机器人不仅能正确地识别它的反射，而且还能区分来自附近实验者的运动和镜子中自身的运动。

　　此外，Asada 等人（1999）证明，不只是时刻到时刻的匹配，而且是强化学习中的状态矢量估计。可以通过应用系统识别的方法来引导三种类型进行自动分类：自我，被动智能体（静态对象）和主动智能体（其他）。区分自我和其他被动/主动智能体的自主能力可以应用在真实的机器人情境中，比如 RoboCup 场景中传球手和射手的角色。

4.5　物体感知的发展启发模型

　　在物体感知领域，研究者们从发展的角度对这两个基本问题进行了研究。第一，机器人如何学会把视觉场景分析或分割为离散的对象？回答这个问题的一种策略是使用运动技能发展（特别是触碰、抓取和寻找对象）来引导感知物体的发展（Fitzpatrick 和 Arsenio 2004；Fitzpatrick 等人 2008；Natale 等人 2005）。例如，Natale 和 collaborators 描述了这样一个类人机器人，它可以学习把视觉对象特征（如标记了颜色的表面或"颜色块"）与在抓取和探索对象时获得的本体感知信息联系起来。本体感知的信息不仅包括抓取过程中手的配置信息，也包括物体的其他属性，如重量。经过与对象短暂的一系列互动，机器人能够可视化地分割置于一个自然场景的对象，并且也可以从多个角度识别它。Zhang 和 Lee（2006）提出了另外一种方法，该方法关注作为实现对象分割感知线索的光流的作用。Zhang 和 Lee 的模型还被表征成具有运动物体的半自然场景。该模型首先检测光流，然后再使用此特征来确定指定候选对象的有界区域，接着颜色和形状过滤器把有界区域分割为对象。在一系列的系统比较后，Zhang 和 Lee 表明，他们的模型优于传统采用边缘检测作为分割机制的模型。 [138]

第二个但可能更具挑战性的问题是：机器人如何学会整合被一个遮光板分离的物体的多个表面（即感知完备）？Zhang 和 Lee（2006）的模型解决了这个问题，他们为每个机器人要学会辨识的物体构建一个存储表示，接着应用手动填充机制来确定部分遮挡物体。然而，虽然性能不错，但这种方法不能够解释填充机制如何自我形成。有一些感知完备模型可以避免将这种填充机制细化为"天生的"或手动构建的能力（Franz 和 Triesch 2010；Mareschal 和 Johnson 2002；Schlesinger、Amso 和 Johnson 2007）。在用整体感知实验（见框 4-1）进行评估时，每一个模型捕捉一个或多个发展模式的关键环节，这些环节是在婴儿出生和 4 个月大时观测到的。我们简要地强调 Schlesinger、Amso 和 Johnson（2007）的模型，首先是因为它模拟了知觉处理和眼球运动，第二是因为它采用了用于年幼婴儿的同种显示平台进行测试（Amso 和 Johnson 2006）。

Schlesinger、Amso 和 Johnson（2007）模型采用 Itti 和 Koch（2000）提出的显著性映射图范式的改编版本。该模型的处理过程见图 4-13a。输入图像（从整体感知实验得到的）被呈现在模型前①，四个同步的视觉滤波器提取强度、动作、颜色和朝向的输入图像的边缘②～③，接着图像映射汇集到一个综合的显著性映射图④。眼睛的移动通过随机选择在显著性映射图中具有较大值的位置来产生。

正如我们在框 4-1 中提到的，根据 3 个月大的婴儿是否喜欢观察完整的杆或断杆测试演示，可以将婴儿分为察觉或未察觉两类。此外，Amso 和 Johnson（2006）发现，在观察断杆演示的时候，察觉和未察觉的婴儿会产生不同的扫描模式。特别是，如图 4-13b 所示，察觉的婴儿比未察觉的婴儿更经常注视杆（即"杆扫描"）。相比之下，这两组固定措施没有什么不同，包括演示的上半部分和下半部分之间的切换注视（即"垂直扫描"）。Schlesinger、Amso 和 Johnson（2007）模型复制了这些动作的结果，通过手工调整参数来调节每个特征图中特征间的竞争量（图 4-13③）。特别地，这个参数值的增加正好对应于在后顶叶皮层增强的竞争，并且为 Amso 和 Johnson（2006）的理论提供了进一步的证据，该理论认为，感知完备的发展是由于眼球运动技巧和视觉选择性注意的逐步改进。尽管如此，重要的是要注意这些模拟的结果并没有回答这样一个问题：顶叶皮层的预期变化 [139] 和相应感知的改善是由于成熟还是由于经验或者两者都是（Schlesinger、Amso 和 Johnson 2012）。

4.6 可供性：感知指导的动作

"机器人对可供性的感知"是一项热门研究领域，当前许多研究都着眼于在传统认知机器人框架中使用可供性作为提升性能的策略（见 Sahin 等人 2007 综述）。然而，一些学者从发展的角度研究了可供性感知并提出了一些模型，这些模型展示了可供性在预测学习、动机驱动学习和模仿中的作用（如 Cos-Aguilera、Cañamero 和 Hayes 2003；Fritz 等人 2006；Montesano 等人 2008）。

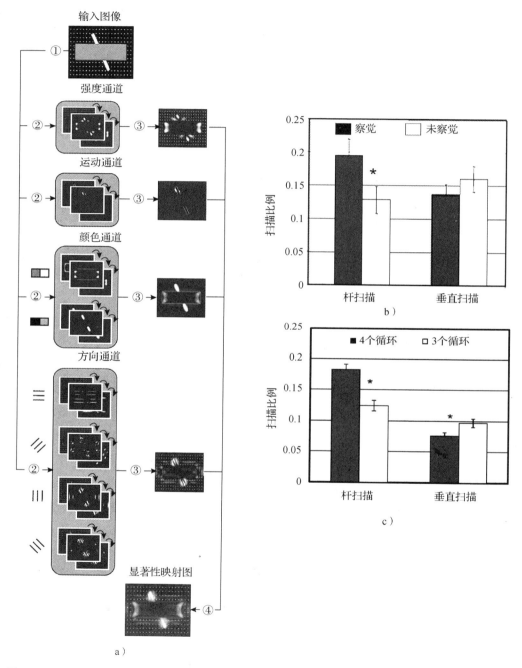

图 4-13　a）Schlesinger、Amso 和 Johnson（2007）的感知模型示意图（①～④）；b）和 c）三岁大的婴儿表现（上）与该模型（下）的比较

我们这里强调两个研究实例来补充之前介绍的在婴儿身上所做的实验种类（使用工具和运动/导航）。首先，Stoytchev（2005，2008）介绍了利用感知工具的可供性来取回目标对象的机器人。图 4-14a 展示了机器人的工作区，包括一个目标对象（一个橙色冰球）、一些刚性棒状工具和一个方形目标区。在训练初始阶段，机器人首先用试错法（trial-and-error）尝试将每个工具向各个方向移动，观察这些行动对冰球的影响。这一探索阶段所获得的数据用于构建一个可供性列表，将工具和特定行为及其效果对应起来，并且记录该工具的视觉特征。图 4-14b 为可供性列表的"T"形工具的示意图。对每个行为，箭头表明了相应区域对冰球移动的影响。经过训练后，Stoytchev 用实验评估机器人使用工具的表现——为机器人提供工具、冰球及目标位置，在可供性列表中使用搜索算法，计算出动作序列，使机器人移动冰球至目标区域。在四个目标区域和五种工具的一系列条件下，机器人通过了 86％的测试。

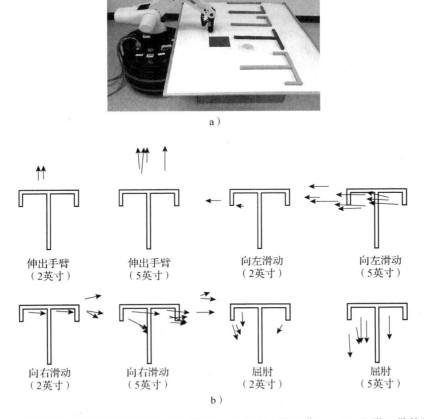

图 4-14　通过探索对象学习使用工具的可供性：a）机器人的工作区；b）T 形工具的可供性
　　　　列表示例。摘自 Stoytchev 2005，2008。图片由 Alexander Stoytchev 授权提供。
　　　　IEEE 授权复制

该工作对于研究人类婴儿的可供性感知有两个主要含义。第一，该模型无可争议地展示了可供性可由对象探索和试错法来发现。因此，它可能为婴儿解决类似问题（发现和利用感官特性）提供了关键思路。第二，在探索阶段周期性地测试模型，模型还可以生成与婴儿发展类似的发展曲线（如 Schlesinger 和 Langer 1999；van Leeuwen、Smitsman 和 van Leeuwen 1994）。

机器人可供性感知的第二个研究领域是导航和障碍躲避。例如，Sahin 等人（2007；Ugur 等人 2007）提出了一个移动机器人上的可供性学习模型。与 Stoytchev 模型类似，Sahin 等人的模型首先将动作与从视觉传感器（3D 扫描仪）获得的环境变化信息联系起来。经过分类过程，可供性将被分为不同类别，所有视觉特征可被视为动作结果的函数。例如，图 4-15 展示了真实环境下的机器人性能，在模拟实验训练后，它对一系列新对象产生反应。在每次测试中，当某物体出现在机器人的前进道路上时，它能感知到"可通行"的启示，并且成功地产生一组动作集合来避开障碍。需要注意的是，尽管这类模型还没有在婴儿运动感知实验中做过类比测试，但并没有原则上的原因能阻碍婴儿实验。

图 4-15　移动机器人学习感知"通行"的可供性。摘自 Uqur 等人 2007。图片由 Erol Sahin 授权提供。IEEE 授权复制

4.7　本章总结

在本章中，我们首先介绍两种用于研究婴儿视觉感知的典范方法（偏好注视法和习惯化-去习惯化）并描述每种方法的基础理论和假说。事实上这两个被广泛采用的方法引出了一个重要的问题：发展型机器人的研究者是否也应该用这些相同的范式来评估模型的性能？随着时间的推移，这种模式是比较少见的（如 Chen 和 Weng 2004；Lovett 和 Scassellati 2004）。相反，至今大部分关于模拟视觉感知发展的工作倾向于采用通用的任务或技能，如接近与抓取动作或导航，而不是复制特定的行为范式或实验。这个差距有希望在未来几年继续缩小。

我们对人脸感知的简要综述强调这样一个实验发现：婴儿不仅会快速学习检测人脸，也会学着区分熟悉和新颖的人脸。对于婴儿对自然和人工的人脸刺激的响应，相关系统研究支持一种两阶段的发展模式，其中一个先天的或早期出现的机制能促进对类似人脸刺激的关注，而随后的机制能学习指定的面部特征。我们还注意到，在出生的第一年里人脸感知已经不断发展完善，这包括以下能力的变化：辨别男性和女性面孔的能力，以及辨别相同或不同种族人群的成员的能力。

与面部感知相比，空间感知发展较慢，这在一定程度上是由于深度和距离等空间关系与空间中的运动密切相关。因此，婴儿爬行和走路的发展与空间感知密切相关。此外，婴儿在感知空间的过程中以自己为中心：物体之间的关系、位置和标志的编码都与自身位置有关。然而，9～12个月的婴儿会逐渐过渡到一个非自我中心的感知空间，此时空间关系变为客观的。

像空间感知一样，自我感知也受益于移动的能力。因此，感知自我的基本线索是动作过程之间的时空偶然性，以及见到的物体或身体在环境中的运动。实际上，婴儿在镜子前（或观看自己的视频时，等等）能更好地检测自己的动作。

我们也注意到一些婴儿期物体感知的重要发展。首先，有证据表明，新生儿能够将对某一物体的感官信息从一种模式转换到另一种模式。其次，1～3个月大的婴儿拥有将表面与实体联系起来的认知能力。在接下来的几个月里，婴儿越来越擅长感知部分地或完全被遮挡的对象。

我们综述的最后一个主题是可供性感知的发展，包括视觉发展和运动能力发展。在可供性领域中，研究得相对充分的是婴儿对支架、绳子和钩子等工具的使用能力。这些工具的使用能力开始于6个月大，并在第二年持续发展。第二类可供性感知能力随着爬行和行走而发展，此时婴儿能够发现斜坡、梯子及周围环境中的安全或危险的视觉信号。

人脸感知的发展模型主要专注于发现和区别人脸的计算机制。本章专门介绍了将胎儿期体验作为关键影响的两类模型。如Fuke、Ogino和Asada（2007）提出，婴儿通过用自己的手探索自己脸可以形成多模式人脸表征方式。另外，Bednar和Mikkulainen（2003）提出了一个神经模式生成器，它可以模拟出生前视觉通路的发展，使之在出生后拥有处理脸部信息的能力。除此之外，我们还描述了异族效应的计算建模工作，它可以检验人脸感知偏好：相比于异种族成员，更频繁地注视同种族/民族的成员。

144

我们对于空间感知的综述更集中地着眼于从自我为中心到非自我为中心的转变的参考框架。我们展示了Hiraki、Sashima和Phillips（1998）的模型，该模型使用移动机器人来模拟Acredolo、Adams和Goodwyn（1984）提出的实验范式，它有两个特性值得注意。其一，Hiraki、Sashima和Phillips（1998）使用与Accredolo及其同事所采用过的类似过程来评价模型；其二，他们明确地测试并证实了Accredolo的假说——自我运动可促进非自我为中心空间感知。

然后我们讨论了自我感知发展的一些建模和机器人研究。或许并不出人意料的是，大多数工作的主要研究策略就是让机器人移动自己的部分肢体，然后捕捉环境中哪些感知事件与自身运动有关（这些被分类为"自我"）。总的来说，这些模型在解释自我感知的能力上已经很成功了，确定了时空偶然性是自我感知的基础线索。未来该方向的主要挑战是使其能够帮助解释婴儿从出生到两岁阶段的自我感知发展的整个过程。

与本章讨论的其他视觉感知发展模型一样，物体感知模型追求捕捉从人类婴儿的发展过程中观测到的关键特征。Zhang 和 Lee（2006）的模型利用视觉流作为感知线索来分割物品。该模型的潜在缺点是它可能会将一个被遮挡的物品识别为两个物品。Schlesinger、Amso 和 Johnson（2007）的模型解决了这个问题，他们论证了空间竞争的增加会引发更多的对被遮挡物体表面的注意。

最后的研究主题是可供性感知。Stoytchev（2008）介绍了一个通过试错法来选择钩子工具并用其取回目标物品的机器人。该模型的一个重要特点是它没有为婴儿研究而特意评估工具使用的范式，如果这样做可能会相对直接地扩展该模型。可供性感知的第二个工作重心是杂乱环境中的运动，如感知自身是否能从两个物体之间通过。

扩展阅读

Gibson, J. J. *The Ecological Approach to Visual Perception*. Hillsdale, NJ: Lawrence Erlbaum Associates, 1986.

Gibson 的这本书是无论研究人类、动物或机器的学生学习感知的基本读物。他的书介绍了生态感知论，这与发展机器人学的两个基本主题呼应：①物理环境的结构通过主体-环境交互而被感知；②主体主动探索环境，而非被动接受环境。Gibson 在书中介绍的关键概念就是可供性。

Fitzpatrick, P., A. Needham, L. Natale, and G. Metta. "Shared Challenges in Object Perception for Robots and Infants." *Infant and Child Development* 17 (1) (Jan.–Feb. 2008): 7–24.

Fitzpatrick 及其同事的研究论文不仅提供了说明婴儿与机器人的研究互相有利的有说服力的讨论，还系统地描绘了一系列研究感知发展的共同目标。作为一个案例研究，该论文介绍了视觉物体分割问题（也叫作"分离"），还将思路的讨论和架起人类与机器学习方法之间的桥梁的研究方法进行了融合。

运动技能获取

对人类婴儿而言，两种基本运动技能的掌握为出生后前两年内许多行为和能力的发展提供了重要的基础，这两项技能就是操控（如接近和抓握）和移动（如爬行和行走）。此外，在父母看来，这些关键运动技能的出现是如此惊人和快速：在婴儿 3 个月大时，他们学习翻身，6 个月大时已经能够坐起来了，8 个月大时开始爬行，并且在一岁的时候迈开了人生的第一步。正如我们在第 3 章所讨论的，这些发展标志看起来有着内在的驱使，也就是说，他们似乎受到了改进自身技能的欲望驱使而不是为迫切的需求或目标服务（如Baldassarre 2011；von Hofsten 2007）。尽管婴儿可能受益于他们的父母或兄弟姐妹，但家庭成员通常不提供直接教导，而是在婴儿获取运动技能时给予反馈或者协助。这些技能的持续发展出现在大多数婴儿的可预测时间表中（如 Gesell 1945）。

在这一章中，我们对婴儿在前两年中的关键运动技能发展进行了研究，并且对比了发展模式与学习同一技能的模型和机器人实验模拟所获取的数据。我们特别注意到，正如在第 2 章中所说明的，在目前的研究中，儿童型类人机器人的设计与结构允许发展型机器人研究者们对婴儿与儿童产生的大量身体行为进行研究。因此，机器人平台为运动技能获取的研究提供了一个独特且有价值的工具：它们模仿了人类儿童的尺寸和外形，并且在某些情况下也能获取骨骼和肌肉层面的物理过程，所以类人机器人的研究（例如 iCub、NAO及 CB）可能会揭示出在自然和人造物中技能涌现的潜在基本原理。

需要重点注意的是，发展型机器人与传统机器人相比，不仅在机器人的身材大小与平台的强度方面有所不同，而且在建模思想方面也是不同的。因此，"成人型"类人机器人采用的传统方法是首先判断机器人的当前位置（使用视觉、关节角度传感器等），然后计算所需的关节角度和关节力矩或力的变化量，生成所要的动作或到达末端位置，抑或两者皆有。换句话说，这种方法着重于解决运动学或逆运动学问题（如 Hollerbach1990）。作为对比，我们将强调，发展型机器人所采用的是另一种策略：通过大范围的探索性运动所产生的空间位置和关节位置以及关节压力之间的映射进行学习。这里关键的区别是发展的方法通常着重于通过反复试错来学习运动技能，而不是提前计算好期望的运动轨迹。

作为研究这类问题的例子，发展型机器人很适合去定义、思考以后的发展模式。流畅、熟练的接近动作需要长期练习，人类儿童需要 2～3 年才能掌握（如 Konczak 和 Dichgans 1997）。在这一过程中，婴儿往往要经过一段时间的发展，期间的动作会比较生涩并带有一些类似反射的性质（如 von Hofsten 和 Ronnqvist 1993；McGraw 1945；Thelen 和

Ulrich 1991）。例如，出生后不久，新生儿会产生因视觉引起的自发性的手掌和手臂运动（如 Ennouri 与 Bloch 1996；von Hofsten 1982）。尽管这些"预接近"动作直接指向附近的物体，但婴儿很少能接触到目标。在接下来的两个月内，预接近的频率有所下降。3 个月大时，更健壮和有组织的一系列接近行为开始出现，其中包含一些重要的新特性（例如，手或抓握特定形状，修正动作等；Berthier 2011；von Hofsten 1984）。在行走的发展过程中也观察到了类似的模式：很年幼的婴儿产生极为固定的步进行为（即踏步反射），这个行为会在 3 个月大时消失，但是也可能在较大年龄的婴儿身上出现，比如将他们放入水中或扶着他们站在跑步机上便可引导出步进行为（如 Thelen 与 Ulrich 1991）。随着接近动作的发展，婴儿在反射性的步进行为消失的几个月后开始爬行和走路。

目前尚没有考虑到 U 形发展的计算模型。然而，有一个重要概念在很多运动技能获取模型中起到了至关重要的作用，并且可能有助于解释 U 形模式，这个概念就是运动蹒跚现象（如 Bullock、Grossberg 和 Guenther 1993；Caligiore 等人 2008；Kuperstein 1991）。类似于婴儿的咿呀学语，运动蹒跚是一种更普遍的现象，婴儿以一种试错的方式通过主动创造各种动作来学习控制他们的身体。因此，婴儿产生的早熟或早期的动作（如预接近）也可以理解为运动蹒跚的一种。但是仍然无法解释的是，为什么这些动作减少之后会以一种更为成熟的方式出现。有一个可能的解释是，"下降"阶段表示的是从突然、固定不变的动作到视觉引导动作的转变，这需要整合多个感官的输入（如视觉和本体感受；Savastano 和 Nolfi 2012；Schlesinger、Parisi 和 Langer 2000）。

[148] 在下一节中，我们将会描述婴儿在操控和移动发展过程中的主要标志。特别地，我们将着重介绍四种基础性技能：接近，抓握，爬行，行走。我们关注这些技能是基于两个原因。首先，它们不仅是物种生存的必要技能，还对知觉和认知发展有着深远的影响（如 Kermoian 和 Campos 1988）。其次，从发展型机器人的方面来看，操控和移动也是机器人中研究相对深入的技能（如 Asada 等人 2009；Shadmehr 和 Wise 2004）。回顾完人类发展模式之后，剩下章节的内容是列出已经提出的用于模拟运动技能获取的模型，以及本书综述工作的主要发现。

5.1 人类婴儿中的运动技能获取

在第 4 章，我们提到了 Greenough 和 Black（1999）的经验预期性发展的概念，该概念是一种发展模式，在这个模式中技能或能力在物种的所有成员中可靠并一致地涌现出来。而在经验依赖性发展中，特定的技能或能力只会在一组非常特定的条件下涌现。这两种发展模式都观察自人类婴儿获取运动技能的过程中。在经验预期性方面的行为有接近和行走（发展会在病理学或病理条件下受限），这两个技能是所有儿童都能获取的通用技能，无论文化历史背景、地理区域、母语等。其他同属一类的早期技能还有眼部运动控制、躯干与颈部控制以及哺育。与之相反，经验依赖性的技能通常更晚发展，并且需要明确的指令，例如，游泳、演奏乐器（如小提琴或钢琴）以及绘画。这些技能会因文化、历史和地理背景而千差万别。

在这一节，我们着重于经验预期性能力的发展，特别是婴儿时期出现的四种运动技能：接近、抓握、爬行以及行走。

5.1.1 操控：接近

为了给接近动作的发展提供讨论的背景，表 5-1 总结了发生在出生后前两年中接近和抓握动作的主要里程碑时间。正如我们在前面所提到的，接近行为最早的例子可在新生儿中观察到，他们的手臂向附近的物体产生了短暂的向前伸展动作（如 Bower、Broughton 和 Moore 1970；Ennouri 和 Bloch 1996；Trevarthen 1975；von Hofsten 1984）。图 5-1 显示了 von Hofsten（1984）研究新生婴儿的预接近动作时使用的设备。Von Hofsten 记录了婴儿从出生到 2 个月大期间在面对对象物体时，手向前伸展的次数是逐渐增加的，直到7～10 周后才出现下降。有趣的是，当预接近频率变少时，婴儿会花更多时间注视目标对象。在 10～13 周期间，接近动作又开始变得频繁，这一次与注视目标共同发生。另外，在这个年龄的过渡阶段中，张开手的动作倾向（即手伸向目标的动作）也有所增加（如 Field 1977；von Hofsten 1984；White、Castle 和 Held 1964）。总之，这些研究结果支持这样的结论：早期的预接近是自发的、协同的动作，之后会暂时被主动压抑，而到3～4 个月时带有视觉引导的接近动作开始涌现。

从出生到 3 个月大的接近发展的 U 形模式不仅暗示视觉充当了重要的角色，还提出了一个重要且有趣的问题：婴儿是通

表 5-1　人类婴儿接近与抓握动作的发展时序表和主要里程碑（摘自 Gerber、Wilks 和 Erdie-Lalena 2010）

年　龄	能　　力
0～2 个月	抓握反射动作 预接近动作出现并且频率增加
2～3 个月	预接近动作频率降低
3～4 个月	接近动作开始出现 手掌主要是张开状态
4～6 个月	手掌预设状能力的涌现 手掌/强力的抓握
6～8 个月	桡骨侧向抓握 剪刀式抓握 手掌预设形状能力成主导
8～12 个月	桡骨-手指抓握 指尖/精确抓握
12～24 个月	类似成人的接近动作 预先的（预接近）手臂控制

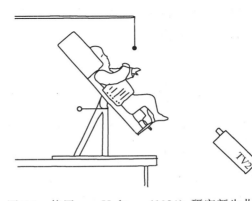

图 5-1　使用 von Hofsten（1984）研究新生儿预接近的实验设置。版权 © 1984 美国心理学协会。已获授权

149

过视觉引导他们朝向目标运动来学习控制手臂动作的吗（如 Bushnell 1985；Clifton 等人 1993；McCarty 等人 2001a）？Clifton 等人（1993）通过对比一组 6～25 周的婴儿来揭示这一问题，他们发现：婴儿对物体的接近动作的出现，在有光照的房间中与黑暗中有闪光（或发出声响）相比，并没有统计学上的差异。在这两种情况中，成功完成接近动作的最早平均年龄是 12 周，接着成功完成抓握动作的最早平均年龄是 15 周。这些数据表明，至少在接近的一开始，目标的定位和从手与手臂获取的本体感觉就已经非常协调了。然而，还有一个悬而未决的问题，即这种协调是否是通过手的视觉反馈在接近涌现出来前数周完成的。

150
～
151

在接近出现后大概 4 个月左右，出现了几个后续能力的提高。例如，在 4～12 个月间，婴儿使用来自目标的视觉信息来改进接近动作，从而使接近动作变得更有效率。当接近时出现的目标看起来突然改变位置时，5 个月大的婴儿通常仍然朝着原来的位置接近，而 9 个月大的婴儿会在接近途中调整自己的轨迹（Ashmead 等 1993）。另外，对移向目标的手臂的引导，不仅可以使用目标视野进行在线更新，还可以使用已存储的目标位置信息进行引导。例如，早在婴儿 5 个月大时，即使处于黑暗之中，婴儿还是会在接近途中继续伸手去拿物体（McCarty 和 Ashmead 1999）。在这个年龄段，如果给婴儿带上能够改变目标位置的棱镜，婴儿还能够学习调整他们的接近动作（如 McDonnell 和 Abraham 1979）。

此外，在接近动作出现之后，婴儿接近动作的运动学属性还会有一些持续发生的变化。一个重要特征就是婴儿的接近动作，随着年龄的变化会变得更加直接和流畅（如 Berthier 和 Keen 2005）。导致这一模式的一部分原因是：婴儿通过保持手肘相对固定的弯曲，并同时旋转肩部开始接近动作，这导致接近的轨迹是圆形或弧形的（如 Berthier 1996）。在第二年中，婴儿开始协调肘部和肩膀的旋转（如 Konczak 和 Dichgans 1997）。另一个特征是婴儿的手部速度表现得像成年人，特别是峰值运动速度适时地"向前"推移，更加靠近接近动作开始的时间（如 Berthier 和 Keen 2005）。这一推移反映了一个能产生大的、快速的初始动作的倾向，接着是当手接近目标时会伴随一系列小的、更慢的修正动作。

5.1.2　操控：抓握

尽管从最早的接近形成（即新生儿中的预接近）到自发抓握的出现之间有 3～4 个月的间隔，但这两种行为无论在实时性还是在各自的发展阶段都有很大的重叠性。因此，在接近动作的视觉控制涌现出来后不久，抓握反射也出现并开始发展。这里我们将强调发生在抓握发展过程中的两种重要模式。

第一种，婴儿的抓握行为在 6～12 个月大时遵循一种一致的、可预测的发展模式（见图 5-2；Erhardt 1994；Gerber、Wilks 和 Erdie-Lalena 2010）。最早的自发抓握动作是反射抓握（或者强力抓握），婴儿张开手臂接近一个物体，一旦手掌接触到就用手指将物体包住。之后在 8 个月大时握持反射会转变为剪刀式抓握，即并拢四指与大拇指相对。到 9 个月大时，只有两根手指（食指和中指）与大拇指相对，做出桡骨-手指抓握动作。这是在 10 个月大之后指尖抓握（或者精准抓握）的早期形式，特征是使用大拇指和食指。到 12 个月大时，婴儿对这一技术已经掌握得十分熟练了，并且能够轻松地使用指尖抓握拿起小件物体，例如食物碎片。

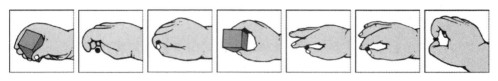

图 5-2　6～12 个月的抓握发展过程（Erhardt 1994）

抓握除了作为精细运动技能外，其发展也反映了第二个重要的功能：规划和预期动作。在第 3 章基于预测的内在动机的讨论中我们提到了这一问题，同样在第 4 章我们描述了认知功能可供性的发展。在抓握的情况中，这一问题已经通过研究手（或抓握）的预成形状能力探讨过了。手的预成形状是手和手指在过渡阶段中根据大小、形状以及目标物体位置的定向（即手臂和手朝向目标的动作）。

手的预成形状能力的出现相对于接近动作要有几周的滞后：直到大概 4 个月大，婴儿还是用他们的手以一种一成不变的、开放式的结构接近物体，而不管目标物体的大小和形状（如 Witherington 2005）。预成形状能力在 4 个半月大时开始涌现，最初的形式是用定向的手去匹配目标的方向（例如，竖直方向的杆 vs. 水平方向的杆；von Hofsten 和 Fazel-Zandy 1984；Lockman、Ashmead 和 Bushnell 1984）。手定向到匹配目标物体方向的能力会在接下来的几个月中持续改善。例如，给定一个预定目标，尽管之前没有抓握该目标的视觉信息，但 9 个月大的婴儿将会准确地定向他们的手（如 McCarty 等人 2001a）。

第二种，在更复杂的维度上手的预成形状能力能够在接触到物体之前正确地进行定位。Newell 等人（1989）通过比较 4～8 个月大的婴儿在伸向小立方体和三种不同大小的杯子时的抓握来研究这一技能。有趣的是，所有年龄的婴儿都通过产生特殊大小和形状的抓握配合来区分物体（如小立方体 vs. 大杯子）。然而手的形状形成时机随着年龄而变化：特别是最小的婴儿几乎完全依赖于接触到物体后再使手成型这一策略。随着年龄的增长，婴儿会逐渐增加在接触物体之前让他们的手成型的频率。McCarty、Clifton 和 Collard（1999）报告了 9～19 个月大的婴儿中近似的发展模式，包含了在不同方向上控制定向来抓握（如有苹果酱的勺子）的更复杂的任务。我们将在框 5-1 中详细介绍这一研究。

框 5-1 预期抓握控制："苹果酱"研究

1. 概述

McCarty、Clifton 和 Collard (1999) 描述了一个精致而简单地研究婴儿规划与预期运动的方法：将一个盛有苹果酱的勺子放在婴儿前方的木架上（见图 a）。勺子柄在一些实验中朝向左方，在其他的实验中朝向右方。作为一个抓握任务，勺子有三种被握方式：①勺柄被同侧手握住（即与勺柄同向的那只手），产生正手抓握；②勺柄被非同侧手握住，产生反手抓握；③目标同一侧的手抓握住勺子的"碗"状部分，产生末端的抓握（见图 b）。正手抓握是最高效的，能够让勺子末端直接送到嘴中。与此相比，反手抓握需要将勺柄换另一只手拿或者手和手臂以一种别扭的方式握着勺柄才能将苹果酱送到嘴中吃掉。McCarty、Clifton 和 Collard 提出，如果婴儿想要尽可能高效地吃到苹果酱，他们需要：①表现出倾向于产生正手抓握，②在伸手拿勺子之前预先选择同侧的手。

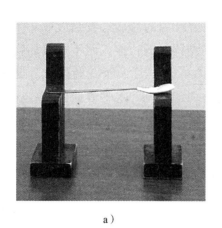

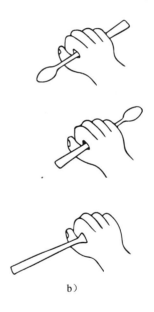

a)   b)

2. 过程

9、14、19 个月大的婴儿参与了这一实验。在苹果酱任务之前，每一个婴儿的用手偏好是通过记录用哪只手拿一组摆在中间的玩具来进行评价的。随后婴儿们将面对一系列测试实验，包括开始的一组固定在手柄上的玩具（如拨浪鼓），然后是盛有苹果酱的勺子。手柄的方向在实验中将会交替变换。

3. 结果

两种手柄条件（玩具 vs. 苹果酱）的模式结果是可比较的。在此我们展示苹果酱条件下的结果。在确定每个婴儿的惯用手之后，测试实验被分为两类：简单实验是勺子的手柄与婴儿的优势手在同一侧，而困难实验是手柄在婴儿优势手的异侧。下面的曲线图分别展示了简单和困难实验中三个年龄组正手、反手以及末端方式抓握的比例（顶部与底部的曲线）。在简单实验中，正手抓握中年龄较大婴儿的比例明显更高，可见，尽管手柄的方向有利于正手抓握，但较小的婴儿正手抓握的频率还是少于较大的婴儿。在困难实验中，涌现出了类似的模式。尽管下方的曲线图表明9个月大的婴儿在手柄方向与他们的优势手相异时有可能等概率地使用三种方式的其中之一。在困难实验（即用非优势手）中使用正手抓握的倾向会随着年龄的增长而增加，在19个月大时达到几乎90%。

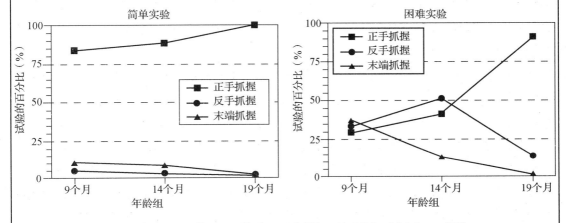

图片版权© 1999 美国心理协会。已获授权。由 Michael McCarty 提供

在后续的研究中，McCarty、Clifton 和 Collard（2001b）采用了类似的方法研究婴儿如何抓握（以及随后使用）带柄的工具（比如刷子），以及预期抓握行为是如何根据目标行为是指向自己还是一个外部目标来变化的。在先前的工作中，McCarty 与其同事发现正手抓握的频率随着年龄而增加。此外他们还发现在所有年龄段中正手抓握更有可能是自我定向动作而不是外部定向动作。

156

5.1.3 移动：爬行

    表 5-2 展示了爬行和行走在发展中的主要阶段。尽管直到 6、7 个月大时婴儿才开始独立移动（即"蠕动"），但在爬行的发展之前还有一些预先的铺垫助其成为可能。例如，婴儿通常在 3 个月大的时候开始翻身，4 个月大时从前往后翻身，5 个月大时从后往前翻身（Gerber、Wilks 和 Erdie-Lalena 2010）。大多数婴儿能够在 6 个月大时不用支撑地坐起来。

表 5-2　在出生后第一年运动发展的主要阶段
（摘自 Vereijken 和 Adolph 1999）

年　龄	运动发展的主要阶段
0～6 个月	无移动能力
7 个月	腹部爬行（"蠕动"）
8 个月	手膝盖并用的爬行
9 个月	横向的爬行
10 个月	前向的爬行
12 个月	独立行走

这些躯体控制的发展不仅是大肌肉群运动能力的明显获取，也是在移动过程中同一肌肉群力量的增长。

在爬行出现的前一个月，婴儿常常出现一些属于"预爬行"的行为，包括俯卧和坐起的交替、摇摆手和膝盖以及躺着旋转和滚动（如 Adolph、Vereijken 和 Denny 1998；Goldfield 1989；Vereijken 和 Adolph 1999）。Adolph、Vereijken 和 Denny（1998）也认定了 7 个月大时爬行的前兆形式并将其称为"腹部爬行"或匍匐爬行，即婴儿依然保持腹部朝下并用自己的腿推动身体。尽管腹部爬行的经验对用手和膝盖爬行出现的平均年龄没有影响，但 Adolph、Vereijken 和 Denny 也指出，腹部爬行的婴儿在用手和膝盖爬行中更高效，并且在四肢"对角线"上的交替也更为一致（例如，左腿与右手臂的移动动作）。

图 5-3 是一个小婴儿用手和膝盖爬行的例子。用手和膝盖爬行发展过程中的对角模式涌现于 8 个月大左右，其中有几个重要的原因。首先，它反映了手臂与腿同步与协调的相对熟练程度（如 Freedland 和 Bertenthal 1994）。其次，它也为婴儿在移动的同时保持平衡提供了灵活的策略，特别是与其他爬行模式相比，例如同手同脚动作（如 Freedland 和 Bertenthal 1994）。最后，对角爬行模式之所以重要是因为它解释了非对称性：特别是一些理论学者，例如 Gesell（1946）提出婴儿通过"克服"或"打破"应用在生物力学系统的对称结构，使得运动技能发展从一个阶段发展到下一个阶段。Goldfield（1989）提出了在学习接近和爬行动作的情况下对这一理论的支持，他发现婴儿中对某只手偏好的涌现（在评价一类接近任务时）与爬行的发生高度相关。

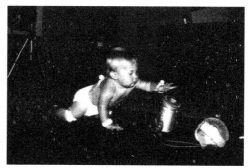

图 5-3　在 Freedland 和 Bertentha（1994）的研究中一名婴儿参与者示范手和膝盖爬行

5.1.4　移动：行走

我们在本章的开头提到，新生婴儿中的接近与行走最初都是作为反射性行为出现的。在行走的情况中，新生儿中出现的踏步反射是由将婴儿撑起直立，并将婴儿的脚置于水平地面所产生的（如 Bril 和 Breniere 1992；Zelazo、Zelazo 和 Kolb 1972）。在这一支撑条件下，年幼的婴儿完成了有良好组织模式的交替踏步动作。在 3 个月大时这一反应却不再出现。

如果这个反应存在的话，这一早期的步进行为在学习行走的过程中起到了怎样的作用呢？一种观点是踏步反射的"消失"是因为神经控制系统成熟后的转换，即从脊髓和脑干转到了皮层（如 McGraw 1941）。换句话说，学习行走涉及对踏步反射的抑制或约束，这是因为学习行走需要同一肌群的自主控制逐渐发展。然而在一系列的研究中，Thelen（1986；Thelen、Ulrich 和 Niles 1987；Thelen 和 Ulrich 1991）发现在 2~9 个月大时，即便婴儿在不动平面上没有产生踏步动作，但被放在跑步机上时会持续产生踏步模式。另外在这个年龄，跑步机上的踏步不单纯是反射性的，还有相对较好的灵活性和良好的协调性。例如，当跑步机被分为两条速度不一的平行带时，7 个月大的婴儿能通过同步每条腿的步进动作速度来保持规律性的步伐（Thelen、Ulrich 和 Niles 1987）。总的来说，这些结果与脊髓层面中枢模式发生器（CPG）所产出的结果是一致的，中枢模式发生器负责腿部动作基本协调与调速，它不会抑制而是逐步整合其他出现的能力，包括腿部的自主控制以及上半身的躯干姿态控制（Thelen 和 Ulrich 1991）。正如我们将强调的，CPG 作为支持爬行和行走的神经机制，在发展型机器人研究中起到了重要的作用。

Thelen 和 Ulrich（1991）提出，早期的踏步模式并没有消失，而是不断地发展与完善（如仰卧时的踢腿），只是在具备其他必要技能之前，踏步模式还不能实现支撑或独立行走。特别的是，一个限制独立行走涌现出来的比率限制因素（即控制参数）就是姿态控制（如 Bril 和 Breniere 1992；Clark 和 Phillips 1993；Thelen 1986），姿态控制在出生不久之后就开始发展，并且在第一年伴随着从头到尾（即从上到下）的发展模式。0~3 个月时，婴儿首先能够抬起（在俯卧的时候），之后是头和胸，最后能够用手支撑上半身（Johnson 和 Blasco 1997）。3~6 个月时，正如之前提到的，婴儿学会了翻身，并能保持直立的坐姿。6~9 个月时，婴儿能够在俯卧时自己坐起来，并且也能拉着高处做出站立的姿势。10 个月时他们能够到处游走（即支撑着行走），11 个月时他们能够在没有支撑的情况下独自站起。最后，在快满一岁时，大多数婴儿迈出了他们的第一步并且开始发展独立行走的能力。

尽管姿态控制（特别是力量与平衡）有助于使第一步成为可能，但早期的行走发展远不像成年人那样（如 Bril 和 Breniere 1992；Clark 和 Phillips 1993；Vereijken 和 Adolph 1999）。在第二年会发生两个重要的变化。第一，婴儿会增加手和脚的同步和协调动作。例如，在行走出现时，腿的上部和下部（即大腿和小腿）的转动松散耦合，并且两者之间的相位关系是没有规律的；但是在 3 个月行走学习后，大腿和小腿的转动是高度相关的，并且相位关系和成年人所产生的模式相类似（Clark 和 Phillips 1993）。类似的，早期的步行者伸展并摆动手臂，这有助于"平衡器"的建立，但同时，挥动手臂也使得他们无法再去做其他事情。随着经验的积累，熟练的步行者会逐渐放下他们的手臂，并且摆动手臂与腿和臀部的转动同相（Thelen 和 Ulrich 1991）。

159

婴儿在学习爬行、漫游以及行走时同样在探索其他肢体间协调的形式。一个有趣的例子是跳跃，这大概是在爬行涌现时开始发展的，但是与采用腿部动作的同步模式（而不是交替）有所不同。Goldfield、Kay 和 Warren（1993）通过将婴儿放入弹簧减震装置（即欢乐蹦蹦床）来研究这一能力的发展，并且对婴儿的跳跃行为进行了运动学分析。测试过程连续进行了 6 周。Goldfield、Kay 和 Warren 假设学习分为三个阶段：①初始阶段着重于探索踢的动作与跳跃之间的关系（即"组合"）；②第二阶段着重于"调试"组合行为的时机和力度；③最后的阶段是最优跳跃模式的涌现。他们将稳定的跳跃模式定义为最优，在弹簧系统共振区域或附近，这一时间段变化率低并有高振幅。运动学分析为学习的每个阶段提供了明确的支持。稳定模式的涌现大概出现在婴儿 8 个月时，在这个时期，婴儿将踢的动作与振荡的最低点保持一致。

除了内部和四肢间的协调外，涌现于第二年行走的第二个重要变化是在移动时动态保持平衡的能力。也就是说，早期的步行者倾向于依靠"僵直腿"策略，这有助于保持直立的姿态，但不能使用腿和臀部的可用自由度（DOF；如 Clark 和 Phillips 1993）。随着经验的增长，较大的婴儿学会"放松"这些关节并将他们的转动结合到踏步动作中（如 Vereijen 和 Adolph 1999）。注意，这是与婴儿的接近发展中观察到的相同的定型模式，正如早期动作的特点是僵直与一成不变，之后的动作更熟练、流畅并且使用了更多的关节 DOF。这里要强调的是，实际上固定然后释放 DOF 的策略在运动技能模型中起到了关键的作用（如 Berthouze 和 Lungarella 2004；Lee、Meng 和 Chao 2007；Schlesinger、Parisi 和 Langer 2000）。作为这一发展模式的结果，还有一些改进出现在第二年的行走中，包括：①走得更远，②迈步时两脚间距减少，③两脚之间更加平行，④行走时路线更笔直（如 Bril 和 Breniere 1992；Vereijken 和 Adolph 1999）。

160

5.2 接近动作机器人

这里我们描述发展型机器人接近动作的两种模型。第一种是发展启发模型，它利用的是人类婴儿运动技能获取过程中已知的特征与规则。而第二种模型则不仅受到人类婴儿接近动作发展的启发，也在探求智能体或智能机器人中发展模式的再现。

接近动作的发展启发模型的基本目标是通过借鉴人类婴儿的主要功能（例如，身体上的、神经生理上的等），实现认知结构、学习算法或身体设计，并且还能展示这些特征可以在基本的模式下限制或简化接近的学习过程（如 Kuperstein 1988，1991；Schlesinger、Parisi 和 Langer 2000；Sporns 和 Edelman 1993；Vos 和 Scheepstra 1993）。另外，这些模型也有助于揭示和认识使动作发展成型的潜在神经机制。例如，Schlesinger、Parisi 和 Langer（2000）强调了 Bernstein 的 DOF 问题（Bernstein 1967），即事实上生物力学系统拥有大量和冗余的 DOF，包括关节、肌肉、神经元等，从控制的角度来说，这意味着有无限种生成给定动作轨迹的方式。Schlesinger、Parisi 和 Langer（2000）通过在大量人工神经网络中使用遗传算法（GA）作为逐步逼近搜索（即"爬山法"）来控制单自由度的眼球与 3-DOF 的手臂动作，从而对这一问题进行研究。正如我们在前一节所提到的，一种在关节层面解决 DOF 问题的策略就是锁定或"冻结"冗余关节，这样可减少生成关节空间所需探索的维度。Schlesinger、Parisi 和 Langer 证明了固定策略不需要在模型中进行编程，但事实上"释放"可以作为学习的结果涌现出来，特别是这个模型很快学会了固定肩关节，通过转动体轴与肘关节来实现接近动作。

一个涉及学习功能的相关问题是，如何将目标对象的联合视觉输入对应到将机械臂末端执行器移动到目标位置运动流程上。对于这个问题，一个早期并有影响力的方法是 Kuperstein 的 INFANT 模型（1988，1991），该模型是通过一个双摄像机视觉系统和多关节机械臂实现的。INFANT 将视觉协调和动作的过程分为两个步骤。第一步，手在抓握一个物体的同时，手臂由一系列随机姿势驱动。在每个姿势的末尾，视觉系统记录已抓握物体所生成的场景。一个多层神经网络随后训练来产生对应于给定视觉输入的运动信号，先前的运动信号被用作教学模式，与计算运动信号进行比较。正如我们在本章开头提到的，这一训练策略（模拟婴儿通过随机动作生成自己的训练数据）诠释了运动蹒跚现象。第二步，将新位置的目标视觉输入传输给神经控制器，之后驱动手臂以学习过的姿势接近目标位置。最近 Caligiore 等人（2008）也提出了与运动蹒跚相关的方法，但却是解决更复杂情况下的接近问题（即绕过障碍物接近）。Caligiore 模型的一个主要特征是 CPG 的使用，这有助于循环动作的产生，并与运动蹒跚一起帮助解决接近中的避障问题。

INFANT 有两个潜在的问题，首先是模型在接近开始之前需要长时间的视觉运动训练，其次是它得益于明确修正动作错误的反馈规则。最近提出了一些解决这些问题的方法（如 Berthier 1996；Berthier、Rosenstein 和 Barto 2005；Sporns 和 Edelman 1993）。例如，Berthier（1996）提出了一个强化学习（RL）模型，在 2D 平面上模拟婴儿的手部动作。在随后的方法（Berthier、Rosenstein 和 Barto 2005）中，该模型得到了升级，加入了手臂的动态力度控制以及 3D 工作区。值得一提的是，肩部转动与肘关节的肌肉控制建模为线性弹簧。该模型设置了标量回报信号（即预计到达目标的时间），用于不显式地指定手臂应该如何移动，而不是作为监督学习信号。因此该模型通过试探性运动进行学习，通过增加的高斯噪声来生成输出运动信号。

Berthier 模型得到了好几个重要发现。首先，模型获取了速度-精度关系：到达体积更小的目标的运动时间比到达体积更大的目标的时间要长。其次，性能随着加载在运动信号上的高斯噪声函数大小而变化。有趣并且违反直觉的是，模型在更高噪声水平而不是较低水平的情况下表现得更精确。Berthier、Rosenstein 和 Barto（2005）解释了这一结果来支持他们的观点：将随机性合并到马达信号中会促进探索过程，并且还有助于学习。最后，这一模型也再现了婴儿接近中的几个重要的运动学特性，包括：①接近动作的"子动作"

161

162

的数量，②速度曲线的形状，③发生在运动初期最大峰值速度的趋势（即接近动作开始附近；见 Berthier 和 Keen 2005）。

目前所阐述这些模型可以成功地说明：一组关键的发展启发原则是学习接近动作的充分条件。还有一些其他的模型通过在实体机器人上的实现扩展了这些发现，其对接近能力的发展在某种意义上类似于人类婴儿的经验。该方法的一个例子如 Lee 及其同事（如 Hulse 等人 2010；Law 等人 2011）所描述，该研究着眼于共同空间参考系中协同视觉输入和手臂姿势与动作的问题。图 5-4a 展示了解决这一问题的框架结构。视觉数据通过双摄像机输入获取，之后从视网膜坐标系映射到主动视觉注视系统（见图 5-4b）。同时，另一个映射坐标传感数据来自于手臂与注视-空间系统。因此注视-空间系统不仅为视觉和本体数据（即手臂）提供了共同参考系，还提供了引导两个运动系统的中间模块，也就是说，将注视移向手臂端点位置，或将手臂移动至当前注视位置。

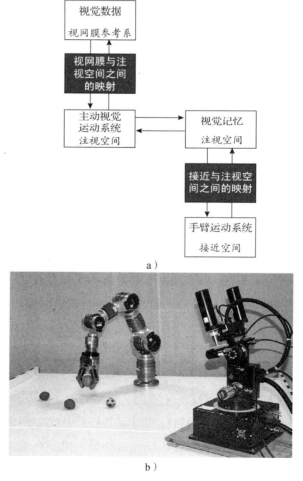

图 5-4   a）Hulse 等人（2010）研究的模型的结构的图解；
b）主动视觉机械臂系统。IEEE 授权复制

该模型的一个重要特征是用来产生训练数据的机制。与之前所述的策略相比（例如，运动蹒跚或高斯噪声），Lee 模型充分利用视觉探索行为（即扫描与搜索）作为视觉识别的一个来源，其不仅用于驱使视网膜-注视空间映射进行学习，还提供了产生与提高接近动作的激励（即向固定物体接近）。一系列的分析表明该模型很快便掌握了视觉与手臂动作的协调能力，并且还在其中一个传感输入在空间中发生转换时重新校准了视动映射（例如，摄像机移动了 30cm；Hulse、McBride 和 Lee 2010）。该模型快速适应摄像机位置变化的能力特别值得注意，因为这可能有助于解释婴儿在戴上棱镜后如何适应并调整他们的接近动作（McDonnell 和 Abraham 1979）。

和 Lee 模型类似，Metta、Sandini 和 Konczak（1999）也提出了一种基于注视坐标的学习策略：一旦注视直接朝向视觉目标，并且目标处在"视网膜凹视区域"，这时，眼睛的位置提供了本体感受的线索，这个线索能够用来在注视空间中指定目标的位置。Metta 模型的首要任务是学习将眼睛位置与手臂动作协调到固定位置的映射。为了达到这一点，该模型依赖于非对称的紧张性颈反射（ATNR），有时也称为"击剑者姿势"。ATNR 是婴儿头与手的协同运动：当一名小婴儿将头转向一侧时，对应侧的手臂被抬起并拉直。Metta 模型在一个 4-DOF 的机器人平台上研究了这一机制，只要机器人的手一进入视野，眼睛就一直注视着手部位置（即"关注手"）。因此，当手固定时，该模型很快学会了校准眼和手部位置的感应图。实际上，Metta、Sandini 和 Konczak 指出，在经历五分钟的手-眼动作后，机器人就能够将手臂准确地移动至眼睛注视的固定位置。但是，这个方法的一个局限是，该模型不能准确接近手部很少（或从未）"访问过"的位置。Natale 等人（2007；也可见 Nori 等人 2007）解决了这一问题，同时也将其扩展到一个 22-DOF 只有上半身的人形机器人平台上，通过采用运动蹒跚策略驱动手臂到达更广泛的位置。在校准手-眼映射图之后，机器人便能够接近到过的和未到过的位置。

正如我们在本章开头所说，iCub 机器人是模拟婴儿接近发展的理想平台（Metta 等人 2010；见图 5-5a）。实际上，已经有一些研究人员开始将这一平台作为研究运动技能学习的工具，特别是用于设计与测试接近模型。然而从发展型机器人的角度来看，并非所有的工作都适合。例如，一些研究是为了解决跨认知/类人机器人与机器学习中更普遍的问题，如动态运动控制计算策略（如 Mohan 等人 2009；Pattacini 等人 2010；Reinhart 和 Steil 2009）。

在 iCub 上明确采用发展型机器人角度的近期工作的例子之一是由 Savastano 和 Nolfi（2012）提出的模型，他们在 14-DOF 的 iCub 上模拟了接近动作的发展。如图 5-5a 所示，iCub 所训练和测试方式对应于 von Hofsten（1984）所用的方法，即婴儿被直立支撑，同时附近有一个可以接近的目标。与 Schlesinger、Parisi 和 Langer（2000）相似，Savastano 模型使用了 GA 来训练控制身体、头和手臂动作的神经网络中的连接权值（图 5-5b；实线表示预训练、固定连接，换句话说，表示制定方位与抓握"反射"，而虚线表示可修改的

163
～
164

连接）。该模型的两个独到之处是：①其最初以低清晰度视觉输入进行训练，之后随时间逐渐增长视觉清晰度；②次级通道（即"内部"神经元，代表运动皮层控制）保持非活动状态直到训练的终点。该研究中有几个重要成果被发现。首先，当模型设计为生成预接近动作时，随着视觉的提高，这些运动的比例下降，重现了 von Hofsten（1984）与其他人的发展模型中的发现。其次，随着经验的增长，接近也逐步变得更顺利（如 Berthier 和 Keen 2006）。最后，也许是最有趣的，如果在训练开始时视力限制与次级通道被取消，则接近的整体性能在模型中会被降低。这个发现为运动机能发展的早期限制能够促进长期性能这一想法提供了进一步的支持（如 Schlesinger、Parisi 和 Langer 2000）。

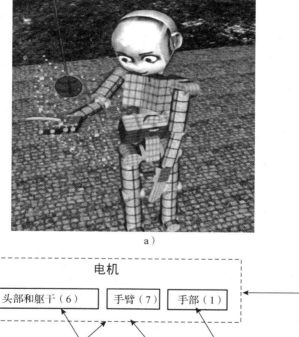

a）

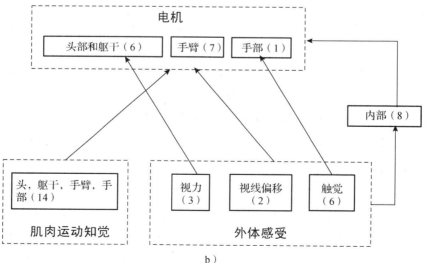

b）

图 5-5　a）Savastano 与 Nolfi（2012）所研究的 iCub 机器人仿真器；b）神经机器人控制器。图片由 Stefano Nolfi 授权提供

5.3 抓握动作机器人

正如我们在5.1.2节中所提到的，接近和抓握在发展及实时情况下都有重叠。另外，抓握也可以描述为"使用手指接近"目标物体上的特定位置（如 Smeets 和 Brenner 1999）。因此在一些抓握的研究模型中使用与接近一样的想法就不足为奇了。例如，我们在上一节所说的 Caligiore 等人（2008）提出的模型，其探讨了运动蹒跚作为避障接近学习的发展机制。同样，Caligiore 等人还提出运动蹒跚也能给抓握的学习提供引导辅助。特别是他们使用 iCub 仿真来研究动态接近模型机器人，以如下方式发展抓握的能力：①在 iCub 的手中放入大的或小的物体；②预编程的抓握反射使手能够执行"非自主"的手掌抓握（见图5-2）；③运动蹒跚模块驱动手臂做随机动作；④一旦动作完成，iCub 就注视物体。如图5-6a 所示，目标的位置与形状信息通过两个并联的网络传播，并关联从手臂和手部得到的相应的感官输入与本体感觉输入（即各自分别是手臂姿势与抓握形态）。经过 Hebbian 型学习，该模型能够驱动手臂到达一个物体可见的位置，并且"重设"抓握形态。图5-6b 是模型训练后的性能，接近动作的末端由小的（左边）和大的（右边）物体表示，置于工作区的12个位置上。细线表示成功接近，粗线表示成功接近并抓握。Caligiore 等人（2008）提到该模型整体抓握的成功率比较低（小目标和大目标分别是2.8%和11.1%），部分原因是用来驱动学习的机制相对初步。然而实际上，该模型对于抓握大物体更成功，这与强力抓握（即主动手掌抓握）的涌现早于精准抓握这一发展模式相一致（Erhardt 1994）。

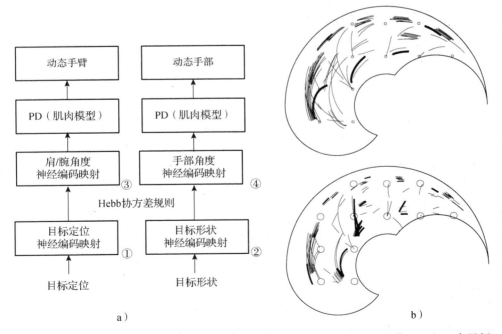

图5-6 a）Caligiore 等人（2008）研究的模型的结构图解；b）抓握示范模型（左＝小目标，右＝大目标）。图片由 Daniele Caligiore 授权提供

Natale、Metta 和 Sandini（2005a）提出了一个相关的方法，使用婴儿机器人平台来研究接近与抓握动作（见图 5-7a）。与 Natale 等人（2007）使用的策略类似，婴儿机器人首先学习注视自己的手，而手臂通过运动蹒跚被驱动到一系列位置上。这样，多种手臂姿势与注视位置可以相关联，之后婴儿机器人就开始学习抓握可见的物体。图 5-7b 展示了这一过程：①一个物体被放在婴儿机器人手中，并且预编程的手掌抓握动作得到执行（子图 1~2）；②物体被带到视野中心（子图 3）；③物体返回到工作区，并且婴儿机器人使用预编程的目标识别模块对其进行搜索（子图 4~6）；④一旦定位，先前获取的接近行为将用于引导手伸向物体并将其抓握住（子图 7~9）。然而，Natale、Metta 和 Sandini（2005a）所描述的抓握行为不能被系统地评估（与 Caligiore 等人（2008）一样，该技能代表了抓握发展的相对早期的阶段），该模型为解释在学习接近时机器人系统组件如何进行探索或发展（例如，运动蹒跚、视觉搜索等）做出了重要贡献，还为学习抓握提供了基础。

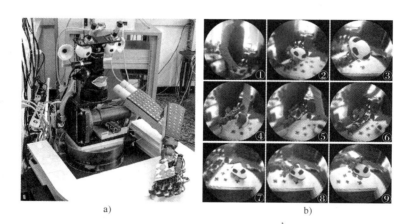

图 5-7　Natale、Metta 和 Sandini（2005）所设计的 Babybot 机器人。抓握序列的视图由 Babybot 的左摄像头记录。图片由 Lorenzo Natale 授权提供

Caligiore 和 Natale 的模型发现了抓握行为的早期涌现，而 Oztop、Bradley 和 Arbib（2004）描述了一个具有更多抓握设置的机器人模型。图 5-8a 所示的是一个 17-DOF 的手臂/手部平台，同时还展示了模型训练之后产生的强力抓握（子图 1）和精准抓握（子图 2~3）的例子。训练过程中，该模型的输入信息是目标物体的位置和方位，这些信息会传递到激活相应手臂和手部配置的层中；之后该层驱动手和手臂朝向物体运动，产生接近和抓握。强化学习（RL）算法会更新模型输入、手臂/手部配置以及运动层之间的连接。图 5-8b 呈现了重复 Lockman、Ashmead 和 Bushnell（1984）实验的结果，其中 5 个月大和 9 个月大的婴儿去拿具有方位性的柱体。左图是来自实际婴儿实验的数据，可以发现在接近动作期间，在准确定位自己的手朝向垂直柱体这个方面，9 个月大的婴儿（虚线）比 5 个月大的

婴儿（实线）表现更好。Oztop、Bradley 和 Arbib（2004）假设年幼的婴儿表现较差是因为他们很少使用物体提供的视觉信息。之后，他们模拟 5 个月大的婴儿，只提供模型目标的位置信息；同时模拟 9 个月大的婴儿，一并提供位置和方位信息。在图 5-8b 中，右图显示了仿真数据，对应于在人类婴儿中观察到的模式，这些数据为 Oztop、Bradley 和 Arbib 的假设提供了支持。

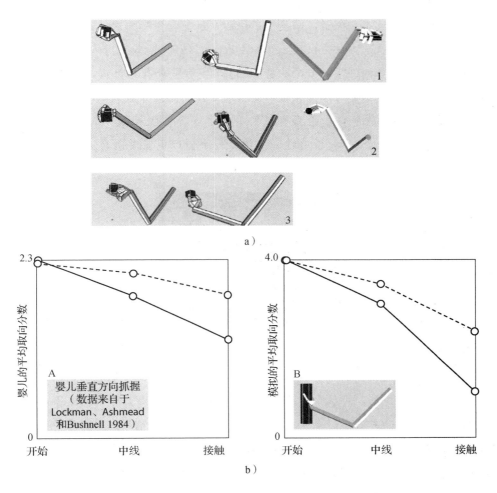

图 5-8　a）Oztop、Bradley 和 Arbib（2004）所研究的模型的结构图解；b）模型的抓握
　　　　演示。Springer 授权复制

正如我们在框 5-1 中所描述的，抓握行为中相对高级的形式包含伸向一个物体然后进行操控，比如一个盛有苹果酱的勺子。在框 5-2 中，我们描述了 Wheeler、Fagg 和 Grupen（2002）版本的"苹果酱任务"，其中一个类人机器人学习伸向、抓握并放置一个工具形状的物体到容器中。

169
~
170

框 5-2　预期抓握控制："抓取与放置"机器人

1. 概述

McCarty、Clifton 和 Collard（1999）的"苹果酱"研究不仅关注接近和抓握如何用来指引规划和预期动作的发展，还说明了这一能力是如何在婴儿时期发展的。通过这一工作提出了许多重要的问题，包括：向更加灵活的手掌抓握能力驱动的发展机制是什么？什么样的过程属于这一机制，以及惯用手的发展是如何影响这一过程的？

为了解决这些问题，Wheeler、Fagg 和 Grupen（2002）设计了一个有双手与双目视觉系统的上半身机器人（"Dexter"，见下图）。与苹果酱研究类似，Dexter 所做的是抓取与放置任务，其中一个物体（装在手柄上）必须被抓握并放入一个容器中。与勺子一样，可以在任一端抓握物体，但只有抓住手柄才能将其插入容器中。利用这一案例，Wheeler、Fagg 和 Grupen 研究了通过试错学习是否会产生能复制婴儿发展模式的学习轨迹。此外，为研究惯用手的作用，他们在 Dexter 上还系统地加入了单侧偏好。

2. 过程

下方的图说明的是由 Wheeler、Fagg 和 Grupen（2002）设计并研究的认知结构。该结构内置了一组高阶控制器，可从 6 种基本动作中选取动作：（1/2）分别用左手或右手进行抓握；（3/4）从左手换到右手，或从右手换到左手；（5/6）分别用左手或右手握着物体插入容器中。预编码功能生成器用来编码 Dexter 的当前状态，以生成一个动作。探索过程通过随机选取随机动作来完成（即 ε- 贪婪算法）。成功将物体插入容器的结果返回为 1，否则结果返回为 0。为了模拟惯用手的发展，Dexter 首先在物体被放置于同一方位的情况下预训练 400 次。对于剩下的 600 次，物体的方位在其过程中随机放置。

171

3. 结果

在婴儿的研究中，对简单和困难的实验分别做了分析。简单实验是那些与预训练时方位相同的物体，困难实验则是物体在相反的方位。下方图表的实线给出了最优实验的比例，即 Dexter 用与手柄相同方向的手臂完成抓握住。上方的子图表示 Dexter 在训练阶段中达到最优性能，但当实验过程中物体方位发生改变时（从 400 次实验开始），性能迅速下降，再逐渐逼近最优。

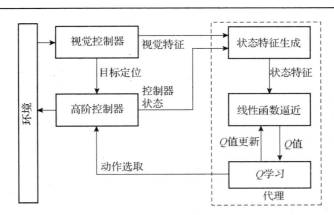

有趣的是，这一发现复制了观察自婴儿的结果，即使勺子放置于有利于惯用手的方向，婴儿偶尔也会采用伸出非惯用手这一次优的方案。至于在 Wheeler、Fagg 和 Grupen（2002）模型中，这一行为是探索策略的结果，该策略能够让 Dexter 使用非惯用手实现接近动作，从而学习如何应对困难实验。正如下图所说明的，总体修正（即尺骨模拟和末端抓握）最初在简单实验和困难实验中都有增长（分别是上方和下方的图），但是之后逐渐下降，即 Dexter 学习使用手柄方向作为视觉提示来选择使用适合的手臂。

172

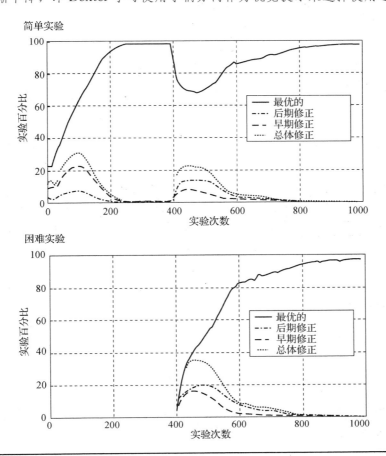

5.4　爬行动作机器人

正如我们在 5.1.4 节提到的，CPG 在运动的理论与计算模型中都发挥了重要的作用（如 Arena 2000；Ijspeert 2008；Wu 等人 2009）。实际上，本节我们所述的所有模型都将 CPG 机制作为关键要素。例如，图 5-9a 所示的是由 Kuniyoshi 和 Sangawa（2006）提出的运动 CPG 模型。他们的模型将 CPG 作为延髓（脑干内）的一个生成振荡信号的神经元，它的输出刺激肌梭的活性，以此产生身体运动。与此同时，脊髓传入信号（S0）传输到第一躯体感觉区（S1），使初级运动区（M1）产生活性。感觉运动回路在从 M1 回到 CPG 的链接附近，允许来自 M1 的模式化活动调节 CPG 的输出。图 5-9b 是一个由 19 个关节段和 198 块肌肉构成的模拟婴儿的快照，这些关节段和肌肉由一对类似图 5-9a（即左、右半球/躯体各一个回路）中所示的回路进行控制。该模型涌现出了两个重要的结果。首先，模拟婴儿经常出现"无序"运动，这可能提供了一种自适应的探索能力（即无意识的运动蹒跚）。其次，连贯、协同的动作也会出现，例如，在所示序列的开始，婴儿从面朝上翻转到面朝下。此外在翻身之后，婴儿产生了类似于爬行的行为。特别注意到这些协同的行为不是预先编程过的，但这并不是短暂发生在 CPG 之间联动和同步振荡的结果。

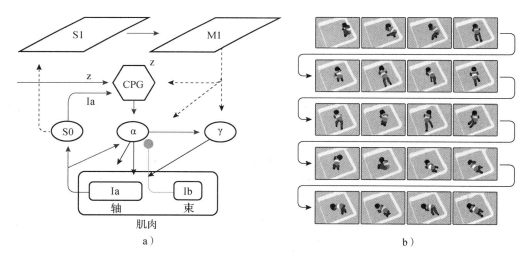

图 5-9　a）Kuniyoshi 与 Sangawa（2006）提出的 CPG 环图解；b）模拟婴儿的爬行行为。图片由 Yasuo Kuniyoshi 教授（东京大学）授权提供。Springer 授权复制

Righetti 与 Ijspeert（2006a，2006b）提出的模型也依赖于 CPG，他们采用了一种独特的方法，首先收集人类婴儿的运动数据用来告知并约束他们的模型，还有一个动作捕获系统用来识别和记录婴儿爬行时四肢和关节的位置。从这些运动学分析中可以得到一个重要发现：爬行熟练的婴儿会产生"类似小跑"的步态，其中对角的腿和手臂同相移动，同时相对的四肢有半周期的不同相运动（即我们在 5.1.3 节中描述的对角交替模式）。然而，

爬行的婴儿的小跑样步态与普通小跑之间的关键区别是，婴儿在支撑阶段花费了70％的动作周期。为了获取支撑与摆动阶段中的时序不对称，Righetti 和 Ijspeert（2006a）将 CPG 建模为以两个刚性参数之间的切换作为相位的函数，即类似弹簧的振荡系统（即方向性振荡）。图 5-10a 显示了肩关节和髋关节（即分别是手臂和腿）在婴儿（实线）和对应振荡产生的模型（虚线）中的轨迹比较。另外 Righetti 和 Ijspeert 还通过使用它控制一个仿真的 iCub 机器人爬行来评价该模型。如图 5-10b 所示，由机器人产生的爬行模式（图5-10b，下半部分）对应于人类婴儿产生的小跑模式（图 5-10b，上半部分）。在 iCub 平台上的后续工作提供了许多重要进展，包括结合短的、突然的动作的周期性爬行动作的能力，例如类似于接近动作的手部运动（如 Degallier、Righetti 和 Ijspeert 2007；Degallier 等人 2008）。

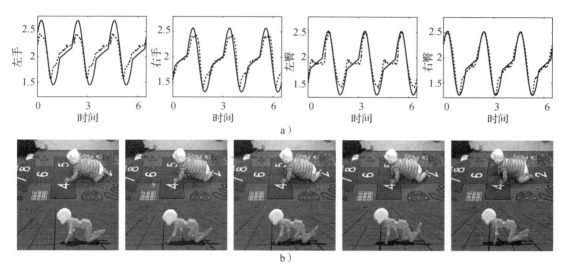

图 5-10　a）在人类婴儿爬行中观察到的肩部和臀部轨迹（实线）与 Righetti 和 Ijspeert（2006）的爬行模型生成的相应轨迹（虚线）；b）人类婴儿与模拟 iCub 机器人的爬行样例。图片由 Ludovic Righetti 授权提供

除了在 iCub 上工作之外，其他已经用来研究爬行发展的类人机器人平台是 NAO（见第 2 章）。Li 等人（Li 等人 2011；Li、Lowe 和 Ziemke 2013）提出了一个重要的挑战：他们认为成功的移动模型应该具有通用性和鲁棒性，这样只需稍加修改就能从一个平台"移植"到另一个。为了验证这一想法，他们在 NAO 上实现了 Righetti 为 iCub 平台（如 Righetti 和 Ijspeert 2006a）设计的 CPG 结构。然而正如 Li 等人（2011）提到的，两个平台之间关键的不同是 NAO 的脚更高。为了解决这一问题，腿的间隔需要延伸得更宽来帮助向前运动。图 5-11a 所示的是四元 CPG 结构，其中包括双手（双腿）之间的抑制性连接和"对角"肢体间的兴奋性连接（例如右手臂和左腿）。抑制性连接加强肢体间的半周期相位移动，同时兴奋性连接在对应肢体产生同相动作。与预期一致，爬行成功地推广到了

NAO 平台。图 5-11b 对 NAO 机器人的爬行行为提供了说明，NAO 机器人产生了类似于
iCub 产生的模式（见图 5-10b）。为了给同样的底层 CPG 机制能够产生多种移动形式这一
想法提供进一步支持，Li、Lowe 和 Ziemke（2013）最近将他们的模型扩展为能够产生早
期形式的直立、双足行走行为的六元 CPG 结构。

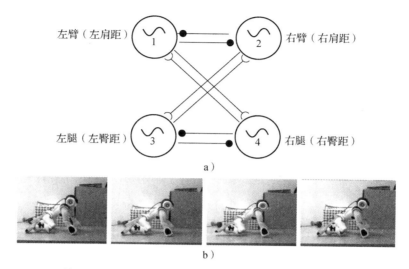

图 5-11　a）Li 等人（Li 等人 2011；Li、Lowe 和 Ziemke 2013）产生爬行采用的 CPG
结构；b）NAO 机器人平台上爬行行为的图解。图片来自于 Li Cai

5.5　行走动作机器人

尽管发展型机器人的研究者们还不清楚从爬行到独立行走的完整过渡，但有一些行走
模型已经深入地研究了这一过程的发生。正如我们在之前的章节中提到的，一个发挥了至
关重要作用的机制就是在身体运动过程中所使用的关节或神经肌肉 DOF 的连续变化。
Taga（2006）提出了一种 CPG 模型，该系统的各个组件能够有组织地固定或释放（即
DOF 的固定与释放）。图 5-12 描述了这一模型：PC 表示姿态控制系统，RG 是产生周期
性信号的节律发生器。在新生儿中，PC 系统是无功能的，同时 RG 中的振荡器通过兴奋
性连接进行链接。在这一阶段，当模拟婴儿被直立支撑时系统就产生反射性踏步动作。模
型中的后续发展（如站立、独立行走等）通过调节 RG 中的以及 RG 和 PC 之间的兴奋性
和抑制性连接进行。

Lu 等人（2012）描述了一个侧重于支撑性行走的模型。他们为 iCub 机器人特别设计
了轮式平台，用于为上半身躯干提供支撑与保持平衡。加在“步行者”上的一个有意思的
约束是，该轮式平台被刚性地连接在 iCub 上，机器人不能在垂直方向上移动。换句话说，
在行走的时候 iCub 必须找到一个腰部和上半身离地保持一个固定高度的运动策略。为解
决这一问题所提出的方案是“曲腿”步态，其中 iCub 在步行中保持双膝弯曲。在 iCub 上

进行的一系列曲腿步态测试对比了步行者不同的高度，稳定的结果是 iCub 的腿最大弯曲度约为 45°。Lu 等人通过演示得到结论：仿真结果可以成功地传输到真实机器人平台上。

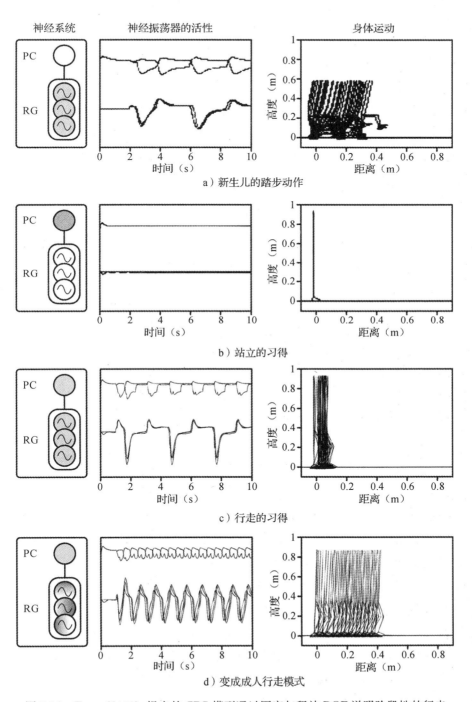

图 5-12　Taga（2006）提出的 CPG 模型通过固定与释放 DOF 说明阶段性的行走

Hase 与 Yamazaki（1998）采用了类似的方法，不过也实现了一个独特的功能：不采用固定高度的刚体作为支撑的力来将婴儿保持在一个固定的高度，而是使用一组可协调的力对支撑建模。图 5-13a 所示的是模拟 12 个月大的婴儿身体特性（即大小和肌肉能力）的图解。如图所示，支撑力建模为弹簧阻尼系统，在肩关节和髋关节上进行操作，并且在其低于一个高度阈值时应用向上的力到相应的关节（即对恢复力进行分级）。模型的动作由 CPG 架构进行控制，并且主要系统参数通过 GA 以最优化四种性能评价为目标进行调整：①使用最小的支撑力，②目标步长（即 22cm，通过经验测量确认），③最小的能量消耗，④最小的肌肉压力（或疲劳）。图 5-13b 展示了该仿真模型的发现。0～5000 的搜索步长（即模拟的发展时间）下，婴儿依赖于支撑性行走（黑线），以及低能量消耗（细线）和产生最小肌肉压力（虚线）。5000～10000 的搜索步长下，婴儿开始向独立行走过渡，并且到 10000 步时婴儿能够在没有外部支撑的情况下行走了。有趣的是，独立行走也是有代价的：在独立行走的最初，能量和疲劳等级开始上升，但之后会逐渐下降。

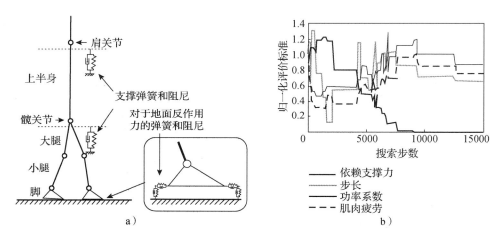

图 5-13   a）Hase 和 Yamazaki（1998）研究的模拟 12 个月大的婴儿；b）训练过程中的模型性能。图片由日本人类学会授权复制

我们通过简要回顾 5.1.4 节中介绍的技术来总结这一章节，也就是说，跳跃像爬行和行走一样包含了相同的关节和肌肉的协调，却定性为不同的模式。因为跳跃是一种有节奏的行为，像爬行和行走一样能够被获取并用 CPG 进行数学化的描述。Lungarella 和 Berthouze（2003，2004）通过悬挂在弹簧吊带上 12-DOF 的类人型机器人（见图 5-14a）来研究跳跃行为。像其他的移动模型一样，Lungarella 和 Berthouze 也使用一个 CPG 网络来控制机器人的运动性活动，让其产生踢腿动作（即膝关节的屈伸运动）。图 5-14b 描述了嵌入在系统中的 CPG 网络，包含感官输入、运动性活动以及骨骼肌肉系统与外界环境的相互作用（即背景与弹簧吊带系统）。该模型的一个重要发现来自于弹跳与无感官反馈的弹跳的比较：在保持稳定的弹跳体系中，机器人在有反馈的情况下比没有反馈时要更成功。因此，该模型使用感官反馈来调节 CPG 网络的输出，产生一个无支撑的极限环模式。

然而需要特别注意的是，这一结果依赖于模型的手动调节。如图 5-14b 所示，可以在模型中加入激励或评价系统来驱动参数空间的探索，以及选取参数配置来产生"理想"的模式（例如，稳定的弹跳、最大高度的弹跳等）。

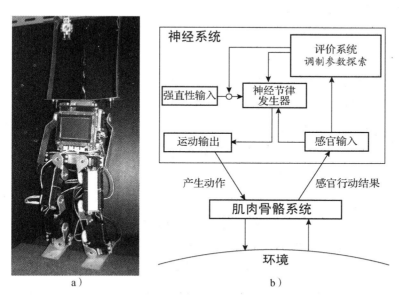

图 5-14　a）Lungarella 与 Berthouze（2004）设计的"弹跳"机器人；b）用于产生弹跳行为的神经控制器。图片来自于 Luc Berthouse

5.6　本章总结

　　我们通过提出操控和移动是婴儿早期基础性的发展技能来开始这一章。这两个能力是非常有必要的，因为它们为观察、探索以及与自然和社会的交流提供了方法，并且因此创造了"动作"来驱动不仅是肉体的，还有感觉、认知、社交以及语言的发展。尽管我们对人类婴儿运动技能发展的简要研究主要着重于接近、抓握、爬行以及行走动作，但我们也注意到了很多其他的技能（一些是生存所必需的并且普遍出现的，一些是与生存无关并且在不同文化和历史时期差异很大的）尚未被建模或者尚未在发展型机器人领域进行研究。我们推测随着研究的逐渐深入及向跨领域方向的发展（如 Weng 等人 2001），研究者们将力图在他们的模型中取到更广泛的运动技能的发展。

　　对婴儿中的接近与抓握的回顾确定了一些重要的主题，并且其中一些已经纳入到计算模型的开发之中。首先这两种技能开始以一种简单、反射性的形式出现，并最终过渡到适合于婴儿持续目标的自主运动。接近发展的一个独特之处是：其初始形式（即预接近）首先呈现频率性下降，随后再度涌现为一种有意的或目标导向的行为。其次，接近和抓握都表现出一种差异化的发展趋势：早期的行为有些一成不变并且是开放结构的，一旦引发反应就表现为一种千篇一律的形式。相比之下，更成熟的接近与抓握行为是随着任务条件而

179

灵活变化的（如目标物体的位置和大小）。图 5-2 所示的是抓握行为在 6～12 个月中的变化情况，这个情况为这一发展模式提供了明确的例子。第三个相关方面不仅是在接近与抓握过程中视觉信息使用的增加，还有闭环运动策略的使用，以及在面对不断变化的任务需求时所产生的灵活的调整或修正。

我们同样阐述了爬行和行走的发展这两种最早期的移动形式。与操控类似，自主产生的移动也对发展有长期的影响。例如在第 4 章中，我们讨论了爬行的涌现是如何改变婴儿对空间的感知与体验的（即在视觉悬崖上恐高的出现）。爬行发展中的一个重要主题就是姿态控制作为一个限速因子的想法。特别是婴儿在开始爬行之前必须首先获得必要的力量与协调来产生组合的动作（例如，抬起并支撑头部，腿和手臂动作的交替）。另外我们注意到，婴儿有多样化的探索运动模式，如匍匐和旋转，它们出现在规范形式的手与膝盖爬行之前。在爬行两个月之后，婴儿迅速过渡到自己站立，并使用环境中的固定面为他们熟悉支撑性行走提供平衡。在支撑性行走经过两个月后，有代表性的情况是，婴儿开始松开沙发或茶几并独立行走。在行走的发展过程中要强调的一个重要概念是中枢模式发生器（CPG），它在我们随后所提到的移动的发展模型中发挥了关键的作用。

我们从发展型机器人角度的回顾着重于这四种同类能力的运动技能获取的研究。首先我们描述了一系列结合了在人类婴儿中发现的性能、策略或约束条件的模型，并证明了这些功能能够简化或促进接近动作的学习任务。一个普遍存在的例子是运动蹒跚，这能够使模拟婴儿与智能体机器人同时体会（并由此学习相互关联或协调）各种不同的手臂姿势和视觉输入。另一个通过发展模型解决的问题是 DOF 问题。解决这一问题常见的计算策略反映了人类婴儿采用的策略——"冻结"能够生成接近动作的关节的子集（如手腕），并且在已被缩小的运动空间得到探索之后，再进行"关节"的释放。

尽管这些儿童型号的机器人平台有可用性，但使用这些机器人对接近动作发展的研究仍处于初级阶段。正如我们所提到的，目前大多数的在 iCub 平台上的研究都着重于更一般性的问题，只有少数专门研究婴儿发展过程的建模问题。类似的情况出现在抓握发展模型的回顾中。不过这项工作中也有一些重要的发现。首先，与接近动作一样，根本上的挑战就是关联视觉信息到目标物体不单是对应抓握的配置，而是一个复杂化的问题，即一系列的手指动作得到所期望的配置。迄今为止尽管只有少数模型明确采用发展的方法来处理这一问题，但他们各自提出的潜在的解决方案不仅适用于人类婴儿，也成功地进行了仿真或实现在真实机器人平台上。其次，一个学习过程中的关键因素贯穿了我们介绍的各个模型，这就是运动中的变化性以及受益于试错学习的学习机制。

最后，我们也展现了一些爬行和行走的发展型机器人模型，其中一些采用了现有的机器人平台，例如 iCub 和 NAO 机器人。需要注意的是这项工作也还处于初级阶段，并且现有的模型尚未获取全面的移动行为。特别是大多数模型主要集中于移动技能的部分子集，例如，手与膝盖爬行，而不是试图解释从爬行的出现到熟练地独立行走的整个时间间隔。

类似于接近和抓握的模型中的运动蹒跚，大多数婴儿的移动模型中的常见元素是 CPG。这一工作中反复出现的主题是解决发展包含的两个问题：第一，适当地连接整个 CPG 元或神经元中的兴奋性和抑制性连接，是为了最优化协调对应肢体的动作；第二，学习使用感知系统的输出来调整 CPG 神经元的输出。

扩展阅读

Thelen, E., and B. D. Ulrich. "Hidden Skills: A Dynamic Systems Analysis of Treadmill Stepping during the First Year." *Monographs of the Society for Research in Child Development* 56 (1) (1991): 1–98.

Thelen 和 Urich 对踏步行为发展的全面研究阐述了一些关键的现象，包括 U 形发展、运动模式在面对干扰时的稳定性以及新的感觉运动协调形式的涌现。尽管在理论层面倾向于动态系统理论，但很多核心思想（如涉身认知和探索性运动学习）显然与发展型机器人正在进行的工作有所共鸣。

Asada, M., K. Hosoda, Y. Kuniyoshi, H. Ishiguro, T. Inui, Y. Yoshikawa, M. Ogino, and C. Yoshida. "Cognitive Developmental Robotics: A Survey." *IEEE Transactions on Autonomous Mental Development* 1, no. 1 (May 2009): 12–34.

Metta, G., L. Natale, F. Nori, G. Sandini, D. Vernon, L. Fadiga, C. von Hofsten, K. Rosander, J. Santos-Victor, A. Bernardino, and L. Montesano. "The iCub Humanoid Robot: An Open-Systems Platform for Research in Cognitive Development." *Neural Networks* 23 (2010): 1125–1134.

Asada 和 Metta 以及他们各自的研究团队已经发表了两篇发展型机器人的优秀论文。虽然每篇文章都超出了运动技能获取的主题，却都对这一问题提供了出色的介绍及大量的最新研究例子。Asada 的独到之处是对胎儿运动的讨论以及其在出生后运动发展中的作用。Metta 的文章同时强调了 iCub 平台的使用，特别讨论了机器人的身体结构是如何旨在为探索关键问题提供测试平台的，例如，视觉和手部运动是如何进行协调的。

社交机器人

儿童心理学研究了儿童时期的动机、视觉、动作发展，以及多种关于内在动机及其感觉运动学习的发展型机器人模型，着重于个体能力的习得。但是，人类（以及其他高度社会化的动物物种）的基本特征之一在于婴儿从出生开始就融于由家长、看护者以及兄弟姐妹所组成的社会环境中，自然地会对这种社会做出回应，拥有与他人互动的本能（Toma-sello 2009）。有证据表明新生儿从出生那天起就有模仿他人行为的本能。出生后 36 分钟，新生儿就可以模仿诸如喜悦和惊讶等复杂的面部表情（Field 等人 1983；Meltzoff 和 Moore 1983；Meltzoff 1988）。由于儿童几乎在一岁以前无法行走，因而依赖于父母和看护者的持续照顾和陪伴。这也进而强化了婴儿与父母、家庭成员以及看护者之间的社会纽带。除此之外，社会交往和学习也是同情、情绪技巧、沟通与语言发展的基本机制。

婴儿的社会性发展依赖于不断习得、精炼和丰富各种社交技能。目光接触和联合注意力都利于婴儿建立与看护者之间的情感纽带，利于发展出认知能力，继而创造互动的共享情境。举例来说，婴儿首先学习建立与成年人之间的目光接触，之后发展出跟随成人目光观察自己视野中物体的能力，也会寻找视野之外的物体。除了目光接触之外，儿童也逐渐学习反应，然后渐渐产生指向动作，开始只是为了吸引成年人的注意力从而获取物品，比如食物或者玩具（指令性指向），之后发展出单单被一个物体吸引的指向（陈述性指向）。正如从出生一天的婴儿的面部模仿能力中看到的，模仿能力也经过了多个发展阶段，伴随着模仿策略的定性变化，从简单的身体动作尝试以及身体部位动作模仿，到重复一个动作时推测演示者的目标和动机（Meltzoff 1995）。高级联合注意力以及模仿技巧的习得为合作和利他行为的进一步发展创造了基础。儿童学习与其他成年人和其他同龄人合作完成共同的计划。最终，所有这些社会竞争力和技巧的平行发展，都利于准确将他人信念和目标进行归类这种复杂能力的习得，也利于"心智理论"的出现，它支撑着儿童发展的社会互动，直到他们成年。

在接下来的几部分中，我们首先要查看发展心理学研究以及联合注意力、模仿、合作与心智理论习得的相关理论。这几部分之后是当前发展型机器人模型分析，反映出在这些机器人智能体中具有社会能力的情况下涌现的发展改变。这些机能对于机器人和人类之间的顺畅交流必不可少，正如注视跟随和模仿的机制对于实现机器人理解和预测人类的目标必不可少一样。同时，人类参与者根据机器人发出的社会信号和回馈，改变人类自身的行为使之觉察出机器人的感觉运动和认知。

6.1　儿童的社交发展

6.1.1　联合注意力

识别出另一个智能体的面部和位置，定位出智能体的注视方向，然后注视同伴所注视的同一个物体的能力是联合注意力的基础。但是，这绝不仅仅局限于简单的知觉行动。事实上，正如 Tomasello 等人（2005）以及 Kaplan 和 Hafner（2006b）所强调的（也参见 Fasel 等人 2002），在两个有意识智能体之间的社会互动的情境中，必须将联合注意力看作两个有意识的行动之间的联结点。在发展处境中，这意味着儿童与父母注视同一个目标物体，父母带着共享的目的对这个物体实施动作或是谈论这个物体的属性（比如，名称、视觉上或功能上的特征）。因此，在儿童发展中，联合注意力在儿童社会和合作行为能力的习得中承担着根本性支持功能。

在第 4 章（4.1.2 节和 4.2 节），我们探查了儿童（或机器人）识别人脸的能力。如果我们以假设儿童拥有识别或注视脸部的能力或偏好为开始，那么接下来就要从注视跟随的发展阶段中寻找支持有意识共享式关注的因素。Butterworth（1991）已经研究了注视跟随的早期阶段，将其分为四个重要的发展阶段（图 6-1）：①感受性阶段，大约 6 个月，婴儿可以区别看护者注视方向左右侧的差别；②生态期，9 个月，能够完成对显著物体之间的线性扫视规划；③几何期，12 个月，当婴儿能够识别出看护者眼睛的视线角，从而定位出末端的目标物体；④表征期，直到大概 18 个月，这个阶段儿童能够在视野之外确定方向，准确注视看护者正在看的目标物体。 [186]

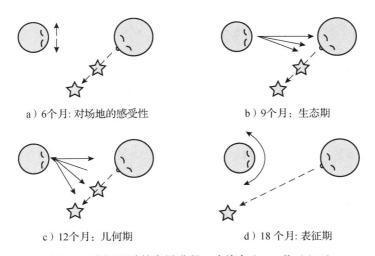

a）6个月：对场地的感受性　　　　　　　b）9个月：生态期

c）12个月：几何期　　　　　　　　　　d）18个月：表征期

图 6-1　注视跟随的发展进程。改编自 Scassellati 2002

Scassellati（1999）为说明类人机器人心智理论，采用以上四个阶段来区分智能体注视跟随能力的贡献。Kaplan 和 Hafner（2006b）也提出过一个不同的联合注意力策略的说明，其中归纳了一些重要的发展阶段，如表 6-1 所示，这些发展阶段参考了注视和指向的最新的研究成果。四个阶段如下：①相互注视，两个智能体都同时注视对方的眼睛；②注视跟随，一个智能体注视物体，另一个注视着第一个机器人的眼睛，探寻同伴所注视的东西；③指令性指向，不管另一个智能体是否注视这个物体，第一个智能体都指向这个物体；④陈述性指向，当第一个机器人指向一个物体时，第二个机器人注视同一物体，从而达成共享式关注。这四个注意力策略在索尼制造的机器狗（SONY AIBO）中体现出来（参见下文 6.2 节的详细探讨）。

表 6-1 联合注意力技能发展时间表 （改编自 Kaplan 和 Hafner 2006b）

年龄	注意力探测	注意力控制	社会协作	有意识的理解
0~3 个月	透过目光接触的相互注视	通过保持目光接触的互相注视	类对话，由看护者给予的简单按顺序互动	对他人的早期识别
6 个月	对看护者注视左右侧有敏感性	简单的注意力控制形式	共享路径：看护者-儿童对话游戏	有生命-无生命区别和身体/社会因果关系区别
9 个月	对第一个显著物体的注视角度探测和固定	指令性指向，要求物体、食物	共享式活动，对看护者动作的模仿式游戏	第一个目标导向型行为
12 个月	对任何显著物体的注视角度探测和固定	陈述性指向，用手势吸引注意力	目标共享的共享式活动和模仿游戏	作为目标导向型的目标理解和行为理解
18 个月	朝向视野之外物体的注视跟随	带语言和手势的第一个预测	共享式行动计划的协调	有意识的理解，对不同行动计划的相同目标

基于这四个重要的前提条件，Kaplan 和 Hafner（2006b）也提出了联合注意力和社会机能的发展时间表：①注意力探测，②注意力控制，③社会协作，④有意识的理解。表 6-1 对这些认知能力发展中的里程碑进行了归纳总结，它们以两个智能体之间联合注意力得到完全发展为前提条件。注意力探测指的是个体感知或者追踪其他智能体的注意力行为的能力。婴儿通过探测同伴的双目并与其建立目光接触（前 3 个月），以形成相互注视的简单能力作为开始，在较晚的阶段，智能体通过跟随另一个智能体的注视，可观察视野之外的物体（18 个月）。注意力控制包含着更加活跃的能力，可影响和导向其他注意力行为。除了互相注视，婴儿在大约 9 个月的时候完成带指令性指向（比如饿的时候指着食物）的注意力控制，大约 12 个月时完成陈述性指向（比如通过某种手势将成人的注意力吸引到某个物体上的手势），到 18 个月的时期能够进行基于词语-手势结合的预测，之后可进行复杂的语言交流。

社会协调能力保证两个智能体可以参与到协调性的互动中。在比较早期的发展阶段，婴儿可以与看护者进行协调互动。而后，儿童能够进行共享活动，比如模仿看护者的活动

（9 个月时）以及目标共享的模仿游戏（12 个月），直到达成社会协调以实现行动计划（参 [188]
见 6.1.3 节，关于社会协调的进一步论述）。最终，对动机的理解指的是智能体发展出这
样一种能力，能够理解自身和其他智能体的动机和目标。随着婴儿的发展，他们最先可以
区分他人的身体存在（0～3 个月）并区分生命体和非生命体（6 个月），然后发展到理解
其他智能体的行动目标和预测他们的行为，用于完成共同目标计划（18 个月）。

　　这份详细的发展时间表以及人类婴儿社会性发展的里程碑阶段也为发展型机器人在联
合注意力上的研究提供了方向（Kaplan 和 Hafner 2006b）。

6.1.2　模仿

　　在还未满月的婴儿身上不断发现的模仿能力的证据，甚至是在刚出生的头几个小时里
便可发现的证据（Field 等 1983；Meltzoff 和 Moore 1983），提供了感觉运动、社会和认知
发展是天生的还是后天养成的观点之间的桥梁（Meltzoff 2007）。除了利于动作技能的提
高以外，模仿也是所有社会性智能体具有的一种基本能力。婴儿在出生后 42 分钟就能够
模仿面部动作（Meltzoff 和 Moore 1983，1989），这为比较各个阶段的状态以及模仿其他
智能体的本能的基本机制的存在提供了证据支持。

　　由于在发展和比较心理学文献中已经大量使用了诸如"模仿""模拟""无意识模仿"等
专业术语，因此 Call 和 Carpenter（2002）给出了模仿的定义，来区分模仿和其他形式的动作
复制行为，比如模拟和无意识模仿之间的区别。考虑两个社会性智能体所处的情境，当其中
一个智能体（模仿者）复制另一个智能体（示范者）的行为时，我们需要区分信息的三个来
源：目标、行动和结果。比如，如果示范者展示了打开一个包好的礼物盒子的动作，这意味
着多层次的目标（拆开盒子包装、打开盒子、拿到礼物）、多层次的动作（展开或是撕开包
装纸、打开盒子、拿到礼物）以及多层次的结果（盒子的包装去掉了、盒子打开了、我拿到
了礼物）。Call 和 Carpenter 提出只有当模仿者模仿了目标、行动和结果三部分的内容时，才
能使用术语"模仿"。对比来说，"模拟"指的是目标和结果的复制，但是并不一定复制动作
本身（比如使用剪刀把礼物从盒子里拿出来）。"无意识模仿"则包含着复制行动和结果，
但是并不复制目标（打开盒子的包装、打开盒子，但是把礼物留在里面）。这三种不同类
型的复制行为之间的差别，以及三种信息源如何被包含于这三种复制行为，使我们可以更 [189]
好地区分动物和人类身上的各种模仿能力，以及婴儿身上的模仿策略的不同发展阶段。另
外，这也为机器人试验中的模仿模型提供了更好的信息（Call 和 Carpenter 2002）。

　　Meltzoff 以及他的同事们也区分了模仿能力发展的四个阶段：①身体动作尝试，②模
仿身体动作，③模仿施加在物体上的动作，④推断意图（Rao、Shon 和 Meltzoff 2007）。
在身体动作尝试阶段，婴儿随机（通过试验和犯错）产生出身体动作，这也使她学习到了
感觉动作的结果（本体感受和视觉状态），逐渐发展出身体图示（"活动空间"）。在第 2 阶
段，婴儿可以模仿身体动作。关于出生一个月内的婴儿的研究显示出这些未满月的婴儿能

够模仿面部动作（比如吐舌头），但他们从未见过自己做这个动作。12～21 天大的婴儿可以分辨出身体部分，用相同的身体部位模仿不同的动作模式。这在儿童心理学上称为"器官识别"（Melzoff 和 Moore 1997），在机器人文献中称为"自我识别"（Gold 和 Scassellati 2009）。这些研究证明，新生儿拥有天生的观察-执行机制和表征结构，保证婴儿能够延迟模仿，在没有任何反馈的情况下更正自身的回应。第 3 阶段是模仿施加在物体上的动作。一岁到一岁半的婴儿不仅能够模仿脸部和肢体的动作，同时也能够模仿多种情境下施加在物体上的动作。第 4 阶段是推断意图阶段，儿童能够理解演示者行动背后暗含的目标和意图。Meltzoff（2007）曾开展过一项实验，在这项实验中 18 个月大的儿童观看了不成功的行动，一位演示者试图达到目标但是却没有达到目标。由于儿童们能够模仿成年人试图达到的内容，而不仅仅是复制行为，这表示儿童能够理解他人的动机。婴儿在对他人目标和意图的理解和推断中所展现的模仿技巧呈阶段性发展，这种阶段性在成人模仿活动中至关重要。再次参考 Carpenter 和 Call 对模仿术语的分类，真正的模仿需要理解演示行动的目标，正如第 4 阶段中所指出的。至于第 1～3 阶段，即儿童从简单的行动模拟到完全有意识的模仿的发展，需要进一步的研究来区分这些阶段。

Meltzoff 和 Moore（1997）已经提出了主动联合匹配（AIM）的发展模型（图 6-2），该模型还能够解释对脸部和手部动作的模仿。该模式由三个主要的子系统组成：①感知系统，②动作行动系统，③通路表征系统（supramodal representational system）。感知系统适用于对观测到的脸部动作或是行为动作的视觉感知。动作行动系统经由本体感受信息提供核心特征，包含模仿者对演示的行动的复制。本体感受回馈保证了视觉输入与婴儿自身行动之间的匹配，它也是纠错的基础。此处至关重要的核心在于通路表征系统的角色，它提供了一个普遍（超模块）框架，来编码和探测感知到的行为和产生的行为之间的对应

性。主动联合匹配模型（AIM）提供了机器人在模仿活动中，关于感觉运动和表征机制的功能性和操作的描述。该模型具有一定的优势，也为移动和类人机器人模仿上的发展型机器人研究提供了灵感（Demiris 和 Meltzoff 2008）。

在过去十年中，在模仿神经基础方面的理论和实验证据已经取得了显著的进步。尤其是由 Rizzolatti 和他的同事们发现的镜像神经元（Rizzolatti、Fogassi 和 Gallese 2001），引起了学者们对于该领域的新兴趣。镜像神经元首先在猴子的运动前皮层（区域 F5）上得到研究，

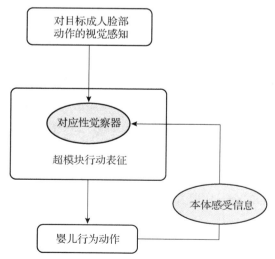

图 6-2　Meltzoff 和 Moore（1997）提出的主动联合匹配（AIM）这一模仿理论

当动物做出一个动作，或者当它观察另一只动物或者人类实验者做出同样的动作时，这些神经元都会放电。这些在活动感知和产生中都响应的神经元，显然是完成视觉和动作系统匹配任务的参与者，如 AIM 模型所描述。另外，在猴子身上的实验表明，镜像神经元只有在行动的目标相同时才会放电，印证了以目标为基础的模仿的定义。但是，由于猴子所拥有的镜像系统太过原始，因而无法通过编码观察到动作的详情，也无法复制观察到的行动（Rizzolatti 和 Craighero 2004）。

人类镜像神经元系统的存在及其在模仿任务中特定的作用，也在最近的实验证据中被证实（Iacoboni 等人 1999；Fadiga 等人 1995）。这符合早期的理论，猴子的 F5 区和人类的布洛卡区域的解剖结构和进化具有相似性，它们在动作和语言模仿以及人类语言发展中所起到的作用也是相似的。

6.1.3　合作与共享计划

与他人合作达到一个共同的目标是社会技能发展中的另一个重要的里程碑。合作需要在两个或更多的互动个体之间建立和使用共享计划和共享目标的能力。这也能够解释儿童身上观察到的利他行为，有时候也会在灵长类动物身上观察到。

关于儿童的社会性能力发展的研究，一直都在人类儿童与非人类灵长类动物（比如黑猩猩）之间做比较心理学实验。在发展比较心理学中，关于合作的重要发现是，人类儿童似乎拥有独特的能力和动机与他人共享目标和意图。但是，在非人类灵长类动物身上却没有看到这种能力。Tomasello 和他的同事们（Tomasello 等人 2005；Tomasello 2009）已经提出，人类儿童共享意图的能力是从两种不同能力的互动中涌现的：①意图解读，②共享意图的动机。意图解读是指通过观察其他人的行为推测他人的意图。这意味着，理解其他智能体也是以目标为导向，是一般性的能力。共享意图的动机指的是一旦分辨出另一个智能体的意图，接下来就可以用合作的方式共享。Tomasello 已经在诸多实验中证明，人类和非人类灵长类动物都擅长通过观察他人行动和目光方向解读意图。但是，只有人类儿童拥有额外的能力进行利他性的共享意图。

由 Warneken、chen 和 Tomasello（2006）所做的一项重要研究清楚证明了人类儿童与其他灵长类动物之间的差别。他们在 18～24 个月的儿童和 33 及 51 个月的年轻黑猩猩之间进行了比较实验。在这项研究中，他们采用两个目标导向性的问题解决任务，以及两项要求合作的社会游戏（详情参见框 6-1）。他们也设置了补充角色和平行角色的条件。在补充角色的活动中，儿童和成年人一定要完成不同的行动，以达到同样的问题解决或者是游戏目标。在平行角色任务中，两个伙伴必须平行做相似的行动来完成共同的任务。举例来说，在双管游戏任务中，实验员（合作的成年人）开始时在两个管的上面那个中插入木块。木块沿着倾斜的管子下滑，最终需要由儿童或者黑猩猩在管的另一头用锡纸杯接住。这项任务要求补充角色，就是一个智能体必须插入木块，另一个智能体必须使用容器接住它。在弹簧垫游戏中，两个智能体则要完成同样的任务：翘起弹簧垫一边让木块跳动起来。

框 6-1　人类和黑猩猩身上的合作技能（Warneken、Chen 和 Tomasello 2006）

1. 概述

该研究比较了人类儿童与小黑猩猩身上的合作行为，确定是否存在共享意图的合作行动，并确认这种行为是否为人类独有。实验中使用了四种不同的合作任务（两个共同解决问题的活动和两个社会游戏），在与人类成人的合作中，双方是补充角色的关系或者是平行角色的关系。补充角色任务要求儿童和成年人完成不同的行动，平行角色任务中两个参与者平行进行同一个动作。在每个实验的后半部分，成人参与者接到命令，要停止合作行为，比如，走开或者不再对儿童（或者是黑猩猩）的要求做出回应。该情境旨在测试参与者使成人重新回到合作任务中的能力。

2. 参与者

在这四个实验中，人类参与者小组由 16 位 18 个月和 16 位 24 个月大的儿童组成。选中这两个年龄组来检验假设：年长的儿童能够更好地调节他们与成年人的合作行为，并在中断期间有更好的调节活动。

动物组由三只小黑猩猩组成。其中有两只 51 个月大的母猩猩（Annet 和 Alexandra），一只 33 个月大的公猩猩（Alex），他们来自莱比锡动物园。四个实验中所使用的材料只有微小的调整（比如，材料和尺寸的改变，用食物的回报来代替玩具），以对应四个合作任务。

3. 任务

	补充角色	平行角色
解决问题的活动	任务 1：升降机 　　该任务的目标是从垂直可移动的圆筒内取出物体。单个人无法完成这个任务，因为它要求在这个设备两侧施行两个互补的动作。一个人必须首先把圆筒推到固定位置（角色 1），只有这样另一个人才能从另一侧透过圆筒的开口取到物体。  升降机	任务 2：带手柄的管子 　　该任务的目标是取出放在带手柄的管道内的玩具。单个人无法完成这个任务，管道设置的长度使一个人无法同时抓住手柄又拉出手柄。只有两个人同时执行两个平行的角色，在两段拉出手柄，直到管子打开，才能打开管道并取出玩具。  带手柄的管子

（续）

补充角色	平行角色
任务3：双管 该游戏要求一个人在某一个管道中插入木块，让另一个人从该管道的另一端接住。它要求一位参与者在管道的上开口处插入木块（角色1），另一个人则在管道另一端用锡杯在底部接住木块（角色2）。  双管	任务4：弹簧垫 该游戏要求两个人抓住弹簧垫相对的两侧边缘，让弹簧垫上的木块跳动。弹簧垫是由两个C形的软管用软管接头连接而成的，上面盖着布。两人为平行角色，要求同步摇晃软管圈。  弹簧垫

（左侧纵向标签：社会游戏）

4. 结果小结

- 在合作任务简单的时候，人类18个月的和24个月的儿童小组都可以完成合作，黑猩猩也能够参与简单的合作。
- 儿童自发合作，并非单单受到目标激发，也会受到合作本身的激励。
- 如果碰到中断的情况，所有的儿童都试图让伙伴重新参与，但是黑猩猩并没有做出沟通努力以让伙伴重新参与进来。

Warnkeken、Chen 和 Tomasello（2006）利用这些实验任务首先研究了正常条件下的合作，即两个智能体不中断的合作。他们也观察了在中断合作场景下，比如当成年实验者拒绝使用弹簧垫或拒绝把木块插入管子的情况下，儿童和黑猩猩的行为。

实验结果显示，在正常合作情境下，所有儿童都热心参与到目标导向性、共享问题解决任务以及社会游戏中。他们参与合作不仅仅是为了达到共享目标，也是为了合作本身。黑猩猩也能够在简单任务中进行合作。但是当成人实验员停止合作时，结果显示儿童将自发地、不断地努力让成年人重新参与进来，但是黑猩猩则似乎不再对不是目标导向性的社会游戏感兴趣。动物只是聚焦于获得食物目标，并不关心合作。Warneken、Chen 和 Tomasello（2006）因此得出结论，人类拥有非常早期和独特的动机和能力来积极参与合作活动中。

在接下来的研究中，Warneken、Chen 和 Tomasello（2006）证明18个月大的婴儿在多种情境下主动和利他地帮助成年人，比如，有时成年人正挣扎着完成目标（工具性的帮助），甚至有时儿童并不会从他的行为中得到直接的好处。儿童在十个不同的情境下经受测试，这些情境中成年人遇到完成任务的困难，并且在四个情境之间控制难度：①够不到的物体；②被一个物体挡住的物体；③完成了错误的目标，能够由儿童纠正；④使用了儿童能够纠正的错误的方法。结果显示，儿童身上存在利他行为的清晰的证据，24 位婴儿中的 22 位在这些任务的至少一项中提供帮助。他们也使用了同样的四种任务在三只小黑猩猩身上进行对比实验。三只猩猩都在看不见的物体这项任务中持续提供帮助，甚至有时目标物体并不是食物。但是，它们在障碍物、错误结果或是错误方法的任务中并不帮助人类。黑猩猩在找寻任务中的利他行为可以如下解释：在这个任务中，比起其他情境中，目标更加容易探测到。这说明儿童和黑猩猩都有做出利他行为的能力，能力差别在于解读他人对帮助的需求的能力。

这些关于合作行为的研究结果与 Carpenter、Tomasello 和 Striano（2005）的角色互换分析结果一致。他们观察到"三个一组"角色互换的合作策略，角色互换包含儿童、合作成人（或是同辈伙伴）以及物体。我们用一个案例进行举例说明：成人抓住容器，儿童把玩具放进去。在接下来的互动中交换角色，儿童把篮子举起来给成人，然后成人可以把玩具放进去。这也意味着儿童拥有解读成人预期目标并且执行的能力，可以代替成人执行目标的动作。角色转换能力体现在合作中的全局观或第三人视角，保证了儿童能够在合作任务中承担任意一个角色。这些儿童研究为发展型机器人模型设计出不同的合作策略提供了灵感（Dominey 和 Warneken 2011，参见 6.4 节）。

6.1.4　心智理论

社会性学习能力的平行发展，包括诸如视线-目光探测、人脸识别、对他人行动的观察、模仿及合作，都逐渐引导人习得一种复杂的能力：正确归因他人的信念和目标。这一般称为心智理论（ToM），是一种理解他人行动和表达并归因他人的精神状态和意图的能力。认知机制引领着心智理论发展，对于该机制的理解，在设计能够理解人类智能体和其他机器人的意图和精神状态的社会机器人中至关重要。在此，我们将对 Scassellati（2002）关于两个最具影响力的心智理论假设的分析进行描述，这两个假设分别是由 Leslie（1994）和 Baron-Cohen（1995）提出的，并阐述他们对社会发展型机器人的影响。此外，Breazeal 等人（2005）提出一种心智理论，基于模拟理论和 Meltzoff 提出的主动联合匹配（AIM）模型，并应用在发展型机器人身上。另外，关于从非人类灵长类动物身上总结出的心智理论著作也为我们理解心智理论发展中的机制提供了一些视角（Call 和 Tomasello 2008）。Leslie（1994）的心智理论立基于一个核心概念——在感知事件时将因果关系归因于物体和个体。

Leslie（1994）根据包含的因果结构区分了三种事件种类：①机械动因，②行为动因，③态度动因。机械动因指的是物体之间机械和物理互动中的规则。行为动因用智能体的动机、目标和行动中的表现来描述事件。态度动因用智能体的态度和信念来解释事件。

Leslie（1994）声称人类心智是从三种独立、领域特定的认知模块进化而来的，一种模块处理一种动因，每种模块在发展过程中逐渐形成。身体模块理论（ToBY）处理机械动因，用来理解目标的物理和机械属性，以及要发生的互动事件。这反映出婴儿对物体互动事件的时空属性的感受性。机械动因现象的经典示例是 Leslie 关于婴儿对于两个活动木块之间因果性感知的实验。在实验中，Leslie 可以控制一些条件，比如直接弹出（当第一个移动木块撞击到第二个静止木块时，第二个木块立刻开始移动）、延迟弹出（同样的撞击，第二个木块延迟移动）、不带碰撞的弹出、有碰撞但却没有弹出以及静止的木块。根据身体模块理论，已经得到充分发展的儿童（大约 6 个月大或更大一些）能够感知到第一种条件下互动的因果关系，但是在其他条件下则不能。Leslie 认为这可能是一种天生的能力，就像是生命的头几个月所看到的机械动因（表 6-2）。

第二个模块称为心智理论系统 1（ToM-S1），该系统描述行动动因，用目标和行动相关术语解释事件。这通过眼睛-注视行动表现出来，引导儿童对行为和目标的识别。这个能力出现在 6 个月大的时候。第三个模块称为心智理论系统 2（ToM-S2），该系统描述态度动因，用来解释可能与我们自身知识不同或是与所观察到的世界不同的他人信念的表征。儿童发展使用元表征（也就是陈述的真实属性取决于思想状态）而不是观察到的世界。该模块在 18 个月的时候发展，直到大概在 48 个月的时候完全发展好。

表 6-2　Leslie 和 Baron-Cohen 提出的心智理论发展时间表

年龄	Leslie	Baron-Cohen
0～3 个月	对身体理论中事件的时空属性的感受性（天生？）	自我驱动智能体的动机觉察器 vs. 无生命物体（天生？）
6 个月	行动和目标探测（通过目光注视）；心智理论系统 1	目光方向觉察器
9 个月		共享注意力机制出现
18 个月	初步发展出态度动因；心智理论系统 2	心智理论机制的初步发展
48 个月	完全发展出心智理论系统 2；元表征	心智理论机制的完全发展

Baron-Cohen 的心智理论称为"心智解读系统"，立足于四个认知能力：①意向性觉察器，②眼睛方向觉察器，③共享注意力机制，④心智理论机制。意向性觉察器（ID）特别指在具有自行动作的视觉、听觉以及触觉上对刺激的感知。该心智理论区分了生命实体（比如智能体）与非生命实体（比如物体）。这引导我们理解诸如"靠近"与"躲避"的概念，同时理解诸如"他想要食物"与"他走了"这样的表征。意向性觉察器似乎是一种婴儿天生的能力（表 6-2）。眼睛方向觉察器（EDD）针对面部感知，并探测类似于眼睛的刺激。Baron-Cohen 专为眼睛方向觉察器定义了多种功能，包括眼睛视线的探测、眼睛注视的目标探测（看着一个物体或是另一个人）以及解读注视方向作为一种知觉状态（另一个智能体正在注视我）。目光探测能力是在前 9 个月内获得的。意向性觉察器和眼睛方向觉

察器通过一个智能体和一个物体或者一个智能体和另一个智能体产生双重表征，就如"他想要食物"和"另一个智能体正在注视我"的例子。

共享注意力机制（SAM）整合了双重表征方法来构成三重表征概念。举例来说，两个双重认知"我看见某物"和"你想要食物"可以结合起来构成"我看见（你想要食物）"的表征。特别是，意向性觉察器和眼睛方向觉察器表征的共同作用使得婴儿能够解读他人目光的意图。共享注意力机制是在 9～18 个月之间发展起来的。最终，三重表征的心智理论机制（ToMM）通过理解和另一个智能体思想状态和信念的表征转化为元表征（正如 Leslie 的 ToM-S2）。心智理论机制允许"Mary 相信（我饿了）"这种形式的表征的建立，知识的描述可能与真实世界的状态不符，比如"Mary 相信（狗能说话）"。高级心智理论机制大概在 18 个月开始涌现，直到 48 个月时发展完全。此理论的一个重要优势在于它可能识别出四种能力发展过程中的个体发展障碍，继而能够解释各种自闭症谱系障碍（ASD）。

除了 Leslie 和 Baron-Cohen 对婴儿心智理论发展中所含的机制进行了解释，其他关于心智理论的讨论则聚焦于模仿和模拟论（Breazeal 等人 2005；Davies 和 Stone 1995）。模拟论宣称，通过模拟他人的行动和感觉状态，我们能够猜测他人的行为和精神状态。我们能够使用自身的模仿技能以及认知机制，在他人智能体处境下重新创造出我们是如何思考、感受和行动的，从而推论出他人的情绪、信念、目标以及行动。模拟论与涉身认知方法（Barsalou 2008）一致，也与连接行动感知与行动执行之间的镜像神经元的功能一致（Rizzolatti、Fogassi 和 Gallese 2001）。

除了人类心理发展的相关理论之外，关于心智理论的进化起源，以及动物中是否存在心智能力的理论一直存在着很大的争议。该领域的主要贡献者之一就是 Call 和 Tomasello（2008），他们调查了非人类灵长类动物，比如从黑猩猩身上推断其他智能体的目标和意图的能力。他们摘录了丰富的证据，支持以下假设：至少黑猩猩理解其他智能体的目标和意图（人类和黑猩猩），也能够理解他人的感觉和知识。灵长类利用这些社会性能力产生有意识的行动。但是没有证据表明灵长类能够理解错误信念，正如在 Leslie 和 Baron-Cohen 理论中的元表征所述。也没有证据支持灵长类能够理解其他智能体用对外部世界的精神表征控制他们的行为，却对观察到的现实不做回应。

各种认知机制的流程化存在于心智理论逐渐发展的过程中，正如 Leslie 和 Baron-Cohen 的理论以及动物进化的研究，它们为认知机器人的心智理论模型提供了有用的框架（Scassellati 2002），也有利于机器人在自闭症治疗中的使用（Francois、Dautenhahn 和 Polani 2009a；Frncois、Powell 和 Dautenhahn 2009b；Tapus、Mataric 和 Scassellati 2007）。

6.2 机器人中的联合注意力

对机器人的联合注意力研究是发展型机器人的重点，这源于联合注意力在社会技能和人类机器人互动和交流之间起到的连接作用。由 Kaplan 和 Hafner（2006b）所提出的注意力和社会技能的发展型分类，为我们回顾发展型机器人的联合注意力模型提供了一个有用的框架。他们利用了两个人工智能机器狗（AIBO），让它们面对面，展现出不同类型的注视共享和指向手势。图 6-3a～b 详细说明了机器人的两种注意力探测策略，也称为：①两个机器人建立相互的目光接触，互相注视；②注视跟随，同伴看着第一个智能体目光所视的物体。图 6-3c～d，显示了两个注意力控制行为：③当另一个智能体并不是一开始就看着对象时，命令性指向要求得到物体或食物；④陈述性指向强调并创造互动中聚焦物体的联合注意力。

200

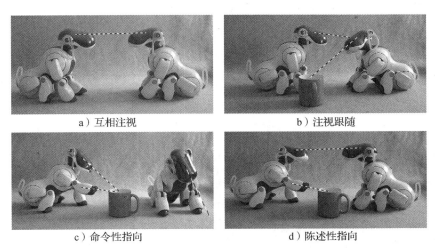

a）互相注视　　　　　　　　　　　　　b）注视跟随

c）命令性指向　　　　　　　　　　　　d）陈述性指向

图 6-3　不同的联合注意力策略（摘自 Kaplan 和 Hafner 2006b）。Verena Hafner 采集的图片。John Benjamins 授权复制

关于指向手势习得认知的发展型机器人研究，首先是由 Hafner 和 Kaplan（2005）用智能机器狗（AIBO）开展的，最近则是由 Hafner 和 Schillaci（2011）用类人机器人（NAO）进行研究。在 Hafner 和 Kaplan（2005）最初的研究中，两个索尼智能机器狗面对面坐在地板上，一个目标物体放在它们两个中间。"成年"机器狗具备识别出物体位置的能力，并能指向它。"儿童"机器狗能够学习识别出同伴的指向动作。它首先看到成年狗的指向动作，猜测物体的方向，然后把头转过去看物体。我们用一个监测信号来检查学习者是否朝正确的方向看了，而这个信号将用来更新该设计的神经控制器。为了训练机器狗的神经控制器，从机器狗的学习者摄像机拍摄了示教者指向姿势的 2300 张图片（一半指向左边，一半指向右边），这些图片包括了不同背景、不同光线以及两只机器狗之间的不同距离这几项条件。每张照片都被分为左侧和右侧，然后经过加工，提取出两个水平的亮度，通过 Sobel 滤波提取出水平和垂直边。接着识别图像像素的垂直和水平质心。当机器狗抬起胳膊时，特征的选取与亮度在垂直方向的变化相关，在指向的那一侧水平边增加，垂直边减小。基于贪婪爬山算法提取有用特征，从各个特征中选出三个重要特征，最终指向识别正确率可以超过 95%。

为了训练机器狗识别出指向动作的左右方向，Hafner 和 Kaplan 使用多层感知机作为

选取的三个视觉特征的神经元输入层，隐藏层包含三个神经元，输出层为左右指向方向。当二元的左右侧决策被生成时，训练多层感应机的反向传播算法被当成是相当于一个基于奖励的系统。Hafner 和 Kaplan（2005）认为学习指向方向的能力是产生控制注意能力的基础，指向方向能力可以发展出指令性和描述性指向行为。其他机器人模型关注共享式注视的出现，如 Nagai 和他的合作者们的研究模型（Nagai 等人 2003；Nagai、Hosoda 和 Asada 2003），在他们的模型中，注视跟随的视野能逐渐扩大。Nagai 和他的同事们的研究追随 Butterworth（1991；Butterworth 和 Jarrett 1991）的发展型框架，该框架基于增长式的能力习得：生态上（婴儿注视有意思的物体，不管看护者的目光方向朝哪里）、几何上（联合注意力仅仅发生在物体在婴儿的视野范围之内）以及表征（婴儿能够在自己的视野之外找到一个突出的物体）的注视策略。

[201]

　　该实验设备由两部分构成：机器人头部带两个摄像机，摄像机可以平移和倾斜旋转，一位人类看护者手上拿着各种显著的物体（图 6-4）。在每次实验中，物体都是随机摆放的，看护者观看其中一个。下一次实验中会更换目光注视的物体。机器人首先需要观察看护者，通过模板匹配提取出面部图像。然后使用色彩空间的阈值定位出这个显著、色彩鲜亮的物体。

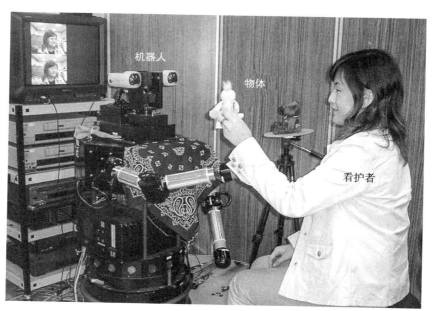

图 6-4　Nagai、Hosoda 和 Asada（2003）实验的实验设备。由 Yukie Nagai 授权提供图像

　　通过图 6-5 所示的认知结构，机器人使用摄像机图像和摄像机的角度作为输入，在输出上生成一个运动指令来旋转摄像机。这个结构包括视觉注意力模块，使用了显著特征检测器（颜色、边缘、动作和面部探测）以及视觉反馈控制器，在机器人的视野中将头朝显著物体方向移动。自我评估模块是前馈神经网络和内部评估器组成的学习模块。内部评估器评估注视行为是否成功（比如图像中心是否有物体，不管联合注意力是成功还是失败），

神经网络学习运动感觉的映射，即从面部图像和当前头部位置到转到目标位置的信号的映
射。输出模块在视觉反馈控制器和学习模块的输出之间进行选择。这里采用了一种选择
率，在训练开始时，主要选择注意力模块的输出，继而随着学习的进行，逐渐选择学习模
块的输出。选择率采用了 S 形函数（sigmoid）来建立自下而上的视觉注意力和自上而下
的学习行为之间的非线性映射模型。

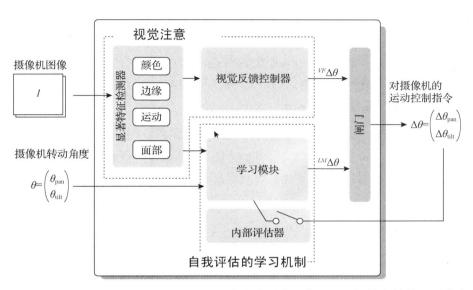

图 6-5　Nagai、Hosoda 和 Asada（2003）实验中联合注意力的认知控制结构。图片由
　　　　Yukie Nagai 授权提供

　　训练机器人智能体时，一旦探测到面部，机器人首先观察看护者并捕捉图像。过滤后
的图像和摄像机的角度作为视觉注意力模块的输入。如果注意力模块检测到一个显著的物
体，那么机器人会产生动作旋转信号并观看这个物体。与此同时，学习模块采用摄像机图
像和摄像机角度，生成它本身的动作旋转输出。输出模块用选择率、选择注意力模块或学
习模块的动作输出信号，然后摄像机旋转并注视那个物体。如果机器人已经成功注视一个
物体，那么学习模块将使用动作旋转输出作为前馈神经网络的训练信号。成功的注视定义
如下：无论看护者是否注视这个物体，机器人都产生将摄像机定睛于场面中物体的动作。
但是，前馈网络能够学习联合注视物体之间的联系，这是基于图像中眼睛注视的方向和物
体位置之间的联系（当观察到错误的物体时，机器人已经注视到的物体的位置与看护者的
注视方向并不相符）。这个机制的优点在于，机器人不需要任何任务评估，也不需要看护
者给予任何直接回馈，就能够发展出联合注意力的能力。当输出模块逐渐采取学习模块控
制注视方向，共享式注视行为就会逐级优化。

　　Nagai 等人（2003）以及 Nagai、Hosoda 和 Asada（2003）开展了一系列的实验，在
实验中，机器人注视从 1 个到 10 个数目不等的物体。只使用 1 个物体的实验很容易成功，
机器人成功的概率是 100%。当实验员使用 5 个物体时，在联合注意力学习的第一个阶段

只有 20％的成功率，换句话说，这是 5 个物体随机选择的结果。但是，在训练结束时，成功率提高到 85％，比随机选择表现好得多。当学习模块输出达到较低的训练错误时，它会接管自下而上的视觉注意力，倾向于选择视觉中最显著的物体。在使用 10 个物体的实验中，任务变得相当困难，只能达到 60％的训练成功率。

从发展型角度来看，该实验最重要的成果就是分析了 Butterworth（1991）提出的三个注视阶段和联合注意力出现的三个阶段（Ⅰ生态阶段、Ⅱ几何阶段和Ⅲ表征阶段）。图 6-6a 显示了整个实验中联合注意力发生的概率的增加，并对图 6-6b 中进一步分析的三个阶段作了灰色阴影标记。图 6-6b 显示出三个发展阶段中联合注意力事件（样本分析是基于 5 个物体的情况）的成功次数（符号 o）和失败次数（符号×）。在训练开始时（阶段Ⅰ），机器人主要看视野内的物体，只能随机达到联合注意力。这是因为自下而上视觉模块处于控制地位，输出模块的选择率为 S 形函数。在训练的中间阶段（阶段Ⅱ），若物体处在图像范围内，在大部分情况下，智能体能够达到联合注意力，同时，机器人增加了对视野之外的位置的注视。最终（阶段Ⅲ），在大部分实验和位置中，机器人都达到了联合注意力。

机器人如何在第三阶段Ⅲ达到注视本身视野之外目标（看护者注视的方向）物体的能力？训练中，机器人学习模块逐渐获得技能，以探测看护者面部图像和眼睛位置以及摄像机旋转的方向之间的感觉运动相关性。特别是在第Ⅰ和第Ⅱ阶段中，当物体可见时，这种相关性在成功联合注视的过程中被学习到。但看不到物体时，机器人也倾向于产生一个运动旋转信号，与看护者的眼睛注视方向一致。机器人朝着注视方向的头部旋转会逐渐导向出现在视觉图像边缘的目标物。一旦在图像中探测到目标，机器人便能够确定其位置，并直接注视其中心。

Nagai 等人（2003；Nagai、Asada 和 Hosoda 2006）的研究在已知的有关发展阶段的发展型机器人研究中是一个优秀的例子，这里的发展阶段就是 Butterworth（1991）提出的联合注意力的阶段模型。另外，它所显示出的这些定性阶段的改变是机器人神经结构逐渐改变的结果。这源于机器人神经网络的亚符号和离散性质，即透过对网络参数（权值）的微小改变进行训练。但是，改变的逐渐积累可能导致非线性学习现象，正如著名的学习过去式时的联结主义模型（Plunkett 和 Marchman 1996）或者是词汇突增（Mayor 和 Plunkett 2010），以及机器人身上的通用 U 形模型（Morse 等人 2011；也参见第 8 章）。诸多联合注意力的发展型机器人模型被提出。有一些研究专注于人类-机器人之间的互动，研究机器人如何能够达到与人之间的联合注意力，例如 Imai、Ono 和 Ishiguro（2003）的联合注意力的指向实验。类人机器人 Robovie（Ishiguro 等人 2001）能够通过指向一个物体建立相互注视，从而吸引人类参与者的注意。Kozima 和 Yano（2001）则采用儿童型类人机器人 Infanoid，为机器人跟踪人脸和物体、指向并到达物体以及在人脸和物体之间切换注视的能力设立模型。Jasso、Triesch 和 Deak（2008）以及 Thomaz、Berlin 和 Breazeal（2005）则就社会性参照提供模型，意思是当一个婴儿碰到新奇的物体时，他会在接触物体之前征询成人的脸部表情的现象。如果成人的脸部表情是正面的（比如微笑），婴儿就会触摸并与这个物体互动，但是若成人的脸部反应是负面的，婴儿则会躲避接触。Jasso、Triesch 和 Deak 基于时序差分的强化学习建立了奖励驱动模型框架，来解释模仿的智能体身上的社会性参照现象。Thomaz、Berlin 和 Breazeal 采用智能机器人 Leonardo 给出同时依靠视觉输入和对物体内部情感评估的社会性参照模型。

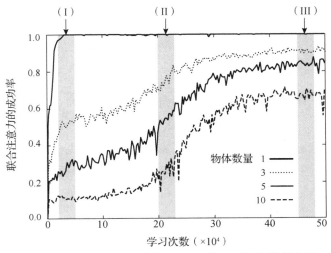

a）Nagai、Hosoda 和 Asada 2003 实验中的学习性能表现

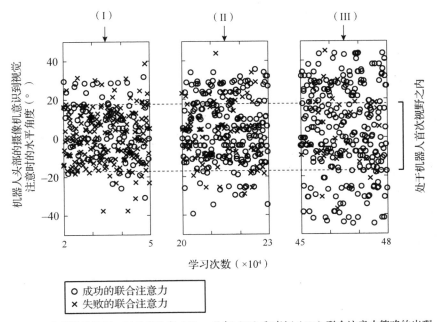

b）三个阶段的数据，显示出生态（Ⅰ）、几何（Ⅱ）和表征（Ⅲ）联合注意力策略的出现

图 6-6   a）Nagai、Hosoda 和 Asada 2003 实验中的学习性能表现；b）三个阶段的数据，显示出生态（Ⅰ）、几何（Ⅱ）、表征（Ⅲ）联合注意力策略的出现。图片由 Yukie Nagai 授权提供

考虑联合注意力和社会交互在自闭症谱系障碍等残疾症状里的重要性，联合注意力的发展模型也与常规或者非常规发展的研究有关。例如，在这个领域，Triesch 等人（2006；Carlson 和 Triesch 2004）通过改变健康人、自闭症人群和威廉氏症候群患者婴儿对模仿智能体的目光变换的偏好特征，做出了三个群体的模型。他们提出了在婴儿与看护者交互过程中注视跟随技能涌现的计算模型，参考的正是婴儿对看护者目光方向的学习可以让婴儿预测出显著物体的位置。正如 6.5 节所述，为常规和非常规发展的联合注意力建立模型也与心智理论的机器人模型相关。

206

6.3　模仿

关于社会学习和模仿的研究已经成为认知机器人和人类-机器人之间交互领域研究的主要话题之一（如 Demiris 和 Meltzoff 2008；Breazeal 和 Scassellati 2002；Nehaniv 和 Dautenhahn 2007；Schaal 1999；Wolpert 和 Kawato 1998）。机器人提供了一个有用的工具来研究模仿的发展阶段，因为机器人要求各种要素的精确操作程序和必要的实现机制。为了模仿，机器人必须拥有以下技能：①观察和模仿他人的动机，②对动作的感知，③将观察到的动作转化到他们自身的身体图示（对应问题；Breazeal 和 Scassellati 2002；Hafner 和 Kaplan 2008；Kaplan 和 Hafner 2006a）。

对于模仿动机的演化与发展的起源，大部分的发展型机器人模型都起源于下述假设：机器人配有一个内在动机（本能），可以观察和模仿他人。尽管诸多比较心理学和神经科学的研究已经讨论了动物和人类的模仿能力的起源（如 Ferrari 等人 2006；Nadel 和 Butterworth 1999），方法是包含镜像神经元系统（Rizzolatti、Fogassi 和 Gallese 2001；Ito 和 Tani 2004），但几乎还没有现存的计算模式可以清楚地解释模仿能力的起源。例如，Borenstein和Ruppin（2005）采用发展型机器人成功地进化出有适应能力的智能体，通过一个与灵长类镜像神经元系统类似的神经镜像设备，能够进行模仿性学习。在现有的发展型机器人模型中，模仿运算法则的内置设置可执行一项本能以将观察他人作为输入，从而不断更新模型的模仿系统。

对于动作的感知，研究者采用了多种动作采集方法和人工视觉系统。动作采集技术包括微软的 Kinect、外骨骼技术或是测量关节角度的数字手套（比如 Sarcos 公司设计的 SenSuit 系统，专为同时测量人类身体的 35 个自由度；Ijspeert、Nakanishi 和 Schaal 2002），以及使用电磁或是视觉标记物进行跟踪（Aleotti、Caselli 和 Maccherozzi 2005）。值得一提的是，微软的 Kinect 设备成本低廉，易于获取，其开放软件系统为机器人领域的动作、遥控操作和模仿研究提供了更多的便利（Tanz 2011）。基于视觉的动作检测系统通常建立在对身体部位的自动检测和跟踪上（如 Ude 和 Atkeson 2003）。此外，Krüger 等人（2010）通过分析物体状态空间，专为动作单元的无监督研究采用隐马可夫模型，即推论出作用于物体的等效的人类动作单元，而不是单单聚焦于人类身体部位动作。

除了动作感知系统外，模仿机器人必须拥有将注意力选择性地投到特定动作和物体上的能力，这些动作和物体是互动的重点。这就有可能需要将自下而上的处理过程（比如物体/动作的显著性）与自上而下过程（比如期待和目标导向方面）进行整合。Demiris 和 Khadhouri（2006）开展的模仿实验中有如下描述：我们可以观察到自下而上和自上而下机制的例子，特别是注意力减少了机器人的认知负荷。

最终，为了研究模仿，实验员需要解决一个问题（Nehaniv 和 Dautenhahn 2003），即将机器人观察到的动作转化为相同的一系列动作反应需要哪些知识。Breazeal 和 Scassellati（2002）提出两种方法来解决以上问题，以实现对感知到的动作的表征：基于动作的表征和基于任务的表征。第一种方法使用基于动作术语中感知到的动作的表征，比如将示范者的动作轨迹编码进模仿者的动作坐标。这是 Billard 和 Mataric（2001）所使用的方法，在这种方法里，示范者关节坐标的离心参考框架（与视觉追踪系统相关）被投射到类人机器人的自身参考框架中。第二种方法是模仿者在以任务为基础的系统中表征感知到的动作。它使用正预测模型，产生智能体自身动作的机制同样直接完成了动作识别（如 Demiris 和 Hayes 2002）。

模仿动机、行动感知和相应的问题的多种组合催生了一系列机器人模仿实验。在这部分，我们将要聚焦于一些机器人模仿领域的重大成果，这些研究从发展心理学关于模仿的研究中获得直接灵感。Demiris 和他的同事们提出了一个计算结构，该结构结合了 Meltzoff 和 Moore（1997）提出的婴儿模仿能力发展的主动联合匹配（AIM）模型。这个结构称为层级注意多元模型（Hierarchical Attentive Multiple Models，HAMMER；图 6-7），其整合了主动联合匹配模型的多个方面，最主要的是"与自身类比来理解他人"的原则（Demiris 和 Hayes 2002；Demiris 和 Johnson 2003；Demiris 和 Khadhouri 2006）。它也为婴儿身上模仿行为的发展阶段做出模型，比如比较小的婴儿首先只是模仿示范者的表面行为，之后理解他们潜在的动机，因而能够模仿不同行动策略的目标。HAMMER 认知结构中的 AIM 要素已经用于多种机器人模仿实验，比如机器人头部能够观察和模仿人类头部动作（Demiris 等人 1997），以及一个移动机器人能够通过模仿和跟随另一个机器人学习导航（Demiris 和 Hayes 1996）。

HAMMER 结构基于以下原则：
- 基本结构单元是由成对的逆模型和正模型构成的，对应二元角色中执行或感知一个动作。
- 多对逆/正模型进行平行和层级形式的组织。
- 模仿时，控制注意力的自上而下的机制将会满足观察者感受和记忆能力的限制。

每个结构单元由一个逆模型配上一个正模型组成。逆模型将系统的当前状态和目标物体的坐标当作输入，将达到目标所需的动作控制命令作为输出。正模型则是将系统的当前状态和应用于系统的控制命令作为输入，将受控系统预测的下一个阶段作为输出。正模型作为内部预测模拟模型运行。这些模型可以使用人工神经网络或者其他机器学习方法。HAMMER 采用多对正/逆模型来观察和执行动作。正模型和逆模型组合作为动作控制的一般内部机制，最初是由 Wolpert 和 Kawato（1998）在 MOSAIC（控制的模块选择和定位）模型中提出的。Wolper 和 Kawato 提出大脑使用一系列多对正模型（预测器）和逆模型（控制器）单元。Demiris 的层级模型也源于同样的成对正/逆模块的思想。

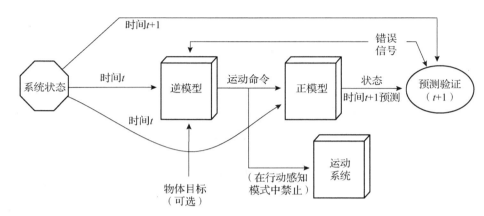

图 6-7　Demiris 的模仿结构 HAMMER。图片由 YIannis Demiris 授权提供

209　　当具有 HAMMER 结构的机器人得到命令模仿演示的新动作时，逆模型接收到演示者当前的状态，像是被模仿者所感知到的一样，并将其作为输入。逆模型产生完成目标所必需的动作命令（在感知/模仿学习时，机器人并不执行行动本身）。正模型接着使用这些动作命令，在事件步骤 $t+1$ 中提供演示者未来状态的预测。实际状态与预测状态的比较产生一个误差信号，这个信号用于调节行动执行的参数及学习演示者的行动。通过增加/减少逆模型的置信区间便可完成学习。置信区间表示的是演示者的动作与模仿者的动作的接近程度。在模仿学习中，演示时大部分的逆/正模型都同时激活，不断调节预测者的模型置信区间，若出现与演示者相匹配的动作和符合自身预测的动作，则其模型的置信区间都会增加。在演示结束时，选择有最高置信区间的预测模型来执行动作。如果现存的内部模型不能产生演示过的动作，那么结构使用 AIM 要素学习一个新的动作，即使用表面行为作为起点。

　　这些逆/正模型按照层级进行排列，在这个层级结构中较高层次的节点逐渐编码为抽象的行为，比如目标状态（Johnson 和 Demiris 2004）。这样模拟示范动作的优势在于，它不是通过比照准确的示范动作进行模拟，而是通过影响环境完成模拟。这允许机器人选择自己的动作完成模仿目标，给出了在模仿中存在相关性的解答。

　　为了模拟选择性记忆和有限的记忆能力的效果，需要实施一个自上而下的注意力机制。每个逆模型只需要全局状态信息的一个子集，即一些模型专用于手臂动作，其他模型专用于躯干部分的动作等。对输入到逆模型的任务状态和特征的选择，取决于观察者对于演示任务的假设。由于存在多元平行假设和状态要求，因此每个要求的显著性取决于每个逆模型的置信值。并且，自上而下的注意力系统可以与自下而上的注意过程整合，这取决于刺激本身的显著属性。在这里，我们简单描述两个由 Demiris 和他的同事们在 HAMMER 结构上所做的机器人模仿实验。Demiris 以发展型机器人的视角，将儿童心理学研究中人类示范者观察的婴儿模仿与机器人模仿进行比较（Demiris 和 Meltzoff 2008）。他们还专门比较了模仿中儿童和机器人必备的初始条件（即婴儿的本能是什么，机器人身上必须预置的功能是什么），以及发展路径（即婴儿的表现如何随着时间改变，以及机器人为了拓展模仿技能而采用的机制中相应的改变）。

210

　　第一个实验（Demiris 等人 1997）明确地就 Meltzoff 在小婴儿身上所做的脸部模仿行为建立了模型。机器人头部 ESCHeR（专用于机器人视觉的 Etl 立体简化头部）（Kuniyoshi 等人 1995）的结构符合人类视觉系统，双目，120°视角，每一度视角包含 20 个像素，运动参数也符合人类头部的速度和加速度数值。在人类实验员的演示过程中，首先通过光流分割算法计算垂直和水平坐标，然后用卡尔曼滤波算法确认大致的水平和垂直变量，在此基础上估计人类头部的水平和垂直旋转。为了估计机器人本身头部的位置，头部初始化设直视前方时为默认坐标，记录编码器的变量。

　　机器人通过匹配观察到的目标位置和当前位置来完成定性的模仿。根据目标的水平和垂直量，以及当前头部位置本体感受的水平和垂直量，比较两者之间的差异，系统激活一系列"向上运动"和"向左运动"的命令，直到达到目标位置。为了从模拟目标行为的运动序列中提取出位置参数，需要采用一个简单算法，在记忆的运动序列 t 时刻的位置参数表示位置值 x、y 是否为最大或者最小。在模仿实验中，机器人头部成功模仿了实验员头部运动的垂直/水平运动，这仅是借鉴了已知灵长类动物大脑的知识表示方法。模型结构使得模仿多种动作成为可能，且具有不同的时长和速度。另外，采用的算法仅仅提取有代表性的位置，保证了演示动作的顺利再现。

　　第二个实验是在 ActivMedia 公司推出的 PeopleBot 型号机器人身上进行的，测试 HAMMER 结构模仿控制物体（图 6-8；Demiris 和 Khadhouri 2006）。这是一个移动的机器人平台，配有一个手臂和一个可以抓取物体的手。在实验中，输入传感器只有工作台上的摄像机，该

图 6-8　PeopleBot 机器人观察物体的控制动作，有选择性地观察示范的相关部分（摘自 Demiris 和 Khadhouri 2006）。图片由 Yiannis Demiris 授权提供。Elsevier 授权复制

摄像机的分辨率为 160×120px，演示时长 2s，采样率为 30Hz。人类参与者演示一些诸如"捡起 X""向 X 伸手""把手从 X 上移开""扔掉 X"之类的动作，其中的 X 可能是软饮料罐或者是一个橘子。对两个物体与人手做视觉上的预处理（即色度和饱和度），方便在之后的逆模型中使用。

为了实现执行这四个动作的逆模型，可以使用 ActivMedia 公司的 PeopleBot，它带有原始的移动机器人高级机器人应用界面（ARIA）C++语言库，再加上完成动作必需的前提条件（如在抓取物体前，手必须靠近）。实验中使用了 8 个逆模型，每个模型针对两个物体组合中的四个动作。执行正模型时，使用以手坐标为编码的运动形态，预测系统对下一阶段系统状态进行定性预测，系统状态被表示为两种状态："靠近"或"远离"。

为了选择 8 个逆模型中究竟哪一个会产生动作（即赢得机器人选择性注意），实验采用自上而下的注意力仲裁机制，考虑到每个模型的置信值（比如采用拥有较高置信度的逆模型或者是可选的"循环赛"等份额的方法，每个事件按照顺序步骤一次选择一个模型）。一旦选定一个逆模型，该逆模型就需要提供与场景中的物体有关的物体属性：物体的颜色、动作、尺寸（罐头、橘子或手）。这些属性作为计算组合的显著性图谱时的偏差，比如手的位置和目标物体的位置是强调区域。使用这些变量所选择的逆模型生成一个动作命令，然后传输到成对的正模型，生成下一个靠近/远离状态的定性的二元预测。逆模型的置信值根据正确/错误的二元误差值进行增加或者减少。

211
~
212为了测试控制行为中 HAMMER 结构的实现，演示者进行 8 个任务的 8 个视频序列分别是两个物体与三种仲裁方法（循环、最高置信选择或是两者的结合）。实验结果以及不同仲裁方法的分析显示，增加的注意力机制明显节省了计算资源。另外，循环方法与高优先序模型的组合可以保证在经过一些初步的模型优化步骤之后，能够有效地切换到最高置信的逆模型。

用机器人模仿实验对 HAMMER 模型的测验证实了多种发展型和神经科学现象数据（Demiris 和 Hayes 2002），也证实了由 Meltzoff 提出的主动联合匹配模型。尤其是逆模型和正模型的学习可以视作婴儿发展过程的一部分。正模型的学习就像是婴儿发展过程中的动作尝试阶段。机器人就像婴儿一样，在完全掌握目标动作之前经历的阶段中，它们先产生随机动作，这些动作与视觉、本体感知或是环境结果是相互联系的。对于行动和结果之间相关性的学习，其转化为产生逆模型的基本轮廓，通过观察和模仿他人学习特定目标与输入状态的对应（Demiris 和 Dearden 2005）。在稍后的发展阶段，可以将多种逆模型并行组合，创造出与环境互动时的多种逆模型，以及面对复杂目标和行动时的层级组合。

HAMMER 结构也用来建立与灵长类身上的行动感知和模仿系统相关的一系列生物数据的模型（Demiris 和 Hayes 2002；Demiris 和 Simmons 2006），并且在诸多模仿任务和机器人平台上进行了扩展，比如为机器人轮椅设计的人类-机器人合作控制与模仿（Carlson 和 Demiris 2012），以及人类-儿童互动实验中的模仿舞蹈动作（Sarabia、Ros 和

Demiris 2011）。除了机器人模仿结构外，其他研究人员在 Meltzoff 和 Moore 的模块匹配模型基础上，提出受到发展型启发的机器人模仿实验。例如，Breazeal 等人（2005）建立在机器人和它的成年看护者之间的面部模仿模型，在他们看来这是建立机器人和人类之间的自然社会性互动，也是建立心智理论的里程碑。其他的研究聚焦于情绪状态的模仿和学习。Hashimoto 等人（2006）调查了机器人如何通过分析用户的脸部表达和对情绪状态进行标签，来学习对不同的情绪进行分类。Watanabe、Ogino 和 Asada（2007）提出了一个沟通模型，通过模仿或夸大人类面部表情，使得机器人能够将脸部表情与内部状态联系起来。

213

6.4 合作与共享意图

儿童身上的合作与利他行为的发展建立在表征共享意图以及建构共享计划这两项能力的基础之上，它也是社会互动式发展型机器人模型的目标。特别值得一提的是，Dominey 和他的合作者们（Dominey 和 Warneken 2011；Lallée 等人 2010）已经就一些认知和感觉运动技能提出模型，这些技能包含在一些合作任务中，比如 Warneken 等人（2006）的"木块发射"任务（框 6-1）。

在 Dominey 和 Warneken（2011）所做的实验中，机器人智能体（一个 6 个自由度的 Lynx6 机器人臂（www.lynxmotion.com），带有一个夹持器）和一位人类参与者共同建构一个共享计划，使得双方可以用桌子上的物体玩游戏，比如"把狗放在玫瑰旁边"或是"把玫瑰放在狗旁边"。人类和机器人能够移动 4 个物体（狗、马、猪和鸭子），必须把它们放在 6 个固定地标边上（灯光图片、乌龟图片、锤子图片、玫瑰图片、锁图片以及狮子图片）。每个可移动的物体都是一块木制的拼图片，上面画着动物图像，有一根垂直的杆供人或者机器人进行抓取。6 个地标是粘在桌子上的拼图。地标位置的固定使得机器人更容易决定物体的位置和伸手抓取的位置。

合作机器人的认知结构以及相应的实验设备如图 6-9 所示。该认知结构的中心模块是行动序列的存储和调用系统。动物游戏的动作是一组连续的序列（即共享计划），在这个序列中每个动作都与人类或者机器人智能体相关。Dominey 和 Warneken 提出的模型有存储动作序列的能力，且每个动作都贴有智能体标签和对应的共享计划。这个结构是合作式认知表征的核心部分，是人类独一无二的能力。行动序列存储与调用系统的设计受到了神经科学研究的启发，这些研究包括：关于人类大脑皮层 BA46 区域在识别动作的实时存储和调用上发挥的作用，以及该区域与序列处理、语言区域和镜像神经系统之间的联系（Rizzolatti 和 Craighero 2004；Dominey、Hoen 和 Inui 2006）。

214

该结构使用了有意图的、目标导向的动作表征方法，并且伴随着智能体特定的每个行动、对象物体以及物体的目标位置。目标导向性的表征形式移动（物体、目标位置、智能体）可以用来描述多种任务，比如需要一个行动或者描述一个行动。可能会存在三种意图计划：①我的意图，②我们的意图，③你的意图。在"我"和"你"意图计划中，机器人或人类将执行所有成序列的行动。在"我们"意图计划中，每个动作在序列中默认属于机器人或者是人类智能体，所采取的顺序是从开始就定好的。但是，随着 Carpenter、Tomasello和 Striano（2005）关于角色反转的研究，机器人配备了同样反转动作顺序的能力。当机器人准备好执行一个计划时，它询问用户是否愿意先开始。如果用户回答是的，那么在演示中用户和机器人的角色将固定下来，并记录在机器人的记忆序列中。另一种方式则是角色反转，机器人系统性地重新分配智能体来完成对应活动。

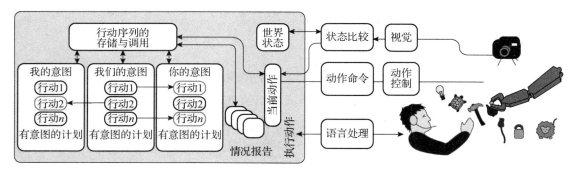

图 6-9 由 Dominey 和 Warneken（2011）提出的合作系统结构。图片由 Peter Dominey 授权提供。Elsevier 授权复制

机器人认知结构的另一个核心部分是世界模型。该模型编码了世界上物体的物理位置，对应智能体的基本精神模型的三维模拟（Mavridis 和 Roy 2006）。当机器人检测到无论是人类智能体或是机器人本身实施的对物体位置的改变时，世界模型就进行更新。视觉识别系统使得跟踪物体位置成为可能，而语言识别和对话管理系统则使得人类和机器人的合作成为可能（参见框 6-2 了解技术实施细节）。

框 6-2 Dominey 和 Warneken（2011）实验的实施细节

1. 机器人和动作

该实验中使用的是 Lynx6 机器人手臂（www. lynxmotion. com），配有两个指头的夹持器。6 个电机控制手臂的自由度：电机 1 旋转机器人臂肩膀底座，电机 2～5 控制上臂和前臂关节，电机 6 打开/闭合夹持器。电机是由一个连接于电脑的平行控制器通过 RS232 串口来控制的。机器人配有一套行动单元，可以实现：①将机器人定位于 6 个位置中的任一个，抓取相应的物体（比如，抓取（X））；②移动到新位置并放开物体（比如，摆放在（Y））。

2. 视觉

为了识别 4 个目标物体和 6 个坐标位置共 10 个图像，实验采用了 SVN Spikenet 视觉系统（http://www. spikenet-technology. com）。一个 VGA 网络摄像机安装在机器人作业空间上 1.25m 处，以俯视及捕捉桌子上面的物体。针对这 10 幅图片，SVN 系统将

对每一幅图片在 3 个方向上进行离线学习。在实时视觉处理中，一旦 SVN 识别到所有物体，它便将 4 个可移动物体的可信的 (x, y) 坐标点发回。接下来系统计算每个可移动物体到 6 个地标的距离，定位出最近地标。人类用户和机器人都必须将他们移动的物体摆放在其中一个地标边上的指定区域。这有利于机器人在预先规定的位置（靠近地标）完成物体取抓。在初次校准阶段，在每个固定的地标边上都标注有 6 个目标位置。这些地标都排列在与机器人底座的旋转中心等弧长的位置上。

3. 自然语言处理（NLP）及对话管理

为了与机器人交流，实验采用了自动语言识别与对话管理系统——CSLU 的快速应用开发工具包（http://www.cslu.ogi.edu/toolkit/）。该系统允许通过串口与机器人互动，通过串口输入/输出文件到视觉处理系统。为了管理与机器人互动时的言语，CSLU 的对话控制流程是预先定好的（参见下图，图片由 Peter Dominey 所摄）。在每次互动开始时，机器人可以选择行动或是模仿/玩。在行动状态，人类参与者提出要求，比如"将狗放在玫瑰边上"。实验采用了一个合乎语法结构的模板（Dominey 和 Boucher 2005b），就像是用**动作（物体，位置）**里面的断言（论点）形式定义一个行动。为了执行动作，机器人必须更新环境的表征（更新世界模型）。在模仿状态下，机器人必须首先确认当前状态（更新世界），然后邀请用户演示一个行为（邀请行为）。当机器人决定物体位置改变时，触发检测行为程序，进而保存动作（保存计划），这些动作是由相同的断言形式表示的。在演示过程中，用户确定谁是执行游戏的智能体（比如"你/我做这个"）。最后，机器人执行保存动作（实现计划）。

215

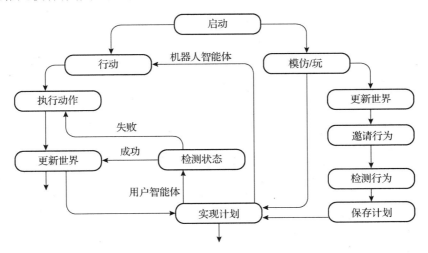

4. 实验 1 示例：感觉运动控制的确认

（1）行动状态

- 用户命令"将马放在锤子边上"。
- 机器人要求确认，同时提取断言-论点表征：**移动（马，锤子）**。

（2）执行动作状态

- 移动（马，锤子）被分解为两个单元组成部分，抓取（马），以及摆放在（锤子）。
- 抓取（马）需要询问世界模型，用于把马放在最近的地标处。
- 机器人在相应的目标地标位置执行抓取马的动作。
- 摆放在（锤子）执行运输到锤子的目标位置，然后放开物体。
- 更新世界模型，记忆新的物体位置。

[216]

　　在每个游戏开始时，机器人采用视觉系统更新世界模型中每个可视物体的位置。为了检查世界模型的正确性，通过说"狗在锁的边上""马在狮子边上"，机器人便能列出物体位置。然后它问："你想我再次行动、模仿、玩或者看吗？"如果物体描述是正确的，那么人类用户能够通过再次提出游戏的名字要求再来一次（比如，"把狗放在玫瑰旁边"），之后机器人将进行演示。另一种方法则是，人类会示范一个包含 4 个物体的新游戏。在第二个例子中，机器人记录由人类用户执行的动作序列，然后重复。在每次的行动示范过程中，人类指示要执行动作的智能体说"你做这个"或者"我做这个"。在"我们"意图的计划里，这些角色被分配到一个序列里作为默认行动角色。

[217]

　　下面用 7 个系列实验来研究多种游戏、互动以及合作策略（参见表 6-3，大致全面阐述了实验过程和主要结果）。实验 1 和实验 2 证实了系统的整体性，机器人有能力模仿一个单一行动。实验 3 和实验 4 测试了机器人的能力，它们能够建立并完成一系列多种行为的"我们"意图的计划，系统要将每个行动任务分配给"我"（机器人）或是"你"（人类用户）。特别是在实验 4 中，当用户不执行所分配的某一任务时，机器人能够使用"我们"意图的计划去代替没有执行行为的用户。

表 6-3　Dominey 和 Warneken's（2011）关于合作的 7 个实验总结

实 验	描 述	结 果
1：感觉运动控制	用户选择行动，说"将马放在锤子旁边"；机器人提取移动（马，锤子），将其分解为两个原始单元——抓取（马）以及摆放在（锤子）；机器人执行动作，世界模型检查并更新	将话语的句子转为移动（X 到 Y）命令的能力，以及转化为组成单元的能力；视觉定位目标物体的能力；抓取物体并将其放在指定位置的能力
2：模仿	用户选择模仿状态；用户执行一个动作；机器人通过检测视觉系统中物体位置的变化，搭建移动（物体，位置）行动表征，机器人与用户确认行动表征；执行动作	根据视觉感受到的状态变化的定义检测用户生成行动的最终"目标"的能力；根据要达到的目标进行模仿；利用普通的行动表征进行感知、描述和执行
3：合作游戏	与模仿相同，但是多个行动序列；在每个行动中用户都说明"你做这个"或是"我做这个"；与不同的智能体针对不同的行动进行"我们的意图"的计划；机器人和用户在行动序列中交替进行	按照多重行动的存储序列将角色分配给人类或是机器人以学习一个简单的有意图的计划的能力；合作，由用户/机器人按顺序执行动作

（续）

实　验	描　述	结　果
4：中断合作游戏	与前面一样，模仿是完全交替顺序；在第二个模仿中，用户不执行所分配的行动；机器人说"让我帮你"然后执行行动	机器人行动的存储表征使它能够帮助用户
5：复杂游戏	与实验3相同，但采用复杂游戏"狗追马"；用户移动狗，机器人和马一起"追"狗，直到它们都回到起始位置	在一个协调与合作活动中的复杂且有意图计划的示范学习
6：中断复杂游戏	与实验4相同，按照复杂的狗追赶的顺序，用户没有执行最终的移动，狗返回到固定地标，机器人能够替换用户来达到最终的目标	机器人的一般化的能力，当它检测到人类智能体有困难时提供帮助的能力
7：复杂游戏中的角色反转	与实验5相同；机器人在玩这个游戏前要问"你想先开始吗？"；用户回答"不想"（用户首先处于演示的游戏中）；机器人开始游戏，系统地重新分配角色	能够从共享式有意图的计划表征的鸟瞰式角度获益，在计划中采取任意一个角色

在实验 5 和实验 6 中，序列学习能力扩展到更加复杂的游戏中，在这些游戏中，每个行动的目标不再是一个固定的地标，而是由用户定义的动态的目标。机器人必须学习移动马追赶人类用户移动的狗（图 6-10）。机器人在实验 6 的中断追赶游戏中成功地代替用户，将狗回归到固定的地标。这个任务与演示情境学习有关（Zöllner、Asfour 和 Dillmann 2004），其中智能体定义了一个复杂的意图计划用于调节和合作。

a）人类参与者演示追赶游戏　　　　　　b）机器人执行学习到的游戏

图 6-10　机器臂和人类的合作游戏：Dominey 和 Warneken（2011）的实验
"马追狗"。图片由 Peter Dominey 授权提供

最终，在实验 7 中，Dominey 和 Warneken（2011）证实了机器人能够使用共享意图计划的"鸟瞰式"表征，拥有角色反转能力。当人类用户没有成功开始狗追赶游戏时，正如演示者在前一个游戏中所做的，机器人能够与用户交换角色，通过移动狗发起游戏。而这刚好印证了 Carpenter、Tomasello 和 Striano（2005）等在 18 个月大的婴儿身上所观察到的角色反转能力。

认知结构能够扩展到其他类型的类人机器人合作任务中。举例来说，在 Lallée 等人（2010）的研究中，类人机器人 iCub 在人类实验员的帮助下学习组装桌子，即将桌子的四

218
~
219

个腿安装到面板上（图 6-11）。为了完成这个目标，机器人通过经验学习后预料到固定四个桌腿需要重复动作。为了让 iCub 拥有学习共享计划的能力，Lallée 等人让机器人拥有与人类执行共同任务的能力，示范角色反转，甚至通过网络与另一个 iCub 机器人远程共享学习的知识。

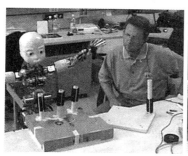
a）为了搭建桌子，机器人和
人类必须合作

b）机器人要抓住桌子腿

c）它把桌腿递给用户

d）当人类旋进桌腿的时候，机器人要
拿住桌子

图 6-11　Lallée 等人（2010）使用的桌子搭建任务的 iCub 平台。图片由 Peter Dominey 授权提供

这个实验证明，社交机器人可以建立认知结构，使得机器人能够观察行动、决定目标以及为了合作任务动态地将角色分配给智能体。而以上社会认知结构的设计，是从发展和

220

比较心理学就早期发展中的利他和社会性技能角色研究中获得的灵感。

6.5　心智理论

由于在互动机器人智能体设计上引入心智能力，使得机器人能够识别目标、意图以及他人的信念，因而这是机器人的社交和认知能力的重要发展。机器人能够使用自身的心智理论来改善与人类用户的互动，比如：通过解读他人意图，适应其他智能体的情绪、注意力以及认知状态，预料他们的回应，修改自身的行动以满足这些期待和需求（Scassellati 2002）。

在上述几部分，我们已经回顾了各种能力在机器人身上的应用，这些能力组合起来为认知机器人心智理论的完善做出了贡献。举例来说，所有关于注视行为模型（6.2 节）的工作，为完整的心智理论的发展提供了核心的前提条件。另外，4.2 节中关于人脸感知的文献为机器人心智理论关键部分的设计做出了贡献。但是，尽管关于个人社交技能存在很多发展型机器人模型，但只有少数努力清楚地为一般的机器人心智理论建立起整合模型（Scassellati 2002；Breazeal 等人 2005）。在这我们将要查看 Scassellati（2002）提出的 COG 类人机器人心智理论结构。Scassellati 按照 Leslie 和 Baron-Cohen（参见 6.1.4 节）提出了与婴儿发展理论一致的原则，从而建立了心智理论模型。Scassellati 的工作集中在实现 Leslie 在感知有生命的物体和无生命的物体之间的区别，继而区分机械、行为和态度主体。该学说也强调了 Baron-Cohen 提出的目光探测机制。

该机器人心智理论模型是建立在 COG 类人机器人平台之上，这是一个上半身人形躯干平台，有两个手臂，自由度是 6 个，躯干有 3 个自由度，头部和脖子的自由度是 7 个（Breazeal 和 Scassellati 2002）。这个模型实现了以下对于心智理论发展来说必需的行为和认知机制：

- 注意前视觉活动（pre-attentive visual routines）。
- 视觉注意。
- 人脸和目光探测（Baron-Cohen 的目光方向探测器）。
- 区分有生命实体和无生命实体（Leslie 的机械主体）。
- 注视跟随。
- 指向动作。

注视前视觉活动建立在显著性视图分析的基础之上，该分析采用了婴儿对明亮和移动物体的自然偏好。COG 身上应用了三个基本的特征检测器，分别是色彩显著性、动作检测以及皮肤颜色检测（Breazeal 和 Scassellati 2002）。COG 采用了四种饱和色彩区域过滤器（红色、绿色、蓝色和黄色），算法生成四种相异色彩通道，四个通道通过设置通道阈值，使图片变成显著颜色图。为了提取这三种显著性特征，视觉输入频率设为 30Hz，这样的帧速满足与人类参与者之间的社交互动要求。动作探测利用帧差和区域延拓，生成移动物体的边界框。皮肤探测建立皮肤颜色窗，对图片进行过滤，符合皮肤颜色的部分被看作皮肤区域。

视觉注意的下一个状态是选择情境中的物体（包括人类肢体），该动作需要目光扫视和颈部动作。为完成这项任务，需要设置三个自下而上针对皮肤、动作和色彩的检测器，再加上一个从上而下的动机和适应机制（适应性为时间衰减高斯函数）。这些视觉注意力机制建立在 Wolfe（1994）提出的人类视觉搜索以及注意力模型的基础之上。

目光和人脸探测使得机器人能够保持与人类实验员的目光接触。首先，人脸探测技术用于定位，使用了皮肤和动作探测图结合生成的面部图。机器人使用"比例模板"（Sinha 1995）处理脸部区域，它在脸部设立 16 个检测点，建立 23 个点对点的联系模板。然后机器人扫视探测到脸部区域，之后探测到脸部的眼部子区域（正如 Baron-Cohenz 提出的眼睛方向觉察器模型中所说的）。

从自身动作产生的视觉感知来区分有生命和没有生命的实体的功能，是建立在 Leslie

221

所提出的身体理论模型中的机械主体机制（mechanical agency mechanism）上。为这一两阶段的发展过程建立模型。第一个阶段只使用物体的时空特征（尺寸和动作）去追踪物体。第二个阶段使用更加复杂的物体特征，比如颜色、纹理和形状。通过提出的多种追踪算法（Cox 和 Hingorani 1996）实现动作追踪，在这个过程中，在连续的每一帧图片上标注出运动物体的中心，显著运动图就是这些标注中心的轨迹。系统也能够处理从视觉输入中消失的物体，比如物体遮挡、头部旋转或有限视野造成的消失。当一个动作被打断时，能够创造一个虚位点，之后能够把虚位点连接到物体的轨迹中，包括进入轨迹、退出轨迹或是在视野中被挡住时候的轨迹。Gaur 和 Scassellati（2008）则发展了一个更加高级的学习机制来探测有生命的实体。

222 注视跟随功能需要先实现三项子功能，这些功能能够处理目光探测操作：①提取注视角度，②推断到目标物体的注视角度，③可在物体和实验员之间切换的动作流程。这些都为 Butterworth（1991）提出更加复杂的婴儿注视跟随策略模型提供了条件，从对视野内物体的简单敏感到完全成熟的表征能力（参见 6.1.1 节）。

Scassellati（2002）也提出了对注视跟随的补充认知能力模型，该模型能够对指示手势进行理解和回应。这些手势包括指令性指向和陈述性指向。指令性指向包括朝着一个够不到的物体的指向手势，意思是让另一个智能体拾起来给婴儿自己。发展出来的指令性指向可以看作是婴儿自身伸手去拿行为的自然衍生。陈述性指向使用伸长手臂和食指，没有内在的需要拿它的含义，只是吸引人的注意力投向指尖末端的物体。在社会机器人中，实现这些手势理解至关重要，比如操作化要求以及机器人自身与智能体信念之间的一致需求。尽管指向动作在认知心智理论中还未实现，但其他研究人员已经提出了方法来解释指向手势，比如 Hafner 和 Kaplan（2005）所做的研究。

除了 Scassellati 在 2002 年提出的机制以外，有完整心智理论机制的机器人也要求额外的能力，比如自我认知。最近，Gold 和 Scassellati（2009）探索了以上问题，他们所选用的机器人是 Nico，这是一个模拟一岁婴儿的、有手臂和头部的上半身躯干类人机器人。该婴儿型机器人受训识别自身的身体部位以及在镜子中的反射，采用的是贝叶斯推理算法。自我识别能力使得机器人能够在镜子中识别出自己的形象，区分实验员是"有生命的他人"，而静止的物体则是"没有生命的"。关于心智理论能力的最近发展，以及社交发展型机器人模型领域的一般进展，对于设计出能够理解其他智能体的意图的机器人至关重要（其他智能体包括人类和机器人）；同时，对于整合意图进入它们自身的控制系统，从而达成人类-机器人的有效沟通也至关重要。

6.6　本章总结

在这一章，我们集中讨论了在发展心理学以及发展型机器人研究领域中，关于社交技能习得的相关研究成果。儿童心理学的文献证明，婴儿天生就有强烈的与他人互动的本能，正如他们在刚出生的那些日子就有模仿面部动作的能力一样。而成年人照顾婴儿、与婴儿持续互动、对婴儿进行刺激，也支持并强化了这种社交本能。这种用心的成人-儿童互动，使得儿童逐渐获得了更加复杂的联合注意力技能（共享的目光注视以及指向动作）、更多连接在一起的模仿技能（从儿童尝试性动作到肢体动作模仿，再到重复对物体的动作，继而推断演示者的意图）以及与他人互动时的利他和合作互动（自发帮助以及角色转换行为），直到发展出完整的心智理论（对他人的信念和目标进行归因）。

223

发展型机器人模型已经从儿童心理学文献中获得了灵感（Gergely 2003），有的甚至是从密切的机器人-心理学家合作中获得的（如 Demiris 和 Meltzoff 2008；Dominey 和 Warneken 2011），从而能够设计出机器人身上的社交技能。表 6-4 概括了设计社交机器人时的各种技能，以及在本章所说的机器人研究中这些问题是如何解决的。

本章的综述显示出社交智能体的基本能力之一——共享/联合注意力，这是核心现象之一，在机器人实验中后续进一步建立了相关模型。在一些研究中，联合注意力经过操作化后的测量内容是成人看护者（人类实验员）和婴儿（机器人）之间的相互的注视，Kaplan 和 Hafner（2006b）、Imai、Ono 和 Ishiguro（2003）以及 Kozima 和 Yano（2001）的研究针对的就是这个方面。在 Triesch 等人（2006）的研究中，正常目光切换模式以及受损的目光切换模式的控制，也被用于社交-注意力综合症相关的模型，比如自闭症和威廉斯综合症。在其他实验中，比如在 Nagai 等人（2003）提出的模型中，联合注意力是通过注视跟随完成的。特别值得一提的是，该研究为不同注视跟随策略发展提供了良好的证明，印证了在人类婴儿身上所做的研究（Butterworth 1991）。根据机器人在发展学习过程中注视跟随的不同阶段的分析可得，机器人脸部首先采用生态注视策略（比如不管实验员的注视方向，而是查看有意思的物体），然后变成几何策略（当物体只在儿童视野内，机器人脸部和人类参与者实现联合注意力），最终采用表征注视策略（婴儿机器人能够找到视野之外的显著物体）。除此之外，Hafner 和 Kaplan（2005）还通过使用指向行为为联合注意力建立模型。

另一个在发展型机器人方向引人注目并有竞争力的领域是模仿学习。模仿已经成为认知机器人以及类人机器人互动相关领域的主要研究内容之一（Breazeal 和 Scassellati 2002；Nehaniv 和 Dautenhahn 2007；Schaal 1999）。另有一项研究则是清楚关注模仿的发展阶段，相关模型是由 Demiris（Demiris 和 Meltzoff 2008；Demiris 等人 1997）以及 Breazeal 等人（2005）提出的，这些研究实现了由 Meltzoff 和 Moore（1997）提出的婴儿发展的主动联合匹配模型。在 Demiris 和 Hayes（2002）的研究中，主动联合匹配模型整合入 HAMMER 结构，是逆模型和正模型的组合，作为模仿和学习新的逆模型的工具。该机器人结构也包括了模仿时注意力控制相关的自上而下的注意力机制，使得机器人可以有限地处理感受和记忆的能力。这使得机器人能够把自上而下注意力倾向与自下而上的视觉注意力信号整合起来。

224

表 6-4 社交发展型机器人模型与个人社交能力的匹配
（＋＋表示研究的重点，＋表示认知/社交技能为部分明确包含）

社交及认知技能	Kaplan 和 Hafner 2006b	Nagai 等人 2003	Imai, Ono 和 Ishiguro 2003	Kozima 和 Yano 2001	Triesch 等人 2006	Demiris 等人 1997	Demiris 和 Khadhouri 2006	Breazeal 等人 2005	Watanabe, Ogino 和 Asada 2007	Dominey 和 Warneken 2011	Lallee 等人 2012	Scassellati 2002	Gold 和 Scassellati 2009
（机器人）	AIBO	Robot head	Robovie	Infanoid	Simulation	Robot head	PeopleBot	Leo	Virtual face	Robot arm	iCub	COG	Nico
相互注视	+												
注视跟随		++	++	++	++							+	
指向动作	++	+	++	+	++								
注意力（视觉）		++					++					+	
注意力（自上而下）							++						
共享/联合注意力	+	++	+	+	++							+	
模仿面部表情						++		++	+				
模仿面部情绪									++				
人脸检测								+	+				
模仿身体动作							++					+	++
合作										++	++		
角色互换								+		++	++		
ToM												++	+
自我识别（镜子）												++	++

另一个通过机器人实验完全研究的社会性发展领域就是合作与利他行为。Dominey 和 Warneken（2011）根据发展理论为人类-机器人合作提供了认知结构，在机器人上复制了由 Warneken、Chen 和 Tomasello（2006）开展的 7 个婴儿和黑猩猩的实验。在接下来 Lallée（2012）等所做的研究中，他们对 iCub 类人机器人的合作任务提出的模型进行了扩展。这些实验也证明了机器人能够进行角色互换，也能在合作中体现出全局观（Carpenter、Tomasello 和 Striano 2005），换言之，就是动态地站在演示者的角色帮助她完成任务。

最终，有些模型明确解决了机器人身上心智理论能力发展的问题。Scassellati（2002）的研究表明，这项能力的完成需要赋予机器人多种社会认知技能，比如注视前视觉活动、视觉注意、人脸和目光探测、区分有生命和无生命实体、注视跟随以及指向动作。该结构明确测试了心理学文献中关于心智理论发展的一些组成部分，正如 Baron-Cohen 在机器人的人脸和目光探测能力方面所做的目光方向探测器，以及 Leslie 的机械主体机制中区分有生命主体和无生命物体的敏感性。Gold 和 Scassellati's（2009）的研究中，有生命/无生命主体区分也用在建立机器人的自我识别模型。

总体来说，本章阐述了社交学习和互动式发展型机器人最有价值的领域，因为社交能力的设计是人类-机器人互动、与机器人同伴达成互动的核心前提条件。这些关于社交学习的实验为实现机器人更高级能力的研究建立了基础，比如解读他人意图的心智理论能力或预测他人的需求和行为，从而有效帮助人类-机器人合作。

扩展阅读

Tomasello, M. *Why We Cooperate*. Cambridge, MA: MIT Press, 2009.

这本书介绍了 Tomasello 所提出的人类合作的理论。该书就一些旨在确认支持人类婴儿帮助他人与合作的自然倾向的特定机制，回顾了在年幼儿童与灵长类动物身上所做的一系列研究。对于合作这个独一无二的特征，在我们最亲近的进化祖先身上观察到的并不是一种主动的行为，它是我们立足于合作、信任、形成团队以及社会基础上的文化结构的唯一基础。

Nehaniv, C., and K. Dautenhahn, eds. *Imitation and Social Learning in Robots, Humans and Animals*. Cambridge: Cambridge University Press, 2007.

该书是一本高度跨学科的著作，包括在自然（动物、人类）以及人工（智能体、机器人）系统内的理论、实验和计算/模仿取向的机器人模型。该书是 Dautenhahn 和 Nehaniv 所写的《Imitation in Animals and Artifacts》（MIT Press，2002）的第 2 版，是该书两位编写者所组织的关于动物和人工智能国际大会的延续。2007 版也包含了发展心理学家的贡献（比如 M. Carpenter、A. Meltzoff、J. Nadel）、动物心理学家的贡献（比如 I. Pepperberg，J. Call）以及诸多机器人模仿研究人员的贡献（比如 Y. Demiris、A. Billard、G. Cheng、K. Dautenhahn 和 C. Nehaniv）。

226 ～ 228

早期语言

    语言作为和他人交流的能力，包括言语、符号和文本，是人类认知能力的定义特征之一（Barrett 1999；Tomasello 2003，2008）。因此，语言学习和语言使用的研究吸引了众多学科的科学家的兴趣，从心理学（心理语言学和儿童语言掌握）和神经科学（语言处理的神经基础）到语言学（人类语言的形式层面）。因此，即便在发展型机器人和通用认知模型中，也有大量关于认知智能体和机器人的语言学习能力的设计研究已显得不足为奇。

    语言研究中的一个重要问题是"先天"与"后天"的争论，这就是那些先天主义和后天主义间的对立点。先天主义相信我们生来具有通用语言规则的知识，后天主义认为我们通过与会使用语言的同类个体互动来掌握所有的语言知识。站在后天主义的角度看，一些有影响力的研究人员提出，语言的生成存在通用句法规则或生成式语法准则，而且这些是人类大脑先天具备的（Pinker 1994；Chomsky 1957，1965）。例如，Chomsky 提出我们天生就有一种语言的"大脑器官"，叫作语言习得机制。在 Chomsky 的原则和 Parameters 的理论里，我们的语言知识（例如，在某些语言中，动词总在宾语前，而在其他语言中，动词跟在宾语后）包括一系列天生的、通用的、具有学习规范的准则（例如，我们总是使用固定的语序）。语言习得机制拥有一套预设的、在语言发展中形成的参数开关。如果婴儿在讲英语的社会里成长，那么语序参数（开关）会被设定为 SVO（Subject-Verb-Object，主语-动词-宾语）顺序，而对于讲日语的儿童，这个参数会被设定为 SOV（Subject-Object-Verb，主语-宾语-动词）。先天主义的另一个重要观点在于刺激参数的不足。这种说法认为：如果我们考虑儿童发展过程中可接触到的相对有限的数据，那么语言的语法是不可学习的。例如，一个儿童从来没有（或者很少）接触到语法不正确的句子，但是他能够从语法错误的句子中区分出语法正确的句子。因此，先天主义的解释是在成长过程中的输入必定是由天生的句法知识（即语言习得机制的准则和参数）补充完整的。

    根据后天主义的说法，语言知识的根基涌现于发展过程中的语言使用中，无需假设天生特定语言知识的存在。例如，语法能力被认为不能和本土产生的语法一样具有通用性和先天性。相反，正如后天主义说法的主要支持者 Michael Tomasello 所述：语言的语法方面是一整套历史与个体发展的产物，统称为语法（Tomasello 2003，5）。儿童的语言发展依赖于儿童自身的个体发展和成熟机制（例如关键期），并且也依赖于文化历史现象，该现象会影响整个不断变化的共同语言的动态过程。这种语言发展观点（解释）并没有排除成熟和社会认知因素会影响语言的掌握。实际上，诸如关键期以及分类与词汇学习上的偏好等遗传易感性确实对语言的掌握有影响（见 7.1 节）。然而，这些都是通用的学习偏好，并不是先天特定语言（句法）能力。例如，语言掌握的关键期是语言发展的一个关键现象。一般来说，如果儿童在最初几年处于一种当地语言环境中，那么他们仅能掌握这种语言。这种现象以及一般情况下语言掌握中年龄的影响，已被大量研究用于第二外语的学习中（如 Flege 1987）。至于刺激参数不足这个方面，在文献中有证据表明：儿童确实接收到不可能和语法错误的句子的负面样本，并且父母也确实在儿童犯语法错误的时候给予纠正。此外，在计算模型中已证实，不足的输入作为瓶颈甚至可以帮助儿童发现语言中的句法规则（Kirby 2001）。

这种语言学习的后天主义观点通常被当作建构主义的、基于用法的语言发展的理论（Tomasello 2003；MacWhinney 1998）。这是因为儿童被看作自身语言系统的主动建构者，他们需要对使用过的词语和语义间的统计规律和逻辑关系进行浅显的观察和学习。在语言学中，后天主义观点帮助推动了认知语言理论的发展（Goldberg 2006；Langacker 1987）。这种观点使用语法来紧密关联语义，并且展示了句法分类与作用是从语义系统的基于用法的规则中涌现出来的。例如，动词的通用语法种类是从共享普通特征的动词之间的增量式和层级式相似性中涌现出来的（例如 Tomasello（1992）的动词岛假说，参见 7.3 节以获取更多细节）。

|230|

建构主义的语言观点与涉身发展型机器人对语言学习的建模方法是高度一致的（Cangelosi 等人 2010）。发展型机器人的大部分原则（如第 1 章讨论的）反映了在儿童语言能力习得研究中所观察到的逐渐探索现象和语言习得机制，还反映了在认知发展过程中与环境进行涉身与情景交互的作用。语言学习的机器人和涉身模型中的一个基本概念是符号扎根理论（Harnad 1990；Cangelosi 2010）。符号扎根理论是指自然的与人工的认知智能体获取内部符号表征与外部语言形式或内部状态之间的自发（自动）连接的能力。默认情况下，语言学相关的发展型机器人模型建立在词语（它们不一定总是被编码为符号，也可能是亚符号的动态表现）和内外部实体（物体、动作、内部状态）之间相关联的扎根学习上。因此，这些模型不存在 Harnad（1990）所谓"符号扎根问题"。

本章将探讨涉身、建构主义理论和语言学习的发展型机器人模型间的密切联系。在接下来的两节中，我们首先简要回顾语言发展的主要现象和里程碑，以及概念和词汇学习中相关的原则（7.1 节）。接着我们详细讨论一个有开拓性的、关于早期词汇学习中涉身方面的儿童心理实验（7.2 节）。然后这些现象和原则会被映射到各种语言学习的发展型机器人研究中，分别对应通过咿呀学语来掌握发音能力的发展模型（7.3 节）、早期词汇学习的机器人实验（7.4 节）以及语法学习模型（7.5 节）。

7.1　儿童的早期词汇和句子

7.1.1　时间刻度和里程碑

语言发展的最突出事件集中发生在最初的三四年。这不是说儿童在学龄阶段语言能力停止进步。相反，有些相当重要的发展阶段与小学年龄段相关，甚至更靠后，而且他们大都看重元认知和元语言的成就（即对自身语言系统的意识），这些成就逐渐形成类似成年人的语言能力。然而，发展心理学和发展型机器人两方面都注重认知发展的早期阶段的核心部分。这些语言习得的早期里程碑紧随并行交织的增长式发声处理能力的发展、增长的词汇语法集的发展以及提高的沟通和实际能力的发展。

[231]

表 7-1 给出了语言发展中主要里程碑的简述（Hoff 2009）。在出生后的第一年中，最明显的语言发展的证明迹象是：声音的探索，声音的意思，咿呀学语。最初的咿呀学语包含许多发声游戏，例如咕咕声、尖叫声和咆哮声（也叫"临界的咿呀学语"）。在 6～9 个月大的时候，儿童进入"典型的咿呀学语"（也叫"叠音的咿呀学语"）阶段（Oller 2000）。典型儿语包括类似语言音节声的重复，例如融入各种咿呀声中的"嗒嗒"或"叭叭"声。研究者推测，这些情况在声音感知与声音产生之间的精确反馈回路的发展中起着重要作用，而不是在有交流目的的发展中起到重要作用。并且，从临界到典型的咿呀学语是发音发展的必要步骤。在临近出生后第一年年末的时候，儿童开始产生交流手势动作（例如，指向动作）和形象动作（例如，甩的动作表示球，把拳头放到耳边表示电话）。这些手势是儿童前语言期有意交流和合作技能的清晰标志，也是心智理论的首要标志（Tomasello、Carpenter 和 Liszkowski 2007；P. Bloom 2000）。

表 7-1　典型时间刻度和语言发展的主要里程碑（摘自 Hoff 2009）

年　龄	能　力
0～6 个月	临界的咿呀学语
6～9 个月	典型的咿呀学语
10～12 个月	有意图的沟通，手势
12 个月	简单词汇，单个词汇与手势相结合
18 个月	语音表述重组 50 以上词汇量，词汇量突增 双词汇组合
24 个月	句子越来越长 动词岛
36 个月以上	类似成年人的语法 叙述能力

还是在临近出生后第一年年末时，重复的咿呀声出现了，它的出现跟随在更加丰富的由辅音和元音构成的语音组合，以及特定语言的语音表述与词汇的重组之后，这也引发了最早的单个词组的诞生。最初的词语一般用来表示需要物体（例如，用"香蕉"来表示需要水果）、指出物体的出现（说"香蕉"指明水果的出现）、称呼家庭成员、指明动作（"踢""画"）与动态事件（"上""下"），以及提问"那是什么"（Tomasello 和 Brooks 1999）。这些词语通常称为"单字描述"，即用单个语言符号传达整个事件。在某些情况

[232]

下，单字描述可以跟一些常见词结合起来，比如"那是-什么"，即便儿童在这个阶段还没有完全掌握单个词汇和这些词汇各种组合的独自使用方法。

在出生后第二年的第一阶段，儿童慢慢扩大了自己单个词组的体式。这些体式包括各种社交智能体（爸爸，妈妈）的名字、食物标签、物体，以及身体部分、提出要求的单词（"更多"）等。儿童词汇量的增长呈非线性的增长特性，这种现象称为"词汇突增"。词汇突增（又称命名爆炸）通常在18～24个月间出现，指儿童学习大约50个单词后词汇增长率的陡增（Fenson 等人1994；L. Bloom 1973）。这通常被假定是依赖于词汇语义表示的结构调整，导致质变的单词学习策略。随着儿童词汇库的增加，他们也能产生两个字的话语。可是，在第二年开始阶段，并且在两个词组合的能力完全成熟前，儿童会经历词汇/手势混合阶段，他们把手势和单词结合起来表示意思的组合。例如，儿童可以说"吃"这个字并且指向糖，以此来传达"吃糖"。即便是在这些早期阶段，手势以及手势和单词的组合也成为未来词汇与语法能力和一般认知能力的前置功能（Iverson 和 Goldin-Meadow 2005）。

在18个月左右出现的早期双词的组合通常服从卯榫式的构造结构（Braine 1976）。儿童生成双词组合的基础是一个常量元素（卯），比如"更多""看"，以及一个灵活的榫，比如"更多牛奶""更多面包""看狗""看球"。

在第三年，儿童开始发展（"构造"）出更多复杂的语法能力。构建语法发展的一个开创性例子是动词岛假说（Tomasello 1992）。虽然这个年龄段的儿童能使用大量动词，但它们似乎以独立语义元素存在，也就是"动词岛"。例如，对于一些动词（例如，"切"）儿童只能使用该词与各种物体名称的非常简单的语义组合（"切面包""切纸"）。相反，其余动词有更丰富的语义用法。例如，"画"这个词可以通过更丰富的组合说出来，比如"我画""画图""给你画图""用笔画图"。这些不同的动词岛的复杂度和熟练度的区别，源自基于用法的体验。在语义上发展完善的动词岛"画"这个例子中，儿童被放置在有多个参与者类型和多语用角色与功能的更丰富的动词组合中。然而在这个阶段，儿童没有发展出智能体、承受者、工具这种类似于成年人动词类别那样的句法和语义种类。相反，儿童习得了动词岛的一些特定作用，例如"抽屉""绘画的对象""给他画点东西"以及"用什么画点东西"。这些中级句法结构也使得儿童掌握了更完备的形态和句法技能，因为对于一些动词岛来说，与动词相连的介词有更丰富的用法，例如"上""由"等（Tomasello 和 Brooks 1999）。

4～6岁这个年龄段在大部分国家对应幼儿园阶段，儿童逐渐掌握类似成年人的语法结构，例如简单的及物词（智能体-动词-名词，如"约翰喜欢糖"（John likes sweets））、方位词（智能体-动词-名词-方位词-地点，如"约翰把糖放在桌子上"（John puts sweets on table））以及与格（智能体-动词-名词-与格-接收者，如"约翰给玛丽糖"（John gives sweets to Mary））（Tomasello 和 Brooks 1999）。这逐渐导致了更加复杂的句法形态构造

233

以及更加抽象和广义的语法范畴的发展，直到正规的语言类别形成（如词类）。这些语法技能都伴随着扩展的语用学和沟通技巧，从而导致精确的叙事和话语能力。

7.1.2　概念与词汇发展的原则

为了在语言习得阶段达到上述罗列出的里程碑，以及说明语言是与其他感觉运动与社交技能的并行发展交织在一起的，知道哪些其他因素和能力支撑这些发展就显得尤为重要。正如在本章初始部分讨论过的先天和后天的争辩，所有语言发展理论都假定儿童依赖某些（天生的或先前发展的）能力学习词汇和语法范畴。尽管先天主义和后天主义的语言观点在特定语言（即特殊语法）能力上有很大争议，但所有发展主义者都同意：儿童掌握最初的词汇和语法靠的是一套预先的语言能力。其中有些可能是先天的、特定种族的行为，而其他的可能是在早期发展阶段逐渐学到的社交和概念技能。

这些通用的认知能力，通常指的是概念和词汇发展的"偏好"或"原则"（Golinkoff、Mervis 和 Hirshpasek 1994；Clark 1993），它们依靠感知和分类技能的组合（例如，区别和认出物体和实体，并将它们分组的能力）以及社交能力（例如，模仿与合作的本能）。这些原则的主要功能是：通过减少儿童学习新词汇时必须考虑的信息量来"简化"单词学习任务。

表 7-2 是已被证实有助于词汇发展的主要原则的概览。这个列表拓展了 Golinkoff、Mervis 和 Hirshpasek 在 1994 年提出的最初的 6 个原则，并且加入了发展心理学的最新发现。

234

表 7-2　语言学习中的语言习得原则

原则（偏好）	定　义	参考文献
参照	儿童意识到词汇用来映射现实中的实体	Golinkoff、Mervis 和 Hirshpasek 1994；Mervis 1987
相似性	一旦标签与个体实例联系起来，就将被拓展到功能或感知相似的例子上	Clark 1993
传承性	说共同语言的人倾向于使用相同的词汇表达某些意思	Clark 1993
整体（物体范围）	儿童假定新标签可能指整个物体而不是指它的部分、实质或其他性质	Markman 和 Wachtel 1988；Gleitman 1990
整体与部分并列	当新的部分标签与熟悉的整个物体标签并列时，儿童能把新标签对应理解为部分	Saylor、Sabbagh 和 Baldwin 2002
分割	婴儿利用非常熟悉的单词来分割与认识相近的、以前不熟悉的单词	Bortfeld 等人 2005
分类（分类范围）	指代同种事物的单词	Markman 和 Hutchinson 1984

（续）

原则（偏好）	定　义	参考文献
互斥性（新名-无名分类；对立）	儿童假定名词挑出互斥的类别，所以每个物体类别只有一个标签	Markman 和 Wachtel 1988；Golinkoff、Mervis 和 Hirshpasek 1994；Clark 1993
涉身性	儿童利用他们身体与物体的关系（例如空间位置和物体形状）来学习新的物体-单词关系	Smith 2005；Samuelson 和 Smith 2010
社交认知	共享注意力、模仿学习、合作	Baldwin 和 Meyer 2008；Carpenter、Nagel 和 Tomasello 1998；Tomasello 2008

235

　　参照原则是单词学习的基础，并且反映了这样一个事实：儿童必须发展出单词在真实世界中是用来映射物体和实体的这种意识。Mervis（1987）首先发现 12 个月左右大的婴儿学习命名物体纯粹出于好玩。加入相似性原则后，一旦标签与个体实例联系起来，这个标签词就不仅可用于最初看到的那些物体，还可用于那些在功能或感知上相似的物体（Clark 1993）。

　　整体原则（也叫物体范围原则）源于这样一个观察，儿童假定他们第一次听到的新标签可能指视野中出现的某个物体。特别地，假定标签指整个物体而不是其某个部分、实质或其他性质（Markman 和 Wachtel 1988；Gleitman 1990）。整体与部分并列原则基于这样一个观察，当新的部分标签与熟悉的整体标签并列时，儿童能把新标签理解为对应物体的一部分（Saylor、Sabbagh 和 Baldwin 2002）。

　　分割原则（Bortfeld 等人 2005）指的是 6 个月大的婴儿能熟练利用熟悉的词汇，例如他们自己的名字或其他人的名字，来分割并认识连续流利讲话中相邻的、先前不熟悉的单词。

　　分类原则（也称分类范围原则）指的是儿童假定一个单词指同种类的事物，并且将它拓展到所属的基本类别中（Markman 和 Hutchinson 1984；Golinkoff、Mervis 和 Hirshpasek 1994）。

　　互斥性原则（也称对立原则，或新名-无名分类原则）源自这样一个假设：名词挑出互相排斥的类别，从而使得每个物体类别只有一个标签（Markman 和 Wachtel 1988；Clark 1993）。因此，当儿童听到新标签并看到新的没有被命名的物体时，就把这个新单词联系到新物体上。即便有两个物体，一个已经被贴上标签，而另一个没有相关单词时，这个原则也成立。

　　传承性原则指这样一个事实，儿童假定所有讲同一语言的人倾向于使用同样的单词表达某种意思，因此儿童必须始终使用同样的标签来指代同样的物体（Clark 1993）。

　　涉身性原则基于这样一个观察，儿童利用他们身体与外界的关系来学习新的物体-单词关系。例如，儿童可以使用身体姿势与物体空间位置间的关系，甚至在物体临时消失的情形下学习新的物体-标签联系（Smith 2005）。该原则将在下一节详细讨论，框 7-1 是实验设置的示例。

|236|

框 7-1　Modi 实验（Smith 和 Samuelson 2010）

1. 流程

　　父母坐在桌子前面，把儿童抱在膝盖上。实验者坐在对面，训练时，一次拿两个没有名字的新物体给儿童看（如下图）。实验中使用桌子上两个完全不一样的地方（左侧和右侧）。在测试阶段，两个物体一起放在桌面（中间）的新位置展示。所有参与的实验对象均是 18～24 月大的儿童，处于典型的早期语言和词汇突增的发展阶段。这里我们用下表（参见下表中的四个实验图解）简要介绍四个实验。

|237|

	左　　　右	左　　　右	左　　　右	左　　　右
步骤 1	🔹（左）	🔹（右）	🔹（左）	
步骤 2	🔹（右）	🔹（右）	🔹（右）
步骤 3	🔹（左）	🔹（左）	🔹（左）	
步骤 4	🔹（右）	🔹（右）		
步骤 5	看着 Modi	看着 Modi	🔹（左）看着 Modi	🔹（左）看着 Modi

（续）

	左　右	左　右	左　右	左　右
步骤 6	◆　　◆			
步骤 7	◆	◆		
测试	◆ Modi在哪里	◆ Modi在哪里	◆ Modi在哪里	◆ Modi在哪里

2. 实验 1 和 2：缺失时的物体命名

实验中，实验者同时展示两个新物体。只有当物体缺失时才称呼"Modi"。在实验1中（无交换条件），每个物体总是出现在相同的地方。第一个物体一直出现在儿童身前左侧，另一个物体一直出现在右侧。每个物体均出现两次（步骤1～4）。接着（步骤5），儿童的注意力被引向目前的空缺位置（左侧），同时实验者大声说语音标签"Modi"（例如，"看着 Modi"）。然后再次同时展示两个物体（步骤6～7）。接着，在测试阶段，在新位置（中间）给儿童同时展示两个物体并提问："你能找到 Modi 吗"？

在实验2中（交换条件），使用相同的实验步骤，除了两个物体的左/右位置一致性被削弱。开始的展示中，第一个物体展示在右侧，第二个物体在左侧（步骤1～2）。物体的位置在接下来的两次展示中被交换（步骤3～4）。在命名步骤（步骤5）和在最后两个物体展示中（步骤6～7），使用步骤1～2中使用的最初的位置。

3. 实验 3 和 4：视野内的物体命名

在这两个实验中，新标签在物体展示给儿童的同时被说出。在实验3中（控制条件），两个物体使用惯常的左/右位置，与无交换条件下一模一样。然而，在步骤5中，当第一个（黄色）物体展示时说出单词"Modi"。这相当于标准的单词命名实验中的物体-标签建立。在实验4中（空间竞赛条件），给另一组不同的儿童在步骤1～4中以惯常的左/右空间位置重复展示两个物体。在步骤5中，第二个（绿色）视野中的物体现在被打上标签"Modi"。然而，绿色的物体现在位于桌子左侧，也就是黄色物体使用过的位置。

4. 结果

在实验1中（无交换条件），尽管两个物体缺失时都说出了名字，但大部分（71%）儿童选择空间相关的物体（放在左侧的）。在实验2中（交换条件），当"Modi"这个词被大声强调的时候，仅有45%的儿童选择出现在相同位置的物体。在实验4中（控制条件），儿童能以80%的正确率从以前没见到的物体中挑出有标签的物体。在实验3中（空间竞争条件），大部分（60%）儿童选择空间相联系的物体（黄色），而不是绿色的物体，该物体实际上同时出现并贴有标签。

238

最后，有一系列基于社交认知原则的观察，这些观察对词汇学习具有极大作用。语言学习中的这些社交原则注重亲子合作的二元关系，以及儿童期的同伴交往。例如，Tomasello（2008）和 Carpenter（2009）进行了儿童和动物（猿）间的比较实验研究，来关注那些存在于人类儿童却不存在于灵长类动物的联合注意力形式和机制，这些形式和机制对儿童的语言学习提供了支持。在社会模仿和合作技能上也有类似的研究（Tomasello 2008）。早期词汇学习中联合注意力与共享注视的核心作用的证据是非常充足的。例如，已证实 18 个月左右大的儿童会把注意力放到说话者的眼睛注视方向上，作为线索来分辨对话的焦点（Baldwin 和 Meyer 2008）。婴儿用在联合注意力上的时间也是词汇发展速度的提前预示（Carpenter、Nagell 和 Tomasello 1998）。这些社交认知偏好中的一部分内容以及发展型机器人中的对应模型已在第 6 章中详细讨论。

本章所讨论的词汇学习的偏好，也可看作内在动机的一种表现形式，这里特指驱动婴儿发现并学习语言和交流行为的动机。这已在 Oudeyer 和 Kaplan（2006）采用 AIBO 机器人进行的发展型机器人实验中建立了明确模型。他们的模型支持如下假说：因为儿童的本能是融入新的场景从而学习新的情况，所以婴儿才能发现（声音）交流，而不是以有意图交流为目的去发现交流。也就是说，在环境中探索和玩耍时，机器人的通用学习动机使得它们选择新任务而非之前学习过的任务，当机器人被允许与其他智能体进行声音交流时，情况也是一样的。

239

7.1.3 案例研究：Modi 实验

为了对儿童语言发展的简要回顾进行总结，并展现儿童心理学研究发现为发展型机器人中语言习得模型的设计提供的帮助，我们将给出一个被应用在语言研究中的、开创性的实验流程的详细描述。在 7.4 节中将介绍重复了儿童心理学实验结果的发展型机器人实验。这种对比将展示实验研究和计算机化的研究之间的紧密映射，这种映射将帮助我们对儿童和机器人中的语言发展机制进行科学的理解，并且还能帮助我们理解发展可塑的、支持语言学习的机器人技术的意义。在这种特定情形下，机器人模型的使用允许对涉身性与感觉运动知识在早期概念和词汇学习中的作用进行清晰的测试。

该实验通常称为绑定实验或"Modi"实验（框 7-1）。这个实验的流程与 Piaget（1952）的著名"A 非 B 错误范例"有关，但更新的研究被 Baldwin（1993）以及 Smith 和 Samuelson（2010）用在语言发展的研究上。尤其是 Smith 和 Samuelson 选择这个流程来说明涉身性原则在早期词汇学习中的作用，并挑战默认的假说——名字被关联到刚好与名字一起出现的物体上。

框 7-1 中描述的四个实验展示了影响词汇学习要素的系统化操作，换句话说，贴有标签的物体出现的地方没有出现物体（实验 1 和实验 2），以及当标签和物体同时出现时，空间和时间联系的比较（实验 3 和实验 4）。实验结果显示儿童能够将标签联系到物体上，即便物体没有出现。此外，当比较空间/时间条件时（如实验 4），基于儿童姿态的涉身性偏好会比标签和物体同时出现时更强。

另一个重要的观察是：每个实验中，父母姿态从坐姿到站姿（儿童的空间-身体认知产生不同的图式）的改变能够扰乱儿童将未出现的物体通过空间联系到名字上的能力，而其他的属于视觉或听觉的干扰信息却没有扰乱。这进一步加强了涉身性因素在语言学习中的调节作用。总而言之，该研究用清晰的证据挑战简单的假说——名字和一同出现的东西联系在一起。实际上，实验提供了强有力的证据表明身体的瞬间空间意向有助于通过期望的物体位置将物体绑定到名字上（Smith 和 Samuelson 2010；Morse 等人）。 |240|

7.2 机器人咿呀学语

过去 20 年人们开发了大量的语音识别和合成应用，这些通常用于计算机、汽车和手机的自然语言界面。大部分最新的语音识别系统依赖统计的方法，例如隐马尔科夫模型（HMM），它需要每个单词的上千个声音样本来做离线训练。然而，发展型机器人的语音学习模型提出一个替代方法来支持语音处理能力的出现和发展。这些发展型模型依赖在线学习和教师学习互动模仿，如同儿童发展过程中一样，而非依赖大量语料库离线训练。受发展启示的语音系统的设计以及将其扩大到处理大量语音库，意在克服目前语音识别应用的瓶颈问题和局限，以及改善其对动态噪声环境的不稳定识别表现。

目前大部分机器人语言学习模型依赖这种预先训练好的语音识别系统，尤其是那些专注于词汇和句法掌握的模型（参见 7.3 节和 7.4 节）。然而，一些机器人和认知智能体的语言学习方法特别专注于音标系统的涌现，通过学习者与教师间的互动以及声音器官的咿呀学语而发展。大部分研究基于使用模拟的认知智能体与声道和听觉设备的物理模型，最近的研究集中于使用发展型机器人方法。

Oudeyer（2006）和 de Boer（2001）已经提出一些关于通过智能体与智能体间的交互产生的类似语言的音标系统的开创性研究（相关研究参见 Berrah 等人 1996；Browman 和 Goldstein 2000；Laurent 等人 2011）。Oudeyer（2006）调查了言语的进化起源，特别是自组织现象在组合言语声音的共同库的形成中所起作用。该研究基于受大脑启发的运动和认知表征计算模型，以及这些表征方法在许多咿呀学语的机器人中是如何通过经验产生改变的。这些智能体拥有人造耳朵，可将听觉信号转换成神经脉冲，这种脉冲会映射到认知模型映射中（图 7-1）。它们也天生具有运动神经映射图，这个映射图负责控制声道模型的关节运动。这两种 Kohonen 式的映射也互相联系在一起。刚开始，所有神经元的内部参数及其连接是随机产生的。为了产生声音，机器人随机激活若干运动神经元，其中内部编程使关节配置按顺序到位。通过声道模型产生声信号，并可被耳模型捕获到。这就是咿呀学语的基础。这些神经网络的特点是拥有几种可塑性：①内部连接进化的方式是每个智能体在咿咿呀呀时学习听觉运动映射；②每个映射中的神经元参数在为智能体听到的声音分 |241|

布建模时会改变；③编码在运动映射中的声音分布基本与编码在感知映射中的声音分布一致。因此，智能体倾向于产生在智能体群体中听到的相同的声音分布。这种架构构成了整体声音模仿的基本神经套件。

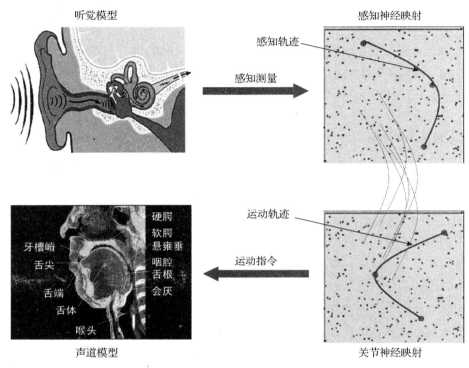

图 7-1　带有耳朵与发音模型和感知运动映射图的自组织模型结构。Pierre-Yves Oudéyer 授权提供图片

242

刚开始时，智能体的随机发声是无组织的，贯穿整个连续的言语过程。这个初始平衡是不稳定的，并且随着时间推移，对称性会中断：智能体群体自发产生一个共有的发声组合系统，该系统映射出一些人类语言中观察到的发声系统的统计规律和多样性。这种离散言语系统的形成也复制了婴儿从临界的咿呀声到典型咿呀声的转变模型（Oller 2000）。这些构造依赖固有形态与生理限制之间的互动（例如，音节配置到声波和听觉感知的非线性映射），以及自组织和模仿机制。特别的是，这样就提供了一个统一的框架来理解最常用的元音系统的形成，这些系统在机器人中和人类语言中几乎是一样的。

Boer（2001）用了一个类似的方法专门对元音系统的自组织进行建模。最近，这些言语自组织系统已被重新定义，例如，通过在男女说话者的言语发声系统和咿呀学语实验（Hornstein 和 Santos-Victor 2007）中使用更加逼真的喉咙位置。

在共有语音系统出现时这些系统大都专注于进化的自组织机制。最近，发展型机器人实验特别关注语言学习中的发展机制。尤其是这些模型已经专门钻研了掌握初期词汇时的咿呀学语和语音模仿的初级阶段。为了给该领域的主要方法做一个概览，我们首先用 iCub

机器人回顾发展型机器人从咿呀学语转向词汇形式的模型，然后用 ASIMO 机器人分析语言分割模型（Brandl 等人 2008）。

Lyon、Nehaniv 和 Saunders（2010，2012；Rothwell 等人 2011）的研究清晰地阐述了咿呀学语和早期词语学习（Vihman 1996）之间连续性的发展型假说。特别的是，当典型音节出现时，他们的实验为这个里程碑进行建模，并且弄清了它是如何支持早期的语言习得的。这些行为与 6～14 个月大的儿童音标发展阶段相对应。这些研究给音标词形式的学习建模而不加入其含义，这些含义能与平行发展的参照能力结合在一起。

实验最初在模拟的发展型认知结构（LESA，语言合成智能体）上进行，然后利用儿童型的 iCub 机器人平台在人-机器人交互实验中做测试。实时互动对语言掌握来说必不可少。模型初始化阶段有个假设：智能体具有硬性动机去倾听说出来的东西，并且频繁地回应。这种内在儿语动机与 Oudeyer 和 Kaplan（2006）发现的声音交流本能相类似。

243

在实验初期，机器人发出随机音标的咿呀声（Oller 2000）。随着教师-学生的对话进行，机器人的发音逐渐偏向产生像教师一样的声音。教师的言语被机器人以音素流的形式捕获，并没有分割成音节或单词，这一过程使用的是微软的语音 API 适配版。实验要求教师基于印在盒子侧面（见表 7-3）的 6 张图片的名字教机器人学习形状和颜色的名字，使用的是教师自发的词语。大部分形状和颜色的名字正好是单音节单词（red、black、white、green、star、box、cross、square 等）。如果教师听到机器人发出其中一个音节单词，他需要给出满意的评论，然后这个强化过的单词就被加入机器人的词库。这个过程是在给婴儿对声音统计分布非常敏感这一常见现象建模（Saffran、Newport 和 Aslin 1996）。机器人听到的每个音节频数均在内部音标频率表中更新。机器人将继续发出拟随机音节咿呀声，或者音节的新组合，并偏向最常听到的声音。这将使得机器人逐渐产生与教师目标词库相匹配的单词和音节。

表 7-3 目标单词和音标（摘自 Rothwell 等人 2011）

单　词	音　标
Circle	s-er-k-ah-l
Box	b-aa-ks，b-ao-ks
Heart	hh-ah-t，hh-aa-rt
Moon	m-uw-n
Round	r-ae-nd，r-ae-ah-nd，r-ae-uh-nd
Sun	s-ah-n
Shape	sh-ey-p
Square	skw-eh-r
Star	st-aa-r，st-ah-r

音标的编码基于 V、CV、CVC 和 VC 四种音节（V 代表元音，C 代表辅音或辅音族），它们和早期婴儿发展的音标结构相对应。不同之处在于，婴儿的音标库更多受限于语音限制。婴儿在能够发出音素前识别它们。辅音簇受限于英语语音系统的可能组合。有些组合仅发生在音节的开端，例如 "square" 里的 skw，有些仅在末尾，例如 "box" 中的 ks，有些两个位置都有，例如 "star" 或 "last" 中的 st。音标源自 CMU 库，使用了 15 个元音和 23 个辅音（CMU 2008）。表 7-3 展示了一些目标词汇和它们的音标。有些单词可有不止一种编码，以此反映发言时的多样性。

在 Lyon、Nehaniv 和 Saunders（2012）的实验中，有 34 名普通（对机器人不熟悉）的实验人员参与。实验人员随机分入五组中的一组。每组实验过程基本一致，只有实验人员的实验方针有细微差别，例如他们是否应该留意 iCub 机器人的表情。在这些实验中，设定 iCub 机器人的嘴巴（LED 灯）表情在发出音节时会 "说话"，在听教师讲话时恢复为 "微笑" 表情（图 7-2）。iCub 机器人通过电子声音合成器（espeak. sourceforge. net）每三秒发出一次咿呀声。

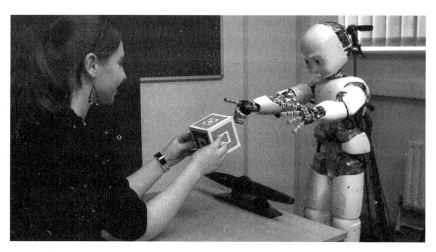

图 7-2　实验人员正在 Lyon、Nehaniv 和 Saunders（2012）的音标儿语实验中与
iCub 机器人互动。Caroline Lyon 和 Joe Saunders 授权提供图片

实验结尾，有两个四分钟长的会话，机器人可以或是在大部分情况下都能学到一些词汇。虽然全部的形状和颜色名字的掌握度不是很高（部分原因是声音识别器的识别率低），但还是观察到一些有趣的带有与教师交互风格的结果。例如，Rothwell 等人（2011）的实验中，一个普通的学生实验人员使用单个字的发音（例如 "moon"）不断重复来让机器人学习。第二个实验人员以前是儿童教师的，他把显著的单词（形状和颜色的名字）嵌入交流谈话中，例如 "你还记得微笑的形状吗，就像你的嘴巴"。第一个实验人员的重复风格使得机器人学习最有效，用最短的时间掌握了最大的词汇量。在后来的实验（Lyon、Nehaniv 和 Saunders 2012）中，这种关联性变得不再显著。其中一些最好的结果来自更加

啰嗦的教师，他们发出这些指定词汇的方式似乎更加清晰明白。

其中一个显著实验结果是教师经常没能注意到机器人说出正确的单词，因此没有强化它。在人-机器人交互（HRI）中有一个问题：在这种情形下，似乎很难从准随机的咿呀声中挑选出单词形式，音频感知或许与可理解性有关（Peelle、Gross 和 Davis 2013）。

其他语言学习的发展模型专门关注看护者在指引语言掌握时的模仿行为。例如，Ishihara 等人（2009）提出一个模拟的发展型互相模仿的智能体元音学习模型。这个研究考虑了看护者模仿行为的两种可能作用：①元音信息（"感觉运动磁吸偏好"）的告知，②实现更清晰的婴儿元音的引导（"自动镜像偏好"）。学习的智能体模仿机制并不成熟，它会随着学习而改变。看护者有成熟的模仿机制，并且这些机制取决于两个偏好之一。看护者-婴儿互动的计算机模拟结果表明：感觉运动磁吸策略帮助形成比较小的簇，而自动镜像偏好把这些簇变成与感觉运动磁吸相关的更清晰的元音。在 Yoshikawa 等人（2003）的一个相关模型中，提出了一个建构主义的人-机器人交互方法来实现机器人发音系统的音标发展。该研究探讨了这样一个假说，看护者通过产生重复的成年声音语素来强化婴儿的自发咕咕声，导致婴儿朝着成年人一样的声音形式重新定义自己的发声。包含五个自由度的智能机器人用机械关节系统来对连在人造喉咙上的硅声道进行控制和形状调整。学习机制使用两个相互连接的 Kohonen 自组织映射分别表示听觉和发声。两个映射的权重使用关联 Hebbian 学习律进行训练。这种基于 Kohonen 映射和 Hebbian 学习的学习架构已被广泛应用在发展型机器人上（参见框 7-2）。人类看护者与智能机器人间的声音模仿互动实验说明，通过简单地、仅依靠看护者（没有"先天"声音知识）的重复的声音反馈，机器人就可掌握逐渐偏向人类一样的声音库。为了能够任意选择适合捕获人类发音的语音，Hebbian 学习必须做出修改以使得发音的关节疲劳度最小（即改变声道和喉咙变形的扭矩）。这个疲劳度参数能减小感知的与产生的声音之间的任意性，并提高人类和机器人音素间的相关性。Yoshikawa 等人（2003）的工作是最早把物理机器人关节系统应用到类似人的音标声音学习的发展型机器人模型之一，它通过机器人与人类看护者的直接互动方式进行实验。最新的一个例子是 Hofe 和 Moore 在 2008 年打造的一个拥有物理声道模型的机器人头部系统。

框 7-2　Modi 实验的神经机器人模型

本框提供 Morse、Belpeame 等人（2010）的模型实现的一些技术细节，帮助大家了解 Modi 装置如何复制神经认知实验。

1. 网络拓扑结构、激活函数和学习算法

神经模型可分为两个独立网络类型以方便地实现，一是使用标准公式的自组织映射（SOM）和域，二是激活扩散模型。1 个 SOM 接收 3 个对应输入图像中间平均 RGB 值的输入，姿态映射接收 6 个输入，对应 iCub 机器人眼睛的水平角和仰角、头以及躯干。

246

对于每个 SOM，最佳匹配单元（BMU）在对应的权值（随机初始化）间拥有最短的欧几里得距离和输入模式（见式（7-1））。BMU 周围所有单元的权值随后会更新，更加接近输入模型（见式（7-2））。

$$BMU = Max_i (1 - \sqrt{\sum (á_j - \dot{u}_{ij})}) \tag{7-1}$$

$$\Delta \dot{u}_{ij} = á \exp\left(-\frac{dist^2}{2 size}\right) (a_j \dot{u}_{ij}) \tag{7-2}$$

语音输入处理使用的是 dragon dictate 公司的商业软件，它可将语音转为文本。每个词（文本形式）都与已知词典（初始为空）比较，如果是新的，则在域内产生一个新的对应节点入口。当每个词被听到时，词域内唯一对应的单元就被激活。

激活扩散模型然后允许身体姿态 SOM 和其他映射间双向激活扩散（遵守标准 IAC 扩散激活，参见式（7-3）），其中通过 Hebb 学习规则在线修改连接权值（初始化时为零）且每个映射内通过恒定的抑制连接权值。

$$net_i = \sum \dot{u}_{ij} a_j + â BMU_i \tag{7-3}$$

$$If \ net_i > 0, \ \Delta a_i = (max - a_i) \ net_i - decay(a_i - rest)$$

$$Else \ \Delta a_i = (a_i - min) \ net_i - decay(a_i - rest)$$

$$If \ a_i a_j > 0, \ \Delta \dot{u}_{ij} = ë a_i a_j \ (1 + \dot{u}_{ij}) \tag{7-4}$$

$$Else \ \Delta \dot{u}_{ij} = ë a_i a_j \ (1 - \dot{u}_{ij})$$

2. 训练过程

部分 SOM 使用随机 RGB 值和随机关节值训练，直到相邻映射之间的大小为 1，然后 iCub 机器人使用与人互动产生的真实数据运行该模型，重复框 7-1 中描述的实验，换言之，我们把 iCub 机器人当作儿童，并与最初实验中和儿童的交互方式一模一样。学习规则一直有效，学习和测试阶段间没有明显间隔，模型简单地不断从进行的实验中学习。这里是颜色 SOM 的例子，下图分别是预训练初期和实验中的图示。

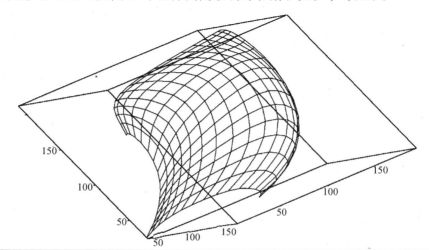

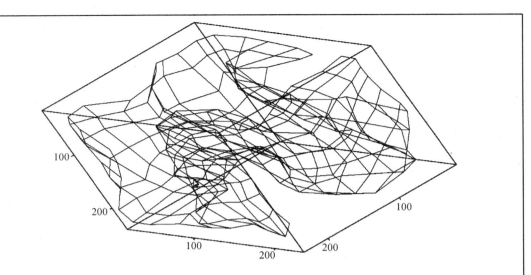

3. 测试和结果概要

当 iCub 机器人被要求"找到 Modi"时，位于词汇域中的单词单元"Modi"的激活扩散通过身体姿态映射准备好颜色映射单元。外部激活的 SOM 单元的权值对应到 RGB 颜色，然后图像根据到目标值的接近程度进行过滤。如果有像素点与准备好的颜色（大于一个阈值）匹配，iCub 机器人就将头和眼睛移动到图像中的这些像素点中间，这样就能注视并跟踪合适的对象。实验中，我们简单地记录 iCub 机器人被要求寻找 Modi 后盯着的对象。实验在每个条件下进行 20 次，每次都以新的随机连接权值开始。

248

最后，由于发展型机器人建立在如下这样一个原则上，即认知是多种感知运动和认知能力并行习得和交互的结果，因此我们这里描述的咿呀学语的发展模型，经扩展后可以实现对音标、音节和词汇能力的同步获得。Brandl 及其同事（Brandl 等人 2008）在类人机器人 ASIMO 上关于类似儿童的音标和词汇发展学习的研究就是这样一个例子，其他相关研究还有欧洲的 ACORN 项目实验（Driesen、ten Bosch 和 van Hamme 2009；ten Bosch 和 Boves 2008）。特别的是，Brandl 及其同事的工作直接解决了语言分割成单词的问题，这使得 8 个月大的婴儿基于减法原则能够引导出新词汇（Jusczyk 1999；Bortfeld 等人 2005；见表 7-2）。

Brandl 等人（2008）的模型基于的是一个三层的语音学习框架。首先机器人通过听原生的语音库发展出语音原语（音素）和音位模型的表征。其次，音节表征模型基于音节限制进行学习，这些限制暗含在音位模型和婴儿主导的语音特性中。最后，基于音节知识和早期婴儿语言发展的词汇学习规则，机器人可以习得词汇。这种层级式的系统通过基于 HMM 系统的级联实现，HMM 系统在音标、音节和词汇层面使用不完整的语音单元表征的统计信息。

原生语音资料库包含不同复杂度发音的碎片，从独立的单音词到包含很多多音节词的复杂发音。模型首先基于单状态 HMM 最高频率级联将语音碎片化为音素符号序列。这些音素表征方式是学习语言音位的先决条件，也就是规定某个语言音节结构的规则。机器人以音素 HMM 级联的形式来使用音位模型去学习音节模型。为了引导音节学习的早期阶段，输入的语音偶尔包含单音节词。分割的发展原则（Bortfeld 等人 2005）是利用初始的音节知识产生新的音节。Brandl 和同事使用把单词"asimo"分割成更多音节的例子来解释这种引导机制。我们假设机器人已经掌握了音节"si"。给出一个新的语音输入词"asimo"，模型从先前已知的音节"si"开始检测，然后抽取出标记的音节产生序列"a""si""mo"。这使得机器人能够学习额外的两个语音碎片"a"和"mo"。使用这样的增长式方法，机器人能掌握复杂度和丰富性递增的音节元素。这使得智能体能够学习进一步的音节级联，如对象的名字。

Brandl 等人（2008）使用这种方法在 ASIMO 机器人中对语音分割进行建模，通过单音词进行语言扎根实验。ASIMO 机器人能够识别对象，检测对象的性质，如对象运动状态、高度、平整度以及对象相对机器人上身的位置。它也能利用姿势（例如指向和点头）来与人类参与者交流（Mikhailova 等人 2008）。在语音分割和词汇学习实验中，机器人首先将注意力限制在应该贴标签的一个对象性质上，例如对象高度。为了学习该属性的名字，每个新词都重复 2~5 遍。使用语音的分割和新奇性检测机制，机器人仅通过随时的口头和姿势交流就可掌握最多 20 个单词。正在德国 HONDA 研究所进行的 ASIMO 机器人研究工作，目前正专注于该发展型语言机制的扩展研究，其中也使用了大脑启发的学习构架（Mikhailova 等人 2008；Glaser 和 Joublin 2010）。

该 ASIMO 实验基于类似儿童的学习机制，在发音学发展和词汇学习的相互作用间做清晰的探索。在下一节中，我们将回顾习得大量词汇的发展型机器人模型，其中主要焦点是参考和符号扎根能力的习得。

7.3 机器人命名物体和动作

目前大部分关于词汇发展的发展型机器人实验一般把物体放在视野环境中并贴上性质（例如，颜色、形状、重量）标签，以此来给词汇学习建模。只有少数模型探究机器人或演示员的动作名字学习过程（如 Cangelosi 和 Riga 2006；Cangelosi 等人 2010；Mangin 和 Oudeyer 2012）。

在本节中，我们将首先回顾早期用于物体标签的词汇学习的开创性机器人模型。接着，为了说明实验和建模数据间的富有成效的密切联系，我们给出了一个详细的关于 Modi 实验的复制和拓展实验描述（如 7.1 节中的框 7-1 所示）。这个儿童心理学实验清晰地解决了一系列发展型机器人方法中的核心问题，例如认知中涉身性原则的建模、儿童心理学文献中经验数据的直接复制以及一个动态开放的人机互动系统的实现。最后，我们将回顾为动作命名的词汇发展机器人建模的相关工作，其中一些直接解决了发展型研究问题，而更多的则与语言学习相关。

7.3.1 学习命名物体

大量基于种类和词汇学习的联结主义模拟的计算认知模型，在词汇发展机器人模型之前就已出现了，包括 Plunkett 等人（1997）的分类和随机点结构命名的神经网络模型，Regier（1996）的空间词汇学习的模块化联结模型（Cangelosi、Greco 和 Harnad 2000）中符号扎根的范畴感知作用的模型，以及最近（Yu 2005）的使用实际语音和图像数据学习的图像-对象联系的神经网络模型。

语言学习的计算模型中另一个重要发展是一系列的多智能体和语言进化机器人模型（Cangelosi 和 Parisi 2002；Steels 2003），它先于并直接影响了发展型机器人领域接下来的工作。这些模型通过文化和基因进化来探究共享词汇的出现，使用的是情境性与涉身性的方法。智能体群体进化出一套文化上的公用标签集来命名环境中的实体，而非给它们一种已经完全发展的交流词汇。这些进化模型，如 Oudeyer（2006）和 de Boer（2001）中的语音模仿和咿呀学语的自组织模型，已为语言起源的生物和文化进化方法提供了重要的见解。

Steels 和 Kaplan（2002）用 AIBO 机器人进行的研究是首批关于早期词汇学习的机器人研究中的一个，它直接建立在先前的进化模型上，并利用发展型设置为个体语言学习发展过程建模。该研究包括一系列基于人-机器人交互的语言游戏。语言游戏就是两个位于同一物理世界中的语言学习者（例如，机器人-机器人或人-机器人）间的互动模型（Steels 2003）。该游戏遵循一个发言者和学习者间的常规互动协议。例如，在"猜"语言游戏中，倾听者必须从很多个物体中猜出发言者提及的物体。在该研究使用的"分类"语言游戏中，倾听者只能看一个物体，并且必须学着将物体的内在表示与物体标签联系起来。在该研究中，AIBO 机器人必须学习红色球、黄色微笑木偶和叫作 Poo-Chi 的小 AIBO 模型的标签。在机器人看到或和他们互动时，实验者使用"球""微笑"以及"poo-chi"这样的单词来分别教机器人这些对象的名字。AIBO 机器人认识其他预先定义的互动单词（"站""看""是""不是""好""听""这是什么"），这些词用于在语言游戏中切换不同的互动阶段。例如，"看"用来初始化语言分类游戏，"这是什么"用来测试机器人词汇知识。实验采用基于实例的物体分类方法，使用多个物体的实例（外观）和最近邻算法分类。每幅图像被编码为 16×16 的红绿蓝（RGB）直方图（物体图像分割）。采用现成的语音识别系统识别三个物体标签和互动单词。通过关联记忆矩阵映射物体外观及其单词，实现单词-物体关联和学习。学习时，分别使用"是""不是"来增加/减少看到的物体和听到的单词间的联系评分。

语言学习实验中考虑了三种不同条件（图 7-3）：①社交互动学习；②观察监督学习；③非监督学习。

251

　　a）社交互动学习　　　　　　b）观察监督学习　　　　　　c）非监督学习

图 7-3　Steels 和 Kaplan（2002）研究中的三种实验条件。图片由 John Benjamins 授权复制

在第一种条件下（社交互动学习），实验呈现出一种完全的情境性与涉身性互动模式，机器人在环境中漫游（实验者也在其中），并用额外的系统和实验者、三个对象以及周围的房间陈设互动。人-机器人语言游戏依赖实验者和机器人的动机系统，该游戏用来教机器人学习三个物体的名字。在第二种条件下（观察监督学习），机器人根据自身的动机系统独自在环境中漫游，实验者只是在机器人偶然碰到三个物体的任何一个时充当语言教师。这样产生了一套物体外观和物体名字的口头发音对，可用于监督训练。最后，在第三种条件下（无监督学习），机器人静止不动，给它一系列物体图片，通过无监督的算法对图像内容进行分类。

该研究特别考察了这样一个假说，社交学习有助于儿童引导她的早期词汇发展，而个人学习则没有，其中那些词汇的最初意思是依赖地点和语境的。这与第 1 章讨论的发展型机器人的定义性原则高度一致。实验数据清晰明了地支持这个假设。在社交互动学习实验条件下，经过 150 次重复语言游戏，AIBO 机器人能够学会 82％ 的实例中三个物体的名字。相比关节木偶和小机器人复制品，由于识别清一色红色物体简单，因此红色球的命名准确率更高，达到 92％。在观察学习条件下，当机器人偶然碰到某个物体，实验者扮演给该物体命名的被动角色时，命名正确率更低，只有 59％。最后，在非监督条件下，分类和命名的准确率最低，只有 45％。

Steels 和 Kaplan（2002）关于社交学习条件下取得最好表现的解释建立在对分类聚类算法的动态分析上。与人类实验者的全面互动使得机器人能够收集到物体外观和图像标签实例的更好样本。在观察学习条件下，实验者的作用减少，处于被动状态，在无引导互动时降低了机器人收集物体外观数据的质量。因此社交互动被看作一种支架机制，它引导和支持对学习空间和各种限制的探索。正如作者所说，"社交互动帮助学习者放大该学什么"。

虽然并不是非要解决发展型研究问题，但其他各种语言学习的机器人模型已被提出。例如，Billard 和 Dautenhahn（1999）以及 Vogt（2000）都使用移动机器人来做词汇的扎根实验。Roy 和同事（Roy、Hsiao 和 Mavridis 2004）依靠他们互动的真实物理世界的类比心理模型的状态来教 RIPLEY 机器人（一个奇特的手型机器人，手腕上装有摄像机）给物体命名。

最近，词汇学习机器人模型已经开始直接解决发展研究问题和假说。该系列研究的第一个模型是 Lopes 和 Chauhan（2007）关于增长的词汇学习（OCLL：单类学习系统）动态分类系统。该研究直接解决早期词汇发展中给具体物体命名的问题，而且直接指向涉身语言学习，在早先命名的物体中偏向形状性质的学习（Samuelson 和 Smith 2005）。这种基于机械手操作平台的发展型机器人模型，通过动态调整种类边界不断发展词汇库，其词汇库容量位于 6～12 个名字之间。机器人依靠偏向形状的分类，成功学会认识物体名字，如笔、盒、球以及杯，并通过从一堆物体中挑出已命名的目标元素来做出回应。使用开放式的 OCLL 算法非常合适，这是因为语言发展暗示着词汇量动态开放增长。然而，当词汇量达到 10 个或更多时，这种学习算法的表现就会削弱。而且，该研究一般指儿童发展原则，而没有特别解决在目前文献中提到的假说和争论。

如 7.1 节中所讨论的，最近的早期词汇发展型机器人模型使用 Modi 实验中的范例，已经直接将儿童心理学研究的复制和拓展作为目标（Smith 和 Samuelson 2010；Baldwin 1993）。该模型作为语言学习的发展型机器人模型的一个详细例子，将在下一节展开讨论。

7.3.2　iCub 机器人的 Modi 实验

在框 7-1 中描述的 Modi 实验是直接建立在语言学习的涉身性原则上的，而且强烈支持这样一个假说，即身体姿态是联系语言和视觉信息的中心（Smith 2005；Morse 和 Belpaeme 等人 2010）。例如，Smith 和 Samuelson（2010）认为姿态上的大变化（如从坐着到站着）会破坏单词-物体联系效果，并将第一次实验的表现降低到偶然水平。在 Modi 实验（Morse 和 Belpaeme 等人 2010）的发展型机器人模型中，这种涉身性原则非常字面化，使用机器人身体姿态的信息作为"集线器"来连接正在经历的其他传感器中传来信息。通过这种涉身集线器连接信息使得激活可以扩散，并且信息能在模态间被引发。

在发展型机器人的 Modi 实验中，使用的是 iCub 类人机器人平台。虽然一些初始的 iCub 实验是在开源的 iCub 模拟器（Tikhanoff 等人 2008，2011）上进行的，以校正Cineural学习系统，但是，实验设置和数据是在真实的机器人上进行的（Morse 和 Belpaeme 等人 2010）。

机器人的认知结构建立在神经/包容混合架构上（图 7-4），而且建立在 Morse 和他的同事提出的后成机器人架构之上（Morse 和 de Greeff 等人 2010）。该架构使用一套相互连接的二维自组织映射（SOM）通过身体姿态集线器来学习物体和单词间的联系。特别的是，视觉 SOM 映射根据对象的颜色来进行训练，从而给物体分类，该映射从 iCub 机器人的眼睛摄像机获取输入数据（中心区域的平均 RGB 颜色值）。类似地，身体姿态"集线器"以机器人关节角度作为 SOM 的输入，然后对 SOM 进行训练以产生身体姿态的拓扑标识，使用头部两个 DOF（上/下和左/右），以及眼睛两个 DOF（上/下和左/右）。声道输入映射被抽象为清晰表示的单词节点集，每个节点仅在听到那个单词时才激活。这些单词单元通过语音识别系统人为激活，其中语音系统是在 10 个单词组成的词库上训练而成的。

254

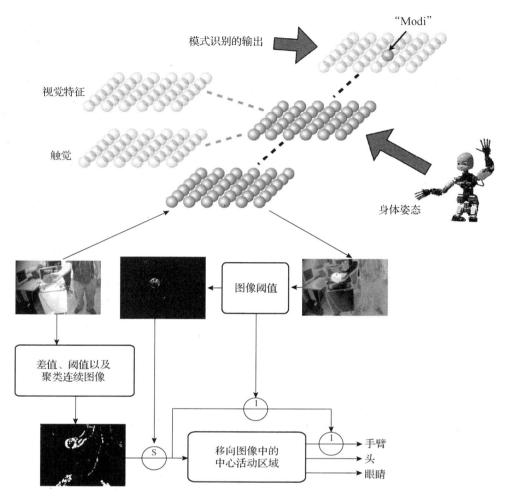

图 7-4　机器人认知系统的结构。上面部分负责对单词-对象联系学习的神经网络控制器进行
　　　　视觉化。下面部分表示结构中不同实验阶段的行为

　　神经模型组成两层结构的上层（Brooks 1986），两层结构的下层继续扫描全部连接区域上暂时相邻的图像的变化（图 7-4）。引导机器人产生快速的眼睛扫视和慢速的头部转动，朝向图片中间变化最大的区域。这种运动显著机制在神经模型中独立运作，产生驱动运动系统的运动显著图。这种运动显著图像可替换为颜色滤波图像，进而激发指向图像区域，该区域与神经模型引发的颜色最匹配。

　　SOM 映射图通过 Hebbian 关联节点互相连接。Hebbian 节点的权值在实验中在线训练。同一映射中任何同时激活的节点间的抑制竞争为多个互相关联节点提供仲裁，这会产生类似交互激活与竞争模型（IAC）中的动态效应（McClelland 和 Rumelhart 1981）。由于映射基于机器人的经历实时互相连接在一起，在特定空间地点遇到的对象间会建立强力连接，因此类似的身体姿态中也有强力的连接。类似地，当听到"Modi"这个词时，这也将与当时活跃的身体姿态节点联系起来。与颜色映射连续活跃相比，词汇节点活跃次数相对不多，这并不是一个问题，因为竞争位于映射内的节点间，而不是映射本身之间。最后，在实验尾声，问机器人"Modi 在哪里"，"Modi"这个单词节点的活跃性传递到相联系的姿态上，并进一步传递到与姿态相联系的颜色映射节点上。结果是引发了颜色映射中的特定节点。引发的颜色然后被用来给整张输入图像滤波，机器人调整自己的姿态来使视觉中心对准最匹配该颜色的图像区域。这是通过同样的机制来达到的，即检测并移向注视图像中的变化区域，用颜色滤波图像替换运动显著图像。机器人转向盯着颜色滤波图中最亮的区域。

考虑到已经建立的关联数目在没有 Hebbian 学习的负样本和变化的环境条件下会随着时间增长，使用身体姿态上的大幅改变来诱发这些关联节点弱化，这与心理学实验上从坐着到站着的变化中根除空间偏好相一致。此外，经过外部确认选择正确的物体或通过第二种基于模式识别的"集线器"，使得在单词和颜色映射间直接建立永久关联。Hebbian 和竞争的 SOM 学习实行互相独立原则，正如表 7-2 所讨论的。

使用上面描述的模型来复制 Smith 和 Samuelson（2010）的四个儿童心理学实验的每种条件，如 7.1 节（框 7-1）所述。图 7-5 展示的是第一个默认"无选择"条件的 Modi 实验的主要阶段截图。

图 7-5　用 iCub 进行的 Modi 实验的连续步骤的部分图像，摘自 Morse 和 Belpeame 等人（2010）

在每个实验的每种条件下，最后一步要求机器人"找到 Modi"，接着机器人若将物体纳入视野中间，则记录下该物体。在实验 1 的无条件下，在 83% 的尝试中机器人选择空间相关的物体，而剩下的尝试中，机器人选择了空间无关的物体。这与同等实验条件下的人类儿童实验结果值得一比，其中 71% 的儿童选择空间相关的物体（Smith 和 Samuelson 2010）。

在交换条件下减少物体-位置间的一致性，明显导致空间引发的效果降低，55% 的尝试最终将空间相关的物体纳入机器人视野中央，这一概率接近偶然概率。剩下的尝试中选择了其余无关的物体。在实验 3 和实验 4 中，当出现的物体被贴上标签时，控制组有 95% 的尝试都选择贴了标签的物体，而在交换条件下，仅有 45% 的尝试选择贴了标签的物体。剩下的尝试均选择了其他物体。在图 7-6 中将该结果与报道过的人类儿童实验进行了对比。

Smith 和 Samuelson（2010）报道的机器人实验结果和人类儿童实验结果势均力敌，该结论支持这样一个假说，即身体姿态对名字和物体的早期连接至关重要，并能够引起实验中揭示的空间偏好。这里相关的是结果的模式，而不是绝对的比例，即在各种实验条件下人和机器人数据是一致的。从图 7-6 中可以看到，对比人类数据，机器人数据总是对空间相关的物体产生略微强势的偏好，这很可能是因为这样一个事实，即机器人模型仅在这个任务上进行训练。这种对应支持了机器人认知结构整合身体姿态和单词学习的有效性，并在嵌入式语言学习上提出了认知机制。

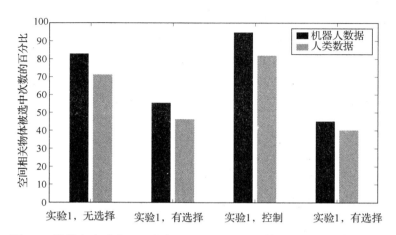

图 7-6　机器人实验和 Smith 与 Samuelson 2010 的基准经验研究结果间的直接比较（摘自 Morse 和 Belpeame 等人 2010）

　　而且，该模型在空间涉身性偏好和词汇学习的关系间产生了新预测。在不同实验阶段中（对应 Smith 和 Samuelson 讨论的坐下和直立姿态），iCub 机器人的不同姿态格局可作为婴儿组织学习任务的策略。例如，假如第二个干扰任务被加入 Modi 学习任务中，而且两个任务分别使用不同的坐下/直立姿势，那么这两个姿势则使得机器人能分离这两个认知任务并避开干扰。这种机器人实验中暗含的预测已在印度大学婴儿实验室的新实验中被验证（Morse 等人）。

7.3.3　学习命名动作

　　语言习得的发展型机器人模型中的最新进展已经不局限于对静态物体和实体的命名。这是因为情境性与涉身性学习是发展型机器人的基本原理之一，正因如此，这也意味着机器人还需要积极进行包含了动作命名和对应语言交互的物体物体操纵的场景学习。语言和感觉运动系统之间精确的相互作用已在认知和神经科学中被广泛揭示（如 Pulvermuller 2003；Pecher 和 Zwaan 2005），并且指导着发展型机器人的持续发展（Cangelosi 等人 2010；Cangelosi 2010）。

　　基于 iCub 机器人仿真模型的语言学习模型关注基于物体和动作名称的词汇库的发展，并且关注那些名称的基本组合来理解诸如"捡起蓝色球"这样简单的命令（Tikhanoff、Cangelosi 和 Metta 2011）。这项研究用一个集成各种知觉、运动和语言学习的发展型机器人的例子进行了详细描述。

　　Tikhanoff、Cangelosi 和 Metta（2011）使用一个基于神经网络与视觉/语音识别系统的模块化认知结构，该结构控制 iCub 的各种认知与感觉运动功能，并整合这些功能来学习物体和动作的名称（图 7-7）。iCub 运动技能基于两个神经网络控制器，一个控制器负责接近机器人近体空间内的物体，另一个控制器负责用单手抓握物体。接近模块使用由反向传播算法训练的前馈神经网络来实现。该网络的输入是机器人手爪部位的三维空间坐标 $(x，y，z)$ 向量，并被归一化到 0 到 1 之间。这些坐标是由视觉系统通过模板匹配方法与深度估计算法得出的。这个网络的输出是机器人手臂上的五个关节角度位置的向量。在训练阶段，iCub 生成 5000 个随机序列，这是为了在每个关节的空间配置/限制内体现运动蹒跚行为。当这些动作序列执行完后，机器人就可以确定的它手部的坐标和到达某个位置所需要的关节配置。图 7-8a 展示了 150 个被涂成绿色方块的机器人手部末端的位置。

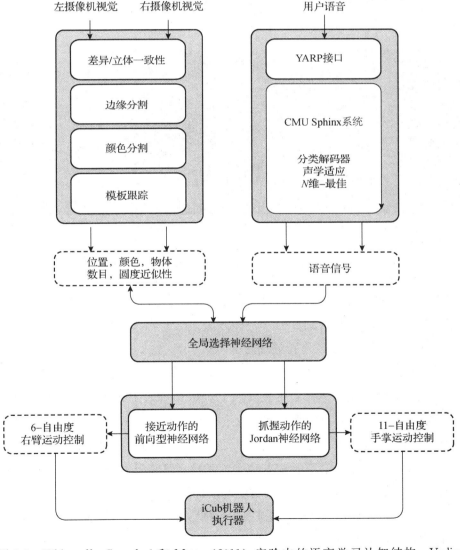

图 7-7　Tikhanoff、Cangelosi 和 Metta（2011）实验中的语言学习认知结构。Vadim Tikhanoff 授权提供图片。IEEE 授权复制

259
～
260

抓握模块由一个模拟抓握不同对象的 Jordan 递归神经网络组成。网络输入层接收手部接触传感器的状态向量（图 7-8b），网络输出层是 8 个手指关节归一化后的位置向量。输出单元的激活值通过 Jordan 连接单元反馈到输入层。抓握网络的训练是在线式的，不需要预先定义，采用有监督的训练数据。在网络中实现的"联合奖惩罚"算法来调整网络连接权值，已达到能最大化手指环绕对象物体的位置。在训练期间，一个静态物体被置于 iCub 模拟器的手下，并且网络先随机初始化关节的活动量。当手指运动功能实现后，或者由传感器激活触发信号终止时，可以通过重力对物体行为的影响来测试抓握能力。机器人抓住手中物体的时间越长（最高 250 个单位时间），奖励就越高。如果物体从手中脱落，那么本次抓握尝试就失败了，因此负奖励将返回到网络中。在语言功能被引入机器人系统之前，接近网络和抓握网络需要完全预先训练好，并被用于执行机械臂的接近和操作指令。

a）在运动训练过程中，机器人手臂的150个末端　　　　　b）机器人手上的6个接触传感器的位置
　　位置示例图

图 7-8　运动训练的 iCub 模拟器图片。图片由 Vadim Tikhanoff 提供，IEEE 授权复制

在机器人视野中心的物体的视觉输入信息处理是基于标准的视觉对象分割算法，该算法基于颜色过滤和形状分类（圆度值）两种方法。语言输入是通过与 iCub 模拟器整合在一起的 SPHINX 语音识别系统进行处理的。

集成了应对语言指令的多种处理能力的核心模块是由目标选择神经网络实现的。这是一个类似于用于联结主义物体命名实验（如 Plunkett 等人 1992）的前馈型网络的架构体系。网络的输入包含 7 个对物体大小和位置进行编码的视觉特征，并且由语音识别系统激活有效的语言输入单元。输出层具有 4 个单元，分别对应了 4 种可选择的动作：空闲、接近、抓握和放下。之后，最活跃的输出动作单元激活已经分别训练好的接近和抓握模块。在目标选择网络的训练阶段，物体及其对应的语音信号同时展现给机器人。处理蓝色对象的句例有："蓝色球""接近蓝色球""抓握蓝色球""把蓝色球放到篮子里"。通过 5000 个语句-物体对的循环，该网络得以成功训练完成。最后的测试表明：iCub 能够正确应对 4 种动作名称和物体名称的所有组合。

261

Tikhanoff、Cangelosi 和 Metta（2011）的 iCub 仿人机器人语言理解模型提供了为实现视觉、动作和语言集成的发展型实验的集成认知体系结构验证。模型还可以处理基于词组组合的简单语句的学习和使用。然而，这些词组组合并不能应对句法语言中全部可能出现的情况，这是因为机器人需要能对新组合单词形成行为概念，并且机器人神经控制器需要对所有的词组组合进行严格的训练。在这些研究中的多字语句更类似于一岁儿童所能生成的单词句，而与出现在儿童发展后期阶段（一般在两岁时）的恰当双词或者多词组合则不相似。在下一节中，我们将专注于探索获取句法功能的发展型机器人模型。

相关的模型还提出了类似动作词语的语言基础的语言认知结构。例如，Mangin 和 Oudeyer（2012）提出一种模型，这种模型专门研究复杂子符号运动行为的组合结构是如何被学习和重用于识别和理解新的、之前未训练过的组合的。Cangelosi 和 Riga（2006）的工作提出了一种后成机器人模型，通过语言模仿来获得复杂动作（参见 8.3 节）。最后，Marocco 等人（2010）专门研究在感觉运动表征方法中动作词组基础的建模方法，这些感觉运动表征方法是为了将动词看作动态动作名称的语法类别的发展探索。他们使用 iCub 模拟器来教会机器人描述当前正在发生的动态事件的动作词组的意义（如在桌子上推方块，或者触碰会滚动的球）。与拥有不同的形状和颜色属性的新奇物体对应的动作产生的测试表明：动作词组的意义取决于感觉运动的动态过程，而不是物体的视觉特征。

7.4 机器人学习语法

儿童语法能力的获得需要基本的音标与单词学习技能的发展。如表 7-1 所示，简单双词组合出现在儿童 18 个月大的时候，接近显著增加孩子词汇的词汇突增时期。之前所讨论的发展型机器人词汇能力习得模型虽然还没有完全达到能重现词汇量突增现象阶段，但至少可以直接植根于机器人感觉运动的经验。然而，只有少数一部分机器人模型提出应该开始关注解决语法发展的现象，哪怕从更小的词汇库开始。语法学习模型中的一部分研究关注语义合成的涌现现象，也就是依次为多词组合的语法合成提供支持（Sugita 和 Tani 2005；Tuci 等人 2010；Cangelosi 和 Riga 2006）。另外一些研究直接针对复杂的句法机制进行建模，例如，关于流体构建式语法的机器人实验（Steels 2011，2012），该实验可以实现对动词时态和形态这类语法属性的研究。上述两种方法与语言中的认知语言学和涉身性实现方法相吻合。这里我们详述在对基础语法能力习得进行建模的两个领域中的一些进展。

7.4.1 语义合成性

Sugita 和 Tani（2005）是最早开发机器人语义合成性模型的学者之一，该模型使认知机器人能够用动作体验的成分结构归纳出新的词组组合。语义合成性指的是含义结构（语义拓扑）和语言结构（语法）之间的等距映射。这种映射用于产生反映基本含义组合的词

262

组组合。我们考虑一种非常简单的具有三个人称指代（JOHN，MARY，ROSE）和三个动作（LOVE，HATE，LIKE）的含义空间。这些含义同分异构地映射到三个名词（John，Mary，Rose）和三个动词（love，hate，like）。通过语义合成性，说话人可以生成"名词-动词-名词"组合形式的任何可能的组合，如"John love（s）Mary"和"Rose hate（s）John"这样直接映射语句到"人称指代-动作-人称"指代的组合。

Sugita 和 Tani（2005）的机器人实验专门探索了成分含义和没有任何先验知识的词汇或正式语法表示的词汇的涌现现象。实验中使用了类似于 Khepera 所使用的移动机器人。该机器人配备了两只轮子、一部机械臂、一个彩色视觉传感器和三个放置在轮子和机械臂上的扭矩传感器（图 7-9）。实验环境包括放置在地板上三个不同位置的三个彩色物体（红色、蓝色和绿色），红色物体在视野的左手边，蓝色物体在中间，绿色物体在右手边。机器人有 9 种可能的反应行为，这 9 种行为是由 3 种动作（指向，推，触及）与一直处在相同位置（左，中，右）的 3 个物体（红，蓝，绿）组合而成的。9 种可能的行为序列是由对动作、物体和位置的组合结果进行分类的，这些分类被归纳在表 7-4 中（"行为"一列）。该表还显示了可能的语言组合（"语言"一列）。

图 7-9 装有机械臂的移动机器人和其前方的三个物体的俯视图，截取自 Sugita 和 Tani 2005 实验。图片由 Jun Tani 提供

表 7-4 Sugita 和 Tani（2005）实验中的行为和语言描述。强调的元素不在训练和网络泛化阶段测试中使用⊖

	指向		推动		触及	
	行为	语言	行为	语言	行为	语言
红色左边	POINT-R	"指向红色" "指向左边"	PUSH-R	"推红色" "推到左边"	HIT-R	"触及红色" "触及左边"
蓝色中间	POINT-B	"指向蓝色" "指向中间"	PUSH-B	"推蓝色" "推到中间"	HIT-B	"触及蓝色" "触及中间"
绿色右边	POINT-G	"指向绿色" "指向右边"	PUSH-G	"推绿色" "推到右边"	HIT-G	"触及绿色" "触及右边"

上诉实验中的机器人学习系统基于的是两个耦合递归神经网络（参数偏置递归神经网

⊖ 原书表格几乎全错，请参见 Sugita，Y．，and J. Tani. 2005．"Learning Semantic Combinatoriality from the Interaction between Linguistic and Behavioral Processes．"Adaptive Behavior 13（1）：33-52 以及 Sun, R. http://neurorobot.kaist.ac.kr/publications/pdf_files/sugita_tani_ABJ.pdf）。——译者注

络，RNNPB），一个网络用于语言模块，另一个网络用于动作马达模块。RNNPB 是一种基于 Jordan 递归神经网络的联结主义架构网络，这种网络将参数偏置向量（在训练阶段通过学习得到）作为激活行为序列的输入状态的压缩表征方法（Tani 2003）。在上述实验中，该网络通过误差反向传播算法进行直接的有监督学习，已达到使三个物体/位置按照表 7-4 中的设置进行动作。语言和运动单元分别编码成需要学习的词组与动作序列。这两个 RNNPB 网络模块为每个操作/词组序列训练产生出相同的参数偏置向量。

上述机器人实验分为两个阶段：训练阶段和泛化阶段。在训练阶段，机器人获得语句和相应的行为序列之间的关联关系。该阶段的测试过程检测了机器人产生正确行为的能力，这是通过识别在训练过程中所使用的语句和最重要的词组的新组合来实现的。包含 14 个物体/动作/位置组合的一个子集在训练阶段使用，另有 4 个组合留给泛化阶段使用。

训练阶段实现之后，剩下的 4 个新语句在泛化阶段中输入机器人："指向绿色""指向右边""推红色"和"推到左边"。执行动作后的行为结果表明语言模块可以正确获得底层的成分语法。机器人可以生成在语法上正确的语句并通过 POINT-G 和 PUSH-R 动作的行为示范来理解那些语句。这种能力是通过选择能生成匹配行为的正确参数偏置向量来实现的。此外，支持动词-名词成分知识的机器人的神经表征方法的详细分析是有可能通过参数偏置空间研究来得到的。图 7-10 显示了两个示例参数偏置节点的表征结构，该节点是用于处理所有 18 个语句和动词与名词的分离子结构。尤其是动词和名词子结构的一致性揭示出：组合语义/句法结构可以被机器人的神经网络成功提取。在图 7-10a 中，四个新语句的向量被放置在成分动词-名词空间设置中的正确位置。例如，"推动绿色"的参数偏置向量是在"推"和"绿色"子结构之间的交集。 [264]

从这些分析可以得出：语句泛化是通过从训练语句中提取可能的成分特征来进行的，参见 Sugita 和 Tani（2005）以获得更多详情和分析。总的来说，这种机器人模型可以支撑语义合成性是从行为和认知表征的成分结构中涌现出来的这一建构主义心理学假设。在下一节中我们将了解扩展语法表征功能如何支持更复杂语法结构的发展型获取。

7.4.2 句法学习

句法知识发展方面机器人实验的一个重要框架就是由 Steels（2011，2012）开发的流体构建式语法（FCG）。在关于语言学习的机器人实验中，FCG 是一种用来适应为处理开放式基础对话的认知构建语法的语言形式体系。虽然这种形式体系最初是为语言的文化进化实验开发的（Steels 2012），但是它也适用于那些关注于在情境性与涉身性机器人交互过程中语法概念和关系的基础语言发展的研究。这里我们简要介绍 FCG 形式体系的一些性质，以及一个学习德语空间词汇和语法的 FCG 机器人实验的研究案例（Spranger 2012a，2012b）。 [265]

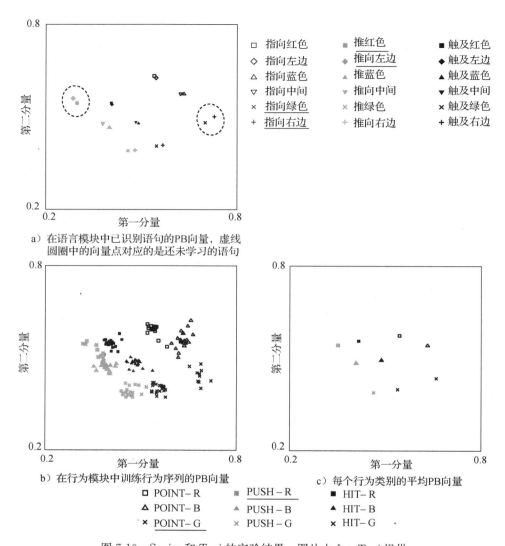

a）在语言模块中已识别语句的PB向量，虚线
圆圈中的向量点对应的是还未学习的语句

b）在行为模块中训练行为序列的PB向量

c）每个行为类别的平均PB向量

图 7-10　Sugita 和 Tani 的实验结果，图片由 Jun Tani 提供

为总览整个 FCG 体系，我们将主要遵循 Steels 和 de Beule（2006）的研究，也涉及了
Steels（2011、2012）关于 FCG 形式体系拓展的描述。FCG 使用程序语义的方法，也就
是一段话语的含义对应于一个收听智能体的可以执行的程序。例如，"盒子"意味着收听
智能体可以将由说话者所指出的盒子这个物体的感知经验映射到相应的内部分类（典型
的）表征。这种程序形式体系是基于一种称为 IRL（增量补充式语言）的约束编程语言
的，并且，该程序形式体系还需要实现约束网络的必要规划、词块分析和执行机制。此
外，FCG 还需要组织在特征结构中的与言语有关的信息。Steels 和 de Beule（2006）使用
如下 IRL 结构来实现"盒子"这个例子：

（equal-to-context ?s）（1）

（filter-set-prototype ?r ?s ?p）（2）

（prototype ?p[**BOX**]）（3）

（select-element ?o ?r ?d）（4）

（determiner ?d [**SINGLE-UNIQUE-THE**]）（5）

这些元素是实现基本认知操作的原始约束。在步骤 1 中，"equal-to-context"（等于情境）指当前情境中的元素，并将这些元素绑定到 "?s"。在步骤 2 中， "filter-set-prototype"（过滤集原型）使用在步骤 3 中被绑定给 "[BOX]" 的原型 "?p" 对该组集合进行过滤。在步骤 4 中， "select-element" （选择元素）从根据限定冠词 "?d" 的集合 "?r" 中选择一个元素 "?o"，这里 "?d" 在步骤 5 中被绑定到 "[SINGLE-UNIQUE-THE]"，这表示 "?r" 应当是一个独特的元素，以至于说话者用到冠词 "the" 来对应（而不是采用可以对应通用对象的不定冠词 "an"）。

图 7-11 显示了言语 "the ball" 的语义（左）和句法结构之间的对应映射。在这个基于特征的表征系统中，每个单元拥有一个名称和一组特征。

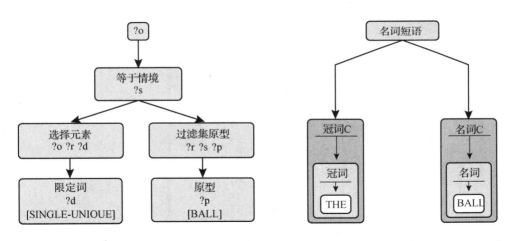

图 7-11　语义结构中 "the ball" 简化 FGC 约束程序的分解，以及相关的 Steels 和 de Beule（2006）研究中的句法结构

在 FCG 中，规则（也称为模板）描述了可能的含义形态映射的限制。一个规则可分为两个部分（极点）。左边的部分是被设置为具有变量特征结构的语义结构。右边的部分是句法结构，也被设置为具有变量的特征结构。例如，在多种规则类型之中，连接规则对应的是将语义结构部分与句法结构部分相连接的语法结构。这些规则在语言产生和分析阶段被 "一体化" 与 "合并" 操作符所调用。一般来说，一体化阶段用来检查一个规则是否被触发，而合并阶段是指规则的实际应用。例如，在语言产生阶段中，左边部分通过在建的语义结构被一体化，并还有可能伴随着绑定现象的产生。之后，右边部分通过在建的句法结构被合并（一体化）。在理解和分析阶段过程中，右边部分是通过句法结构统一的，并且，左边部分的部分结果被添加到语义结构中。连接规则被用于构建包括全部语法表征

的所有复杂度的高阶结构。

为了演示 FCG 在实际机器人语言实验中是如何工作的，我们将介绍学习德语空间词汇语法的研究案例（Spranger 2012a）。该研究是通过与类人机器人 QRIO 的语言实验展开的。机器人系统需要进行空间语言的游戏，在游戏中，机器人必须在一个共享的场景中识别一个物体。该实验有两个机器人、一些相同大小和彩色物块、一个在墙上的标记和一个在前方贴了视觉标记的盒子（图 7-12）。

图 7-12　ORIO 机器人（中间）进行的空间语言游戏的设置，以及两个机器人的心理表征（两边）。摘自 Spranger（2012a）的实验。图片由 Michael Spranger 授权提供。John Benjamins 授权复制

尽管 FCG 主要是为语言的文化进化建模而开发的，但是在这里，我们关注那些含义和词组已经被实验设置者预先定义的说话者和收听者之间的 FCG 模型实验（在这个案例中是匹配德语空间词汇）。在每个语言游戏过程中，说话者首先通过空间描述词将倾听者的注意力吸引到一个物体上，然后倾听者指向那个他所认为的说话者描述的物体。机器人的涉身性（即距离和角度感知）装置用于确定主要的 FCG 认知语义的"近端范畴"（可分为近/远子类）和"角度范畴"（包含前/后正向范围尺度、左/右侧向范围尺度、向上/向下垂直范围尺度和北/南绝对尺度）的类别。然后这些尺度被映射到标记和指示物体的位置上，正如任何含有空间词语的句子总是包含着标记/指示物的成对使用。

所有的机器人都配备了预先定义的空间本体和基本德语空间词语的词汇集，该词汇集定义如下：links（左），rechts（右），vorne（面前），hinter（返回），nahe（近），ferne（远），nordlich（北），westlich（西），oustlich（东）和 sudlich（南）。在学习期间，FCG 元素的参数会根据每种语言游戏是否成功来不断优化，比如对应中部角度/距离的范围宽度参数。不同的实验用于独立或同步学习范畴和空间尺度的类别。实验结果表明，该机器人能够逐渐学会将各种空间词语映射（匹配）到目标空间感知布局中（Spranger 2012b）。

空间词语的基本词汇是通过语言游戏来获得的，在获得之后机器人就开始进入语法学习阶段。FCG 形式体系可以用来辅助表征德语空间语言的组成结构、词序和词法。

在 Spranger（2012a）的语法学习研究中，比较了两组机器人：一组配备完整的德语

空间语法，另一组只配备了词汇结构。这项研究对比了在不同复杂性场景（存在或不存在非自我中心标记）下的两组机器人的表现。结果表明，语法的存在可以大大减少一些模棱两可的解释，特别是当情境中无法提供足够的信息来解决这些情况时。

269

7.5 本章总结

本章将发展型机器人语言学习模型的当前方法和进展对应到相关研究中进行介绍，包括关于语言能力习得的儿童心理学最新研究以及与语言发展的建构主义理论相符的框架。

我们首先简要总览了最新的语言发展里程碑和时间刻度的基本认识（表 7-1），以及用于婴儿的单词学习（表 7-2）的主要原理。通过综述我们可以了解到，在一岁的大部分时间里，婴儿通过多种咿呀学语策略来实现语音能力的发展过程。这个发展过程直接引发了类似语言的组合语音系统的获得（如为产生类似音节声音的典型的咿呀学语），以及在第一年末期说出第一个单词（比如孩子的名字）的能力的获得。婴儿在第二年这个阶段主要致力于词汇中单词的学习，这会引发在第二年末期词汇突增的现象。与此同时，在第二年下半年和第三年及随后的几年，儿童开始从简单的双词组合和动词岛（在第二个生日前后）发展到类似成人句法结构的语法技能。

由 7.2～7.4 节中发展型机器人模型的综述可知，大多数研究进展是产生在咿呀学语发声和早期单词学习的研究中，少部分进展产生在语法发展型建模的研究中。表 7-5 提供了本章所讨论的儿童语言发展阶段与主要机器人研究的综合对比。从表中可知，大多数的机器人模型都假设机器人发展是始于一个内在动机来进行交流（参见 Oudeyer 和 Kaplan 2006，以及 Kaplan 和 Oudeyer 2007，专门为通信和模仿构建内在动机的实现方法）。尽管机器人语言模型不讨论这种有目的的沟通能力是如何获得的，但是在第 3 章涉及的一些研究工作提供了此类内在动机涌现的操作定义和实验测试。

婴儿咿呀学语和初期词汇获取现象已经被各种模型广泛覆盖，尽管大多数研究的重点是针对一个或几个机制。只有很少的模型（如 Brandl 等人 2008）把通过咿呀学语获得的语音表征学习与词语习得技能相结合。至于语法能力的涌现，却很少有研究关注双词组合能力的获得和使用，只有 Spranger（2012）的德语方位词 FCG 模型明确涉及类似成人语法结构的学习。

关注独立语言发展现象模型产生的这些趋势，在一定程度上取决于发展型机器人这个学科还处在早期完备阶段，也在一定程度上取决于涉身性、语言的建构主义实现方法和相关的技术实现上的不可避免的复杂性。鉴于发展型机器人研究还处在早期阶段，本章所描述的研究主要包括对新的方法论实现的展现，而不是展现逐渐复杂的实验组成，并因而详细展现认知功能。除了 Brandl 等人的研究，能够同时涉及语音和词汇发展的研究是在 ASIMO 机器人系统进行的大型合作项目（以及 Driesen、ten Bosch 和 van Hamme（2009）领导的

270

表 7-5　儿童语言发展阶段与本章讨论的主要机器人研究的匹配。++表示研究的重点，+表示与语言发展阶段相关

年龄	能力	Oudeyer 2006	Lyon, Nehaniv 和 Saunders 2012	Brandi 等人 2008	Steels 和 Kaplan 2002	Seabra Lopes 和 Chauhan 2007	Morse 和 Belpeame 等人 2010	Tiklianoff 等人 2011	Sugita 和 Tani 2005; uci 等人 2010	Steels 2012a; pranger 2012b
（机器人）		Sim. head	iCub	Asimo	Aibo	Arm manip.	iCub	iCub	Mobile+arm	QRIO
0～6个月	临界的咿呀学语	++								
6～9个月	典型的咿呀学语	++	++	++						
10～12个月	有意图的交流，手势	+	+	+	+	+	+	+	+	+
	单个词（对象）			+	++	++	+	+	+	+
	单个词（动作）			+		++		+	+	
12个月	单词句									
	单词-动作结合			+						
	发音重组			++						
18个月	词汇突增（50 以上单词）									
	双词组合							++	++	
24个月	更长的句子，动词岛									
36个月以上	类似成年人的语法									++
	叙述技能									

欧洲大型项目"ACORN"，www. acorns-project. org）。但是单一的项目研究存在内容不够宽泛的问题，这是发展型机器人实验本身非常复杂的性质造成的，即认知和语言的涉身性和建构主义观点迫使我们要并行实现多种认知能力的控制机制。正是因为对复杂技术实现的需求，在大多数研究中，研究人员倾向于从预先获取能力的假设开始，并仅仅关注单一的发展机制。例如，在7.3节中，大部分词语能力习得的研究模型都假设了一个固定的、预先获得的能力来对言语进行分段，这样，这些研究就可以只专注于词汇语义学发展的建模（如 Morse 和 Belpaame 2010 等人的工作）。

本章还进一步关注了目前尚未被发展型机器人研究（参看表7-5的底部内容）建模的语言发展阶段，对这方面的关注揭示了在未来研究中应该注意的方面。例如，在机器人实验中，没有发展型机器人模型能具有大词汇量的基本获取能力（50多个词组、词汇突增）。虽然一些仿真模型注重更广泛的词语指令集（如 Ogino、Kikuchi 和 Asada 2006 的研究包含了 144 词组，Araki、Nakamura 和 Nagai（2013）的长期人-机器人交互实验探索了 200 个物体名称的学习过程，但是在实体机器人与物体的实验中，词汇的总数被限制在几十个词汇之内。同样情况也存在于复杂度递增的语法结构和叙述技能的学习中。然而，这些领域的研究进展或许会受到在其他领域的认知建模的重要成果的启发，尤其是来自语言联结主义建模领域（Christiansen 和 Chater 2001；Elman 等人 1996）和神经建构主义实现方法领域（Mareschal 等人 2007）的成果。例如，联结主义模型符合构建语法与动词岛假说（Dominey 和 Boucher 2005a，2005b）和词汇突增（McMurray 2007；Mayor 和 Plunkett 2010）。此外，通过人工生命系统（Cangelosi 和 Parisi 2002）和虚拟智能体系统的研究也可以获知发展型机器人研究的开发情况，比如关于虚拟智能体叙述技能的研究工作（Ho、Dautenhahn 和 Nehaniv 2006）。集成这些研究发现和方法可以在未来发展型机器人实验中帮助创建先进的语言学习模型。

272

扩展阅读

Barrett, M. *The Development of Language* (Studies in Developmental Psychology). New York: Psychology Press, 1999.

该书虽然不是最新的研究，但是提供了在语言能力习得方面的发展型理论和假说的详细叙述。该书的内容涵盖了早期词汇发展、建构主义语法能力获得、对话与双语技能和典型的语言发展这些关于语音能力习得的研究。读者可以通过阅读文献 Tomasello（2003）获得关于使用级别的语言发展建构主义理论的更多内容。

Cangelosi, A., and D. Parisi, eds. *Simulating the Evolution of Language*. London: Springer, 2002.

该书是仿真和机器人语言进化建模方法的综述文集。书中各章分别综述了迭代学习模型（Kirby 和 Hurford）、早期的机器人和仿真系统语言游戏（Steels）、已具备语言能力的大脑进化镜像系统假设（Arbib）以及语法能力习得的数学建模（Komarova 和 Nowak），每一章的作者都是对应领域的先驱研究者。该书还包含较实用的介绍建模语言起源的计算机仿真作用的章节、语言进化仿真的主要方法的教程章节以及由 Tomasello 撰写的灵长类动物沟通和社会学习关键因素的总结章节。读者也可以通过阅读 Tallerman 和 Gibson（2012）著作中的一些章节来了解关于语言进化的机器人和计算机仿真模型的最新综述。

Steels, L., ed. *Design Patterns in Fluid Construction Grammar*. Vol. 11. Amsterdam: John Benjamins, 2011.

Steels, L., ed. *Experiments in Cultural Language Evolution*. Vol. 3. Amsterdam: John Benjamins, 2012.

这两本内容互补的研究著作回顾了语言文化进化的流体构建式语法框架的理论基础（2011）和实验调查（2012）。第一本书通过短语结构、语法和情态方面的具体例子的讨论，第一次全面描述了流体构建式语法框架。第二本书的内容包含了专有名词、颜色词语、动作和空间术语概念以及词组的涌现方面的计算机与机器人实验，还包含关于语法涌现现象的案例研究。

273
～
274

抽象知识推理

8.1 儿童抽象知识的发展

由于发展型机器人平台拥有丰富的传感器与执行结构，因此发展型机器人会对涉身知识有强烈的关注。所以并不让人惊讶的是，这个领域中大多数的成就都来自于对基本感觉运动与动机能力的研究，如运动、操纵和内在动机。然而，正如我们在第 7 章中的语言部分所看到的，有可能需要开始对高阶认知技能的习得过程进行建模，例如指称与语言技能。此外，关于推理和抽象知识的最有影响力的发展理论之一是 Jean Piaget 在 1950 年提出的，这个理论植根于感觉运动知识中的推理与智能的起源（Piaget 1952）。Piaget 的理论与发展型机器人的涉身性和情境性方法是高度一致的，而且直接启发了认知计算模型（如 Parisi 和 Schlesinger 2002；Stojanov 2002）。

使用发展型方法的好处之一就是我们可以学习这些认知技巧是如何被集成起来的，并且能从涉身性和情境性场景中受益。本章着眼于那些尝试解决这类巨大挑战的开拓性研究。特别是这些研究使用了涉身机器人模型来理解机器人：如何构建和使用抽象表示，例如，数量和数字之间的理解（见 8.2 节）；如何构建一种机制来支持从具体的、运动机构的概念到更加抽象的表征之间的过渡（见 8.3 节）；如何自主构建在环境中进行提取和学习抽象表征从而能够做出决策的能力（见 8.4 节）；进一步，如何构建一些通用的认知结构来对从感知到推理和决策的综合发展型现象进行特定建模（见 8.5 节）。为了给这些机器人模型构建一些理论基础，我们将首先回顾关于儿童推理发展起源中的发展阶段，以及对儿童的抽象概念的当前理解。由于具体机器人模型的抽象表征存在局限性，因此这里提出的研究只是间接解决了某些特定发展阶段的建模。然而，这些研究大多数都共同试图为发展阶段和处理过程进行建模，这些发展阶段和处理过程引导了复杂技巧和抽象表征能力的习得。

8.1.1 Piaget 和抽象知识的感觉运动起源

发展心理学之父 Piaget 曾提出一个最全面的推理和植根于感觉运动智能的抽象知识的发展理论。他认为有三个主要的概念可解释心理的发展：①图式，②同化，③顺应。图式是一个知识单元，它由儿童子构建并用于表征世界各方面之间的联系，例如对象、行动和抽象概念。图式就像组成智力的积木块，而且在发展过程中，它们会变得越来越多，越来越抽象和复杂。同化是把新的信息集成到之前存在的图式中，允许儿童使用相同的（虽然被扩展了）表征方法来理解世界中的新环境。顺应指的是将现有的图式转变为一种新的知识表征结构，进而用于整合新的信息和体验经历。例如，儿童最初可能会发展出一只"狗"的图式，专门参考了她自己的宠物狗（如一只贵宾犬）。经过这个简单的图式后，她会希望所有的狗都必须是小而蓬松的。当看到一只外貌不一样的狗时（如一只大麦町犬），她可以把这些新的知识同化到一个更加扩展和通用的狗的图式中。然而，在对于狗的经验有所增加后，她可以从如此一个初始的图式顺应到独立的和更加复杂的狗的种类，例如，为贵宾犬物种和大麦町犬物种分别发展出两个新图式。

在发展过程中，同化和顺应之间相互作用的动态过程导致了图式结构和复杂性的增加。这两个过程之间的交互称为"平衡"，它代表了利用同化应用先验知识与利用顺应来改变表征和行为以解释新知识之间的平衡。这导致了儿童所使用的知识和图式的质的变化。Piaget 提出认知发展分为四个阶段，其中儿童会形成更强大和更复杂的认知推理技巧（表 8-1）。他用一些非常有名的实验来说明儿童从一个阶段到下一个阶段所使用的推理策略的质的变化。例如，Piaget 使用保护液体的实验来说明前运算阶段（2~7 岁）和具体运算阶段（7~12 岁）的差异。当一个 5 岁的儿童（前运算阶段）看到带有相同液体（牛奶）深度的两个容器（玻璃杯）时，她能理解并确认实验的内容：两个玻璃杯含有相同量的液体。接着，如果把其中一杯牛奶倒进一个相对较瘦长的玻璃杯中，这个儿童会认为具有较高深度的杯子含有更多的牛奶。相反，当儿童到达具体运算阶段（7 岁或以上）时，她将能够识别出液体的量没有改变。也就是说，在这个具体的操作阶段，儿童能够在心理上模拟反转（倒）的动作，从而认识到液体的量还是一样的。

表 8-1 Piaget 理论中心智发展的阶段

年　龄	阶　段	特　征
0~2 岁	感觉运动阶段	认知自我与世界的区别 意识到周围环境的实体/特征 逐渐记住一些东西，虽然它们不在眼前 没有逻辑推理
2~7 岁	前运算阶段	活动引发思考 逐渐通过想象进行思考 自我中心和直觉思维，没有逻辑
8~11 岁	具体运算阶段	心理逆向操作（如理解液体守恒的任务和传递性任务） 符号逻辑推理，将具体对象与事件联系在一起 因果推理
12 岁以上	形式运算阶段	类成人思维 完全抽象 逻辑推理

尽管 Piaget 的理论有一些重要的局限性（例如，他假定儿童没有先天的能力和偏好，也忽略了社交学习的作用，见 Thornton 2008），但这仍然是一个最有影响力的关于儿童心理学的认知发展理论。Piaget 的理论并不适用于特定的认知能力，而是一种普遍的、全面

的认知发展观。在接下来的章节中，我们会关注特定能力的时间刻度，诸如数值认知和抽象文字。

8.1.2　数值认知

　　数值认知为抽象推理技能的逐步发展提供了另一个清晰又明确的例子。感知数值和数量是人类和动物最基本的感知技能（Dehaene 1997；Campbell 2005；Lakoff 和 Núñez 2000）。这是一个针对数值概念的单纯和抽象符号的发展以及使用抽象知识的很好的研究案例。这些案例提供了一个很好的机会，使得我们可以在从感知到抽象知识的过渡中来调查涉身与认知因素的重要作用（Cordes 和 Gelman 2005）。与 Piaget（1952）的理论相符，儿童通过感知的线索，开始将同一个感知范畴的物品组织在一起并计数。随后他们会去计数一类对象物体，这类物体有一个共同的感知特征（如相同的形状），但在其他特征上不同（如大小或者颜色），或者去计数具有相同颜色而其他特征不同的对象物体。这导致了儿童能识别实体概念（"物体"）。逐渐地，通过一系列发展的里程碑（见表 8-2），儿童会从抽象的数值分类能力一直发展出类似于成人的计数概念，换句话说，不管在感知上是如何分类的，她只计算相同数量表征的任何对象物体。

277

表 8-2　数值认知技能习得的发展时间表

年　龄	能　力	参考文献
4～5 个月	辨别不同数目的集合（集合大小＜4）可以初步证明婴儿能进行简单的算术运算（1+1，2－1）	Starkey 和 Cooper 1980；Wynn 1992；Wakeley、Rivera 和 Langer 2000
6 个月	辨别大于 4 个的集合，如果其中存在 2∶1 的数值比例	Xu 和 Spelke 2000
36～42 个月	一对一和基数原则的发展	Gelman、Meck 和 Merkin 1986；Wynn 1990
＞36 个月	在一系列的联系和指令后，顺序无关和物品无关原则的发展	Cowan 等人 1996
48 个月	很好地掌握数值的方向性（加法中的增加，减法中的减少）	Bisanz 等人 2005
入学年龄	各种计算技能的逐步发展	Campbell 2005

　　在发展心理学的文献中，有一些证据表明，4 个月的婴儿似乎有一些（可能与生俱来？）数值认知能力。例如，Starkey 和 Cooper（1980）的研究发现，4 个月大的婴儿表现出能够区分出两组、每组最多包含 4 个物品的能力。如果两组物品每组只含 2～3 个物品，他们能把两组中的每一组都区分出来，但是，如果两组分别有 4 和 6 个的物品，就不能识别了。Wynn（1992）使用习惯化的模式得到这样的证据：5 个月大的婴儿对一个集合的数量的简单算数变换是敏感的，例如，添加两个木偶来形成一个独特的设置（1+1＝2），

或者从一组原始的、包含两个木偶的集合里减去一个木偶（2－1＝1）。Xu 和 Spelke（2000）称如果有一个 2：1 的数量比例（如 16：8，32：16），那么婴儿就存在超过 4 项的组的辨别力。然而在重复这些实验时的可变性和这一系列方法中出现的问题似乎表明：只有非常有限的证据说明婴儿可以计算简单的计数运算（Wakeley、Rivera 和 Langer 2000）。Bisanz 等人（2005）认为关于婴儿早期"脆弱"的数值认识和计数能力的证据可以通过这样一个事实来解释：婴儿可以使用非数字的感知和注意机制（如 Piaget 的分类理论）来进行近似于数值运算的操作。然而，人们普遍的共识是一些语前的量化能力似乎在孕期已经出现了，这和一些动物物种类似（Cordes 和 Gelman 2005）。

很强的实验证据表明：3 岁或者 3 岁以上获得口头计数能力的儿童已经具备一般语言能力。特别能够确认的是，这个时候的儿童已经获得了实数的知识，Cordes 和 Gelman 提出了 4 个必要的发展原则：①一对一，就是每个物品只能被计算一次；②基数，计数序列的最后一个单词代表了集合的数量；③顺序无关性，意味着物品可以按任何顺序来计算；④物品类型无关性，也就是对于什么样的物体可算作一个可数的对象是没有限制的。Cordes 和 Gelman 强调特定领域的前期非语言计数和计算能力为后续学习计数词（数字）的意义打下了重要的基础。

对于前两个发展原则，Gelman、Meck 和 Merkin（1986）以及 Wynn（1990）认为 3 岁大的儿童已经开始熟练掌握一对一的关系和基数原则的连续性。Gelman、Meck 和 Merkin（1986）关于 3 岁、4 岁和 5 岁大的婴儿的研究实验表明，当儿童必须说出一个木偶的计数结果是否正确时，儿童对于违反某次实验任务中的一对一和基数原则是敏感的。在 Wynn（1990）的实验中，关于"Give-N"任务，即要求儿童给出一种木偶直到 N 个（6个）时，3 岁半的儿童会清晰地理解这个基数原则。

我们已经观察到 3 岁或者 3 岁以上的儿童的顺序无关性和物品无关性原则的发展，尽管按不同顺序计算物品数目的完全能力只有在实验中反复练习之后才能实现（Cowan 等人1996）。

对于运算能力的全面发展，例如数字的方向性（通过加法来增加集合大小和通过减法来减小集合），以及对加法和减法给出一个确切的回答，Bisanz 等人（2005）的综述文章指出 4 岁大的儿童已经能稳定掌握这样的技能。然而，由于个体差异和循序渐进的认知发展，人们在 2～4 岁大的儿童中已经发现了一些指向性的证据。更多的计算能力将会在学校里进一步发展（Campbell 2005）。

除了发展的时间角度，还有一个数值认知的重要问题是涉身性，因为多个发展与认知心理实验已经显示了身体主动参与对数值表示的基本作用。Gelman 和 Tucker（1975）认为如果儿童在缓慢地计数时能触碰物体，这将改善她的计算表现（也可以参见 Alibali 和 Di Russo（1999）的研究，下面将讨论到）。在成人认知中，许多数字涉身性现象已经被报道。这些现象包括大小、距离和 SNARC 作用（响应编码的空间数值关联（Spatial-

Number Association of Response Code）；Dehaene、Bossini 和 Giraux 1993），以及定量判断中的语境作用（框 8-1 做了充分解释）。这些现象在联结主义的模拟器中已经被建模（例如，Chen 和 Verguts 2010；Rajapakse 等人 2005；Rodriguez、Wiles 和 Elman 1999）。最近这些涉身性作用已经通过涉身发展型机器人的实验进行研究，随着相关的感知和计算技能的习得，这些实验显示出空间和数值表征之间的交互情况（Rucinski、Cangelosi 和 Belpaeme 2011，见 8.2 节）。

框 8-1　数值认知上的涉身性作用

　　支持计数技能发展的情境性和涉身性模式（如借助手指指向物体来计数），使得数值认知与涉身性被紧密地连在一起。大多数涉身性效应指的是空间认知和数字表征之间的相互作用，是发展经验的结果（大小、距离、SNARC、Posner-SNARC）。一些涉身性效应还涉及在数量判断中的语境作用和功能作用。一个更一般的涉身性效应指的是实现数量认知的不同注意力与认知模块，伴随着及时和准确的对于小数量的认知（或感觉，稍后会描述）。

　　1. **大小和距离效应**

　　大小和距离效应是数值认知实验研究中最常见的两大发现（Schwarz 和 Stein 1998）。这两个效应在许多任务中出现，并且在数字比较的背景下，这个效应反映了一个事实：对更大的数值（大小效应）和彼此接近的数值（距离效应）的比较，难度会更大。随着数值量级的增大和被比较的数值间的距离减少，反应时间逐渐增加（见下图）。

　　2. **SNARC 效应**

　　SNARC 效应直接关系到数值和空间的互动。这会出现在奇偶性判断和数值大小比较任务中。数值越小时左手的响应越快，而数值越大时右手的响应反而越快（Dehaene、Bossini 和 Giraux 1993）。SNARC 效应在反应时间图中表现为负斜率。

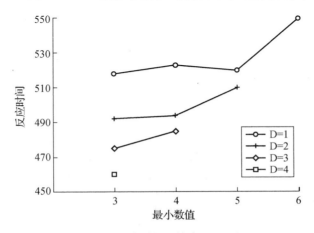

大小效应与距离效应的反应时间（摘自 Chen 和 Verguts 2010）

3. Posner-SNARC 效应

Posner-SNARC 效应是基于注意线索范式的（Fischer 等人 2003）。在注视位置出现的小或者大的数值会起到线索的作用，并且指导参与者关注右边或者左边的空间，在一个简短的延迟后，这个数值也会影响检测出视野内物体所需的时间。当一个小数值被呈现为一个线索的时候，这个效应会导致左侧对目标的快速检测，而大数值会导致右侧起作用，即使整个实验数据不出现在预期的目标位置。

4. 背景和功能效应

在理解和创造模糊量词的这些任务中，数量表示被一系列因素所影响：超过目前物体的实际数目，被量化物体及其起到作用的语境。这些因素包括场景中物体的相对大小、基于早先经验的预期频率、场景中物体所起到的功能，以及交流中需要控制的推理模式（Moxey 和 Sanford 1993；Coventry 等人 2005）。

5. 感数效应

感数效应指的是对少量物体快速的、准确的和有自信的判断，通常是在 1 和 3 之间，没有明确的计算（Kaufman 等人 1949；Starkey 和 Cooper 1995）。这是一种依赖于语前数字系统存在的假设，该语前数字系统使用全局、模拟幅度表征法来快速识别小数量的物体（及相应的数字）。如果大于感数效应的阈值，那么数值估计将变得不准确，或者需要明确的计数策略。

6. 手势和手指计数效应

涉身性效应与手势在帮助儿童学习计数时起到的作用有关联（Graham 1999；Alibali 和 Di Russo 1999），并且，涉身性效应对数值认知中的手臂运动回路和手指计数策略有重要贡献（Andres、Seron 和 Oliver 2007）。

8.1.3 抽象的文字和符号

在这里，我们简短概述在发展心理学中跟抽象概念和词汇有关的当前研究，随后阐述发展型机器人抽象词汇学习的实验。我们将首先关注抽象与具体概念的对立面，然后将注意力放在抽象概念的一个特殊情况——否定，以及它在语言发展中的作用。

在儿童心理学中，容易被人接受的是，儿童遵循从具体到抽象的发展路径。这种经典的看法支持这样的假设：具体词汇的习得应在掌握抽象词汇之前（如 Schwanenflugel 1991；Caramelli、Setti 和 Maurizzi 2004），同时儿童学会通过感觉与世界进行互动。儿童开始时会学习具体的对象和运动，例如狗、玩具和水，并逐渐趋向于学习更抽象的概念，如和平与幸福。此外，儿童对世界早期的认识是基于对自然界中物体时空交互的具体观察（Gelman 1990）。这条具体到抽象的路径并不一定适用于所有领域，因为人们发现了一些相反的从抽象到具体的发展过渡，例如 Simons 和 Kell（1995）关于自然/人工推理的研究。

对于具体/抽象词汇的研究是基于各自不同的方法。例如，习得模式（MoA）（Wauter 等人 2003；Della Rosa 等人 2010）方法已经被用于对描述儿童学习词汇含义的方式进行分类：①通过感知；②通过语言信息；③通过感知和语言方法的结合。例如，在一个关于小学儿童的研究中，Wauters 等人称，随着学龄的增加，阅读文字获取信息的模式会由侧重描述感知词语的方式向侧重纯语义方式转变。Della Rosa 等人（2010）同时注意到一系列相对于 MoA 的其他构造，例如能力习得与熟悉度的成长，以理解这个具体/抽象的二分法。此外，不同的研究者认为具体和抽象词汇之间的区别是一个连续体，而不是一个二分体。例如，存在一些词汇（如"医生"或者"技工"）处于具体/抽象之间的中间值，与之相对的是一些明显的具体名词（如狗、房子）和高度抽象的概念（如奇数、民主；Wiemer-Hastings、Krug 和 Xu 2001；Keil 1989）。此外，很明显的具体词汇，如"推"和"给"，它们在具体性和运动方式上存在显著差异："推"是很单一的，直接和手的推动动作联系起来，而"给"意味着多个动作实例，例如传递一个对象到另一个人的手中，可以用一只手、两只手、嘴巴等。类似地，对于"使用"这个词，"使用一支铅笔"或"使用一把梳子"是更抽象并且通用的，与之相对的是一些更具体的动作描述词汇，如"用一支铅笔来画画"和"用一把梳子来梳头"。具体/抽象连续体与抽象概念的涉身性认知研究的理论和实验证据是高度一致的（Borghi 和 Cimatti 2010；Borghi 等人 2011）。例如 Borghi 等人已经证明，具体的词汇往往有一个更稳定的含义，因为它们已经和感知经验严格联系在一起（如关于一个对象的感知或运动反应），而抽象词汇（如"爱"）很容易因为不同的文化背景而具有不同的含义。这个具体/抽象的连续体将会通过发展型机器人模型继续被验证，该机器人模型是关于直接和间接的感觉运动知识的词汇扎根的。（见 Stramandinoli、Marocco 和 Cangelosi 2012；8.3 节）。

抽象词汇的一种特殊情况是功能词，即来自一种语言中的词汇扮演着语法的角色，且在单独使用时没有具体的含义。例如介词和短语，如"to""in""by""no""is"。我们将把对否定功能词"no"和"not"的学习作为一个例子。语言的一个基本特性是其命题的本质、含义和事实，即凭借语言，我们可以通过言语行为来断定事实是真还是假（Harnad 1990；Austin 1975）。因此，除了理解和描述事实的能力，还非常有必要拥有否定不存在事实的互补意识，也就是否定的互补意识。在儿童早期发展过程中观察到的许多类型的否定事件提供了一个清晰的指示：语言能力是建立在意志或者情感状态上的（Förster 2013；Förster、Nehaniv 和 Saunders 2011；Pea 1978，1980）。此外，Nehaniv、Lyon 和 Cangelosi（2007）推测出否定在人类语言进化中起到了重要的作用。

尽管跟否定有关的发展型语言文献是相当有限的，但一些关键的研究已经系统地研究了早期涌现的使用手势和说话的否定现象。Pea（1980）是首批研究人员中的一个，他提供了否定行为的系统化分析与分类，也强调这样一个事实：否定提供了一个"运动情感的感觉运动智能"表征的实例。Choi（1988）和 Bloom（1970）讨论了其他的分类。表 8-3 给出了关于否定的不同类型的概述，主要参考了 Förster、Nehaniv 和 Saunders（2011）对发展型机器人研究的分析和采用。

[283]

表 8-3　几种常见的否定表达方式及其特点
（改编自 Pea 1980 以及 Förster、Nehaniv 和 Saunders 2011）

否定的种类	言语/行为表现	特　点
拒绝	"不"伴随动作	针对行动的拒绝，存在拒绝对象（人、行为、事件） 发展中出现的第一种拒绝类型（伴随手势或只是言语上的"不"） 情感/动机强烈的厌恶
自我禁止	"不要"的方法和犹豫	针对物体或行动，之前被看护者所禁止 这是对之前外部环境受到禁止后，自身反映出的内部表现 动机/情感成分
消失（不存在）	"走""全走开"，表现不要的动作	它标志一些东西刚刚失去 在很短的时间内，需要对消失的物体进行内化表征
未实现的期望	"走""全走开"	这标志着物体没有出现在预想或习惯的位置 同样用在之前成功当下不成功的行为上（如玩具的损坏） 需要对事物长时间的内化表征
真值功能性否定（推论否定）	"那不是真的"	儿童对证明错误的主张的反应 在推理否定的情况下，儿童假定对话的伙伴的主张是真实的（还没有听到主张的时候） 在发展过程中最抽象的表征出现在最后面 需要逻辑推理和语义的真值条件的理解 需要对事物的现在、过去和未来的内化表征

[284]

这种分类显示：第一种发展地涌现的否定类型是拒绝，而且通常拒绝的手势使用会在单词"no"的使用之前。另一方面，先进的真值否定在认知发展后期涌现出来，即儿童已经获得组合成分语义的复杂理解后。另一个区别是否定的前三种形式是基于情感和动机的现象，而最后一种形式在儿童的情感状态中更加抽象和独立。这种分类最近已经被发展型机器人领域所采纳，用于研究情感行为在否定习得中的作用（见 Förster 2013，8.3.2 节）。

8.2　计数机器人

发展型机器人和认知机器人允许对涉身性和（高阶）认知——如学习计数和使用抽象数字符号——之间的关联进行建模。基于这个方法，Rucinski、Cangelosi 和 Belpaeme（2011）已经开发出一种发展型机器人数值认知模型。这是第一次尝试使用认知机器人的涉身性实现方法来对数值认知的发展进行建模（见框 8-2）。

框 8-2　神经机器人模型的数字体现

本框提供了一些关于 Rucinski、Cangelosi 和 Belpaeme（2011）模型实现方法的技术细节，以便于重现数字学习和涉身性的神经认知实验。

1. 网络拓扑结构、激活函数和学习算法

图 8-2 所示的人工神经网络使用放电率模型来实现，其中每个单元的活动对应一组神经元的平均放电率。在图 8-2 中，暗灰色区域代表所有层之间的所有连接。神经激活的传播是从底部到顶部。所有神经元使用线性激活函数。因此，以 ID 层神经元活动为例，可以用以下的微分方程描述：

$$\dot{\text{ID}}_l = -\text{ID}_i + \sum_{j=1}^{15} w_{i,j}^{\text{INP, ID}}\text{INP}_j, \quad i=1, 2, \cdots, 15$$

其中，ID_i 和 INP_i 指定在语义层和输入层激活第 i 个神经元，而 $w^{\text{INP, ID}}$ 是这些层之间的连接矩阵。其他层的方程式组成采用类似的方式。

2. 涉身性网络训练

背部通路的训练分为两个阶段。首先，实现 iCub 机器人（见下图）运动蹒跚实验的 Kohonen 图神经网络是由标准的无人监管学习算法构建的，所使用的输入数据在正文中已经描述。随后，在构建好的 Kohonen 图网络中，激活的单元使用 Hebbian 学习来获得权重 $w^{\text{GAZ, LFT}}$ 和 $w^{\text{GAZ, RGT}}$ 的值，这些权值在模型的整个测试过程中都要用到。简单来说，Kohonen 图神经网络训练结束后，在随后的训练和测试中，那些图谱的输入向量将会被对应图的激活神经元所取代。

a）模拟iCub机器人执行运动蹒跚   b）彩色原型编码单元的SOM网络拓扑中的位置

Kohonen 图神经网络使用六角形的内部拓扑结构和高斯邻域函数。LFT 和 RGT 图的训练达到 24000 次迭代，学习系数为 0.001，并且邻域扩散参数在整个训练中从 6.75 线性下降到 0.5。用于 GAZ 图网络的训练参数基本一样，除了迭代次数（4000）和学习系数（0.006）。在 Hebbian 学习阶段，Kohonen 图网络使用指数函数，输入数值按照输入空间的维数进行归一化。训练持续了 1000 次迭代，并且学习系数为 0.01。训练结束后，关联力度将被归一化，从而使得当 GAZ 图谱的其中一个神经元被激活并且不超过 1 时，全部激活可以通过权重来传递。

对 $w^{INP, GAZ}$ 权重的 Hebbian 学习表征了数字-空间的关联，使用 50 排对象（沿垂直坐标随机放置物体）并以 0.01 的学习系数持续 500 次迭代。在训练结束后，对权重进行归一化，使通过权重传递的总的激活对每一个数字都是相等的。

3. 数字网络的训练

训练腹部通路的目标是建立 $w^{ID, DEC}$ 连接，这些连接允许模型进行数字对比和奇偶判断。这个训练与 Verguts、Fias 和 Stevens（2005）运用的训练极其相似，需要根据 INP 与 DEC 层到达稳定状态后的激活单元来使用 Widrow-Hoff 三角学习法则。这个训练与 Rucinski 等人的训练仅有的不同之处在于没有错误阈值被应用，所有其他训练参数（包括学习系数和训练数据）都与 Verguts、Fias 和 Stevens 使用的参数一致。

4. 测试和结果概述

模型测试的核心元素是：在数量比较、奇偶判断和视觉目标检测任务方面，对模型的响应时间的获取。这些是通过集成描述实现特定任务的模型的方程式，并且通过机器人在某个时刻的响应时间来获得的，在该时刻，RES 层中某个节点值超过了预定阈值（此阈值在视觉目标检测任务中是等于 0.8，在所有其他任务中是 0.5）。获得的响应时间按照标准的方式进行了分析以评估大小、距离、SNARC 和 Posner-SNARC 效应的效果（见 Chen 和 verguts 2010）。

在 Rucinski 的研究中，首先训练 iCub 仿真模型通过胳膊的运动蹒跚来发展上半身的肢体模式。随后训练 iCub 来学习认知数字，这个训练需要通过将物品的数目关联到数目的字母数字表示，如"1""2"等。最终机器人必须进行一个类似心理学的实验，按下左键或者右键来对数字大小和奇偶做出判断（图 8-1）。该设置允许数字/空间交互的涉身性效应的研究，正如框 8-1 所讨论的。

机器人的认知结构基于的是一个模块化的神经网络控制器（图 8-2）。该控制器拓展了数值认知的早期联结主义模型，特别是 Chen 和 Verguts（2010）的神经网络模型和 Caligiore 等人（2010）的认知机器人模型。在 Caligiore 的 TRoPICALS 结构中，信息处理被分为两个神经通路：①"腹部"通路，负责对象识别的处理以及独立于任务的决策制定和语言处理；②"背部"通路，参与负责物体位置与形状的空间信息处理，为视觉上引导的马达动作提供在线支持的感觉运动转换。

"腹部"通路通过一种类似于 Chen 和 Verguts（2010）神经网络模型组件的方式来建模。它由以下几个部分组成：①一个编码成（字母数字）数字符号的符号输入端（图 8-2

指定为 INP），使用位置编码和 15 个神经元；②一个编码成数字标识（符号的含义）的带有线性缩放和常数变换的心理数字线（指定为 ID），使用相同数量的 15 个神经元；③一个用于判断数值大小和奇偶的任务决策层（DEC）（4 个神经元，每个任务 2 个神经元）；④一个反应层（RES），2 个神经元用于左/右手反应选择，整合所有路径的信息，并负责运动响应的最终选择。对于数值比较任务，需要同时处理多个数字，通过复制必要的层来实施短期记忆。

图 8-1 数字学习研究中机器人仿真的步骤，图片由 Marek Rucinski 授权提供

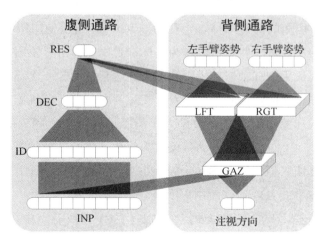

图 8-2 iCub 机器人数字识别的神经网络控制结构。首字母缩略词：INP—输入层；ID—语义层；DEC—决策层；RES—响应层；GAZ—注视方向图；LFT—左手臂的可达空间图；RGT—右手臂的可达空间图。详情见文中。图片由 Marek Rucinski 授权提供

"背部"通路是由一些神经元图组成的，这些图在机器人的近身工作空间中使用不同的参考系来对物体的空间位置进行编码（Wang、Johnson 和 Zhang 2001）。其中有一个图

与注视方向相关（图 8-2 中的 GAZ），此外，有两个图分别为机器人的左右手（LFT 和 RGT）。这些图由 49 个（7×7）二维 Kohonen 自组织图网络（SOM）构成，并且神经元是按六边形的模式进行排列的。将表征了机器人注视方向的三维本体向量作为机器人主视图的输入（水平方位角、垂直仰角和聚焦度）。每个手臂位置图的输入由一个七维本体向量构成，这些向量表征了相应手臂关节的位置：肩膀的倾斜、转动和摇摆，肘部的角度，手掌的向上/下翻、手腕旋转和摇摆。注视图与两个手臂位置图相连接，从而实现与身体部件对应的不同参考系之间的空间坐标变换（因此，在视野中的一个位置能被变换成一个接近这个位置的对应手臂姿势，反之亦然）。正是这个模型的核心组件，使得模型的涉身性属性可以直接用机器人的自我感觉运动图来实现。

为了给这个发展型学习过程进行建模，人们定义了跟人类儿童不同发展阶段相对应的连续训练阶段。首先，视野的空间表征方式和运动可供性必须先构建，并且它们之间的对应关系也要确定。随后，儿童才可以学习数字以及数字的含义。通常在入学前，儿童就已经学会计算了（表 8-1）。在大致相同的年龄阶段，成人会教授儿童简单的数字任务，如数字的大小比较或者奇偶性判断。所有这些阶段都在这个模型中反映出来。

为了构建注视空间与手臂空间的映射，机器人执行了一个相当于运动蹒跚的操作（von Hofsten 1982）。通过执行随机的手臂运动并同时观察儿童型机器人的双手，儿童型机器人可以改善其内部的视觉和运动空间表征，从而可以实现用手臂接近视野内的玩具。这就能够让机器人在之后的过程中完成诸如视觉引导的手臂接近动作等任务。在假定的机器人可操作空间内挑选出均匀分布的 90 个位置点（在机器人的前方、两个肩关节中间的 30°仰角与 45°水平方位角的部分球体，半径为 0.65m），通过使用这些位置点，那些发展阶段可以在机器人中实现。这些点可以作为目标位置，从而指导使用了逆运动学模块的机器人的注视与两个机械手臂移动。在机器人随机到达某位置的一次移动后，可以从本体感知输入中读取和存储最终的注视和手臂位置。在每两次移动间，机器人的头部和手臂都会被移动到一个特定的休息位置，这样做是为了消除那些随机点序列的次序带来的任何影响，在这个序列中，每个点表示在运动结束时头部和手臂所呈现的姿势。这些数据将通过传统的无监督学习算法来训练三个 SOM 神经网络。为了体现左右手可到达空间的不对称性（一些区域只有右手能触碰到，而左手不行，反之亦然），当为一只胳膊建立空间映射时，只用到了这只胳膊 2/3 的极限位置点（例如，左手臂所有点中，左侧 2/3 的点）。基于对学习过程的观察以及对生成网络的目标空间覆盖性能的分析，网络学习参数可以手动调整。

注视的视觉空间图和左右手可到达空间图之间的转换，是通过这些图之间的连接来实现，而且还要通过经典的 Hebbian 规则来学习。在一个类似于运动蹒跚的过程中，注视和手臂指向同一点，并且在之前发展好的空间图中产生了共同激活，这将用于建立那些图之间的连接。

下一个发展训练阶段将关系到数字单词及其意义的学习。这就是在对应的数字单词与数字含义之间建立连接，数字单词被建模为输入的腹部通路层中的激活单元，数字含义被建模为在心理数字线隐藏层中的激活单元。

随后，我们教授机器人计数。这个阶段的目标是对文化偏好进行建模，该文化偏好导致了左侧空间"较小"数字与右侧空间"较大"数字的内部关联。作为这类文化偏好的一个例子是，我们认为儿童具有一种从左到右来数物体的趋向，这个趋向可能和欧洲文化的特点是阅读方向从左到右这个事实有关（Dehaene 1997；Fischer 2008）。为了对学习计数的过程进行建模，可以给机器人一串适当的数字序列（可以放进模型网络的腹部通路输入层），同时将机器人的注视点引向空间中一个特定的位置（通过输入到注视视觉图）。这些空间位置是通过一种特定的方式生成的：空间位置的水平坐标与数字的大小相关（较小的数字出现在左侧，较大的数字出现在右侧），并且还伴随着一定量的高斯噪声。我们可以选择垂直坐标来均匀地跨过表征空间。当机器人进行这个过程时，使用 Hebbian 学习来建立数字词组与视觉域的刺激位置的连接。

最后，训练该模型来执行一些推理任务，诸如数字大小比较和奇偶判断，这些任务对应着在心理数字线隐藏层和决策层神经元之间建立合适的连接。

Chen 和 Verguts（2010）使用包含三个任务的 iCub 仿真实验来验证这个学习结构。这些任务还包含模型响应时间（RT）的测量，该响应时间是在两个响应节点中的一个节点中超过响应阈值的活动时间的总和。

第一个实验探索了在数值认知中大小和距离的影响。这是数学认知研究实验中最常见的两个发现（如 Schwarz 和 Stein 1998）。这两个发现存在于很多任务中，但是在比较数字大小的任务背景下，这两个发现却意味着对数值较大（大小效应）而彼此却很接近的数字（距离效应）进行比较是比较困难的。随着数值的增大和被比较的数字之间距离的缩小，这种现象会从响应时间（RT）里明显地显示出来。图 8-3 展示了我们实验中的响应时间曲线。

我们对左右手从 1 到 7 的所有数字对的响应时间都进行了测量。图 8-3 中的内容显示了该模型中出现的大小和距离效应。这个大小和距离效应的来源是依赖于心理数字线层和决策层之间权重的单调与压缩模式。

第二个实验关注 SNARC 效应。相比大小和距离的效应，SNARC 效应与数字和空间之间的互动会更直接。在奇偶判断和数字比较任务中，通过 iCub 模型得到的 RT 会被计算出来。实验也给出了对于相同数字在不同条件下的右手和左手响应时间的差异。如图 8-4所示，SNARC 效应的表现方式为负斜率。

在这个模型中，一个数字词组的出现会导致视觉表征空间的相关部分被自动激活，根据在发展过程中已经建立好的联系（计数学习阶段），左边关联较小的数字，右边关联较大的数字。视觉空间表征又依次连接到两个运动图，虽然对这两个图的连接不是对称的。

291

就像视觉空间的某些部分是左手臂可以达到而右手臂不能达到的一样，反之亦然；当从视
觉空间映射到手臂映射的转换发生时，只有在映射中心的区域，两个手臂相关表征区域才
会被激活到相似的程度。如果这个区域处于视觉空间的一侧，一只手臂的映射图会比另一
只更强烈地被激活，因为更强烈激活的那个图能更充分地表示那一侧的空间。这是机器人
形态的自然结果。

292

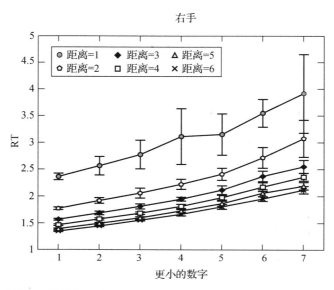

图 8-3　在右手数字比较的任务中，大小和距离影响下的仿真结果。机器人的反应时间会
　　　　随着更大的数字和数字之间更小的距离而增大。图片由 Marek Rucinski 授权提供

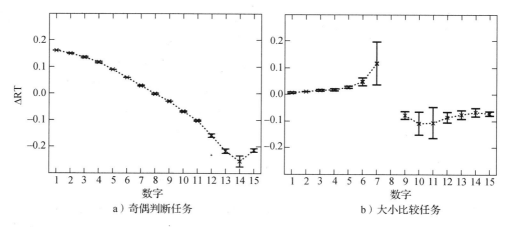

图 8-4　SNARC 效应的仿真结果。图片由 Marek Rucinski 授权提供

因为在表征区域中有一个重要的重叠区，所以这个效应不会显得非常突兀，但是视觉
和运动映射图之间的联系形成了一个从左到右的梯度。左手臂映射的连接变得较弱，而右
边的映射变得更强。因此，当出现一个较小的数字时，内部连接会导致左手臂连接的表征

区域自动激活强于右手臂连接的表征区域，从而导致 SNARC 效应。同样的模型也被用于复制 Posner-SNARC 效应（Rucinski、Cangelosi 和 Belpaeme 2011）。

这种模式的后续延伸专门关注计数学习中的手势的研究（Rucinski、Cangelosi 和 Belpaeme 2012）。我们训练 iCub 机器人模拟器来计数，机器人要么通过看着物体来计数（视觉条件），要么通过指向它们来计数（手势条件）。手势将作为产生手臂姿势的本体感受信息输入机器人神经架构中。iCub 机器人的神经架构采用递归神经网络，正是因为这个任务需要对递增式的数字序列进行学习。视觉和手势的性能比较表明，与手势相关联的本体感觉输入信号改善了它的学习性能，因为在学习计数的时候，相关联的手势可能携带额外可以利用的信息。此外，机器人模型行为与人类儿童行为的比较（Alibali 和 DiRusso 1999）揭示了在手势影响和计算集的大小方面也有很强的相似性，虽然在错误的具体模式中有一些差异（Rucinski、Cangelosi 和 Belpaeme 2012）。

293

8.3 学习抽象词汇和概念

只有非常少的发展模型开始关注抽象词汇的习得，因为发展型机器人的默认主要焦点是感觉运动技能和对具体对象的命名（见第 7 章）。在这里，我们将讨论抽象词汇学习的两个早期模型。第一个模型通过符号扎根的传递机制，关注在具体/抽象的连续体中抽象概念的扎根能力的习得（Cangelosi 和 Riga 2006；Stramandinoli、Marocco 和 Cangelosi 2012）。第二个发展型机器人模型强调"no"这个词和语言发展早期阶段的否定概念的习得（Förster、Nehaniv 和 Saunders 2011）。这些研究通过探索抽象词汇和概念的扎根起源，构成了未来研究机器人抽象知识推理和决策技能发展的基础。

8.3.1 实现抽象词汇的扎根

在第 8 章中，我们关注机器人的语言发展模型。这些研究大多集中在单个对象和动作的词汇习得，只有少部分研究探索了简单语义和语法成分结构的涌现。然而，语言使用的主要性质和好处之一就是"语言的生成性"。这是一种通过整合词语来表达（即发明）新概念的能力。例如，通过直接扎根和感觉运动经验，当我骑着马的时候可以学习"horse"这个单词，当我看着条纹图案时可以学习"stripes"这个单词，还可以通过公牛和山羊的角来学习"horn"这个单词。这些符号的扎根学习，使我能够通过基于这三个词组合的语言描述，来创造和传递新的概念。我可以通过说"斑马＝马＋条纹"，向从未见过斑马的人传递斑马这个概念，甚至发明一个新的动物物种，如"独角兽＝马＋角"。词义的传递过程即词义的体验，它通过与世界的互动产生，称为"符号扎根转移"（Cangelosi 和 Riga 2006），而且符合 Barsalou（1999）关于概念组合的心理模拟模型。新词汇组合的这种生成方式可以用于描述实际的概念，例如动物，也可以描述带有抽象成分的词汇，如"使用一个物体""接受一个礼物"，理想的情况下，甚至可以用于更不具体、纯抽象的概念，如

"美好""幸福""民主"。

这里我们描述一个语言生成的早期模型，这个模型使用符号扎根转移来学习新的、复
杂的动作（Cangelosi 和 Riga 2006），并且我们还会描述这个模型对抽象词汇进行逐步学
习的后续适应性，这些抽象词汇可以是"接受""拒绝"等（Stramandinoli、Marocco 和
Cangelosi 2012）。Cangelosi 和 Riga（2006）使用了两个智能体：一个教师和一个学生。
这两个智能体由类人机器人模拟器实现。教师智能体由实验者进行预先编程来展示运动动
作，并教学生智能体关于这个动作的名称（图 8-5）。学生首先通过模仿教师的动作和语言
来命名基本的运动基元。随后，这个学生智能体使用语言指令自动地整合基本动作名称的
扎根含义，并且通过扎根转移机制来学会执行复杂动作。这个模型是由含有两个嵌入在虚
拟环境中的机器人智能体的计算机模拟器构成的，这个虚拟环境基于的是物理模拟器
Open Dynamics Engine。

a）学会之前   b）学会之后

图 8-5　复合动作概念扎根转移的机器人仿真步骤。每幅图中，教师都在左边，学生都在右
　　　边，学会一个动作意味着学生机器人能够模仿教师的动作。摘自 Tikhanoff 等人
　　　2007。IEEE 授权复制

这个通过神经网络来控制的学生智能体要学习模仿教师的动作和这些动作的名称。该
实验由三个训练阶段和一个测试阶段组成。训练是渐进的，且受到发展阶段的启发。三个
训练阶段如下：

1）基本扎根（BG）：在教师直观的演示下，重复这些基本动作的模仿学习能力，并
学习基本动作的名称。实验用到了有 6 个基本动作元素，如"弯曲左手臂""弯曲右手臂"
"举起右手臂""轮子向前移动"。

2）高阶扎根 1（HG-1）：通过词组组合学习复杂动作，而不是直接的可视化演示。教
师会说一些话语，如"抓＝弯曲右手臂＋弯曲左手臂"，接着智能体通过扎根转移来执行
这些复杂的动作。

3）高阶扎根 2（HG-2）：这个阶段是与 HG-1 阶段相对应的，所不同的是新的 HG-2
概念是由一个 BG 的动作元素与一个 HG-1 单词整合而成的。例如，智能体学习"搬运＝
向前移动轮子＋抓取"。

学生智能体成功地学会了所有的 BG 和 HG 动作类别，并且在测试阶段中，学生智能

体能够跟随相应动作名称的输入自动地执行所有基础动作和高阶动作。这种能力背后的核心机制是扎根转移机制。这个机制是基于 Barsalou（1999）提出的感知符号系统理论假说的一种神经网络实现（Cangelosi 2010）。这个机制实现了用心理模拟器来将运动感觉概念结合到更复杂的、高阶的心理表征中。

为了通过词语组合生成复杂的动作而使用的符号扎根转移，被进一步扩展来生成较大集合的组合动作。例如，基于旗语字母手势的多达 112 条复杂动作（Cangelosi 等人 2007；Tikhanoff 等人 2007）。

同样的符号扎根转移已经被用于关注更抽象词汇的学习。使用具体/抽象的连续体，我们可以从一个极端具体的词汇（如"锤子""钉子""石头"和"弹性"）到非常抽象的概念（如"民主""美好"和"爱"）。在这两个极端中，我们可以考虑抽象的不同层次。例如，"接受"这个单词（如"接受礼物"）是在友好社会背景下拿一个物品这一具体动作的扩展。"使用"这个词（如"使用锤子""使用铅笔"）是一个比较抽象的概念，与之相对的是"用锤子锤"或"用铅笔画"（尽管仍然和动作有关，例如"锤"和"写"）。Stramandinoli、Marocco 和 Cangelosi（2012）使用之前描述的相同的符号扎根机制开发了一种模型，用于这些中间抽象概念的扎根，如"接受"。

该模型基于 iCub 机器人模拟器，并且大体上遵循 Cangelosi 和 Riga（2006）的符号扎根转移方法。通过直接扎根，iCub 机器人首先要学习具体动作元素，如"推"。接着机器人需要通过一个语言生成方法和高阶扎根来沟通更抽象的概念，如"接受"。具体来说，在这个 BG 阶段，通过直接感觉运动体验，机器人学会了 8 个动作元素所对应的名称。作为机器人神经网络给定输入的动作元素的名称，它们分别是"推""拉""抓""释放""暂停""微笑""皱眉"和"中立"。

通过对这两个不同的 HG 阶段的实现，可以产生不同程度的基本和复杂动作的结合。在 HG-1 阶段，机器人通过结合基本动作元素，学会三个新的高阶动作词语（给，接收，保持），如"保持［是］抓［和］暂停"。为了获得从基本动作到高阶句子的扎根传递，网络会分别计算描述（抓，暂停）中包含的词语对应的输出并存储。随后，神经网络将高阶词汇"保持"作为输入，并将先前存储的输出作为目标。在 HG-2 阶段，机器人学会了三个高阶动作（接受、否定和挑），方法是通过基本动作元素和高阶动作词语的联合（如"接受［是］保持［和］微笑［和］停止"）。

机器人高阶复杂动作的成功演示表明符号扎根机制不仅能传递具体动作的扎根（Cangelosi 和 Riga 2006 中的"抓"），还可以用于逐渐抽象的概念（如 Stramandinoli、Marocco 和 Cangelosi 2012 中"接受"的学习）。然而，尽管这些相同的机制能够用于少数具体概念的扎根，如"制作"和"使用"，但真正的挑战仍然是高度抽象词汇（如"美好"和"幸福"）的扎根建模。

296

8.3.2　学会说"不"

这个模型旨在通过感觉运动、社会、情感的合作机制给另一类抽象词语进行扎根，如"不"和否定的相关概念。正如我们在 8.1.2 节所关注过的，在儿童早期发展中观察到的一些否定类型，清晰地表明语言能力是扎根于意志或情感状态中的（Förster、Nehaniv 和 Saunders 2011；Pea 1980）。以下是否定的例子，如禁止的言语行为、拒绝行为，以及依赖于动机的否认行为。

一个研究发展型机器人感觉运动与否定情感的方案是由 Förster、Nehaniv 和 Saunders（2011）提出的。他们给出了辨别表 8-3 中列出的不同否定类型的关键属性。第一，可以通过情感或意志的关联性，或者事件更加抽象的知识的关联性来区分否定。所以第一种否定类型（拒绝，自我禁止）的建模要求一种情感水平和动机状态的机制的呈现，以及面部或肢体的表现形式。第二种区分否定的属性是复杂性的增加，该复杂性是关于所需要的记忆和内在化水平，即儿童对一个物体的功能/位置属性的呈现。例如，相对于无法实现的期望和否认要求长期的记忆，从这个角度来看，拒绝只需要短期记忆和单纯的反应行为。这种差别表明了对不同记忆种类建模和对否定对象/事件属性的内在化的必要性。

这就提供了一个可操作的建模框架来理解学习和使用抽象概念的能力（如"不""离[297]开""不要"这些词汇）是如何关系到情感和意志状态的扎根，而不是具体词汇情况时的纯感觉运动（动作）的扎根，以及记忆作用和外部世界的内在表征的扎根。

Förster（2013）用一个基于 iCub 机器人的发展型框架来测试关于否定发展的两个可供选择的假说：①对于拒绝的否定意图解释，②肢体和语言禁止。否定意图的解释认为否定发展源于看护者对儿童动机状态的语言理解（意图解释）。Pea（1980）已经解释了否定可以发展性地获得，正如看护者把儿童的身体排斥行为当作一种否定的表现，而且相应的儿童看护者会进行语言表达，如"不""不，不想要"。因此，否定词汇的表达跟负面动机状态和拒绝行为有关，并且经常有显著的韵律性（Förster 2013）。另一种可供选择的否定发展理论是儿童对否定的使用植根于父母的禁止。这是基于 Spitz（1957）的假设：当看护者禁止儿童做某事的时候，就会获得否定。为了验证这两种假设和机器人获得否定必需的机制，Förster 设计了两组实验（否定和禁止）来对比这些假设。

否定实验使用图 8-6 描述的认知结构。它部分基于 LESA 结构，来自 Lyon、Nehaniv 和 Saunders（2012）的语言学习实验（见 7.2 节）。下面我们要对主要模块进行简要描述。这种结构的产生动机和全部细节可以参见 Saunders 等人（2011）和 Förster（2013）。

感知系统模块处理机器人摄像机所采集的图像，以识别最显著的物体（使用一种物体显著性算法），包括立方体一侧的图像形状（通过 ARToolKit 包；www.hitl.washington.edu/artoolkit）和用户的面孔（faceAPI 软件；machiines.com）。感知系统也会处理动作编码器和机器人手臂上的外力检测（如用户会移动机器人的手臂来阻止它太接近对象物体）。

该系统也能用于识别两个关键事件："拾起"和"放下"物品。这两个事件可以作为与否定合作相关的不同行为的触发开关。此外，在多个对象出现的时候，这些不同行为有助于将某个时刻的注意力集中在一个对象上（拾起的那个）。

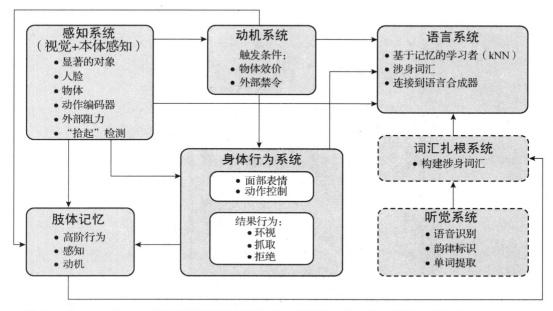

图 8-6　Förster（2013）否定实验用到的认识结构。详情见本章内容。图片改编自 Förster（2013）

否定实验的核心组件是动机系统。这个系统使用动机状态的简化表示方法，该方法采用三个离散数值：−1（负）、0（中性）和 1（正）。每个实验会话以中性状态开始，然后根据所拾起的物品的效价将状态变为正或负。物品的效价是由实验者预定的。在禁止的情况下，物品的效价会进一步通过机器人对施加在手臂上的外力感知来调整。

身体行为系统控制着五种行为的产生：空闲、四处寻找、触摸到物品、拒绝和观看。这些行为根据否定实验和物品效价可以伴随三种面部表情（开心，中性，伤心）。为了产生一个真实和可信的交互行为，需要进行时间常数的试错方式微调（五种行为的执行时长与同步）和子动作的协调。在禁止的场景下，一旦 iCub 机器人尝试触碰物体，就要教参与者尽快阻止 iCub 机器人的手臂移动（图 8-7）。

听觉系统会根据用户和物体的交互以及机器人的动机状态，控制机器人对词语的发音。在互动过程中，通过使用听觉子系统，学到的词语会被保存到词汇扎根子系统，并且，该子系统的实现在一定程度上是基于 Lyon、Nehaniv 和 Saunders（2012）的语言学习实现方法。感觉运动动机（SensoriMotor-Motivational，SMM）向量掌握着关于机器人有效行为的当前状态、参与物体、动机状态以及视觉和运动感知状态的信息。当一个物体被拾起并放在机器人面前时，机器人会开始说话。通过使用一个能够将当前感知与动机状态匹配到早先学习词汇的记忆模型，机器人能够说出与该语境最匹配的词语。然后直到状

298

态改变或者物体被参与者放下，机器人才会说出第二个词语（记忆匹配算法的下一步）。该系统是基于 K-最近邻算法（Tilburg Memory-Based Learner，TiMBL；Daelemans 和 van den Bosch 2005）这种高效的实现方法，该算法将 SMM 向量的状态匹配到扎根词汇集中的词语上。

图 8-7   当 iCub 机器人试图接近一个带有负效价的禁止对象时，机器人手臂被
身体抑制的例子。图片由 Frank Förster 授权提供，由 Pete Stevens 制作

两个不同的实验被用来研究否定的早期发展类型的获得，以及使用"不"字能力的习得。一个实验使用拒绝场景，另一个实验使用禁止场景，且这两个实验明确设计成测试两个可供选择的否定的起源假说。在两个实验中，性格比较天真的人类参与者按照指示教会 iCub 机器人（名叫"Deechee"）五个物体的名字，分别是印在盒子上的不同黑白混合的形状（星形、爱心形、正方形、新月形和三角形）。在没有对否定/禁止目标作解释的情况下，参与者也/只知道 Deechee 对具体的对象物体可能会喜欢、不喜欢，或保持中立，并且，这些都会表露在机器人的面部表情上。

299
～
300
拒绝场景的实验用于测试 Pea（1980）的来自否定的负面意图解释假说。这个假说关注拒绝词汇的表达，如当儿童接收到他不喜欢的物体 X 时，"不"意味着"不想要 X"。该假说也涉及动机依赖的否定，例如对"你想要 X 吗？"这样的问题说"不"。从发展的时间刻度来看，否定开始于儿童非言语的行为，如转动头部来远离讨厌的物体，或者拒绝并推开这个物体。看护者对这一行为的意图解释是拒绝。这些行为就引出了看护者的一些语句的生成，如"不"或"不，不想要"，儿童从而可以模仿学习到的这些语句。为了实现这个拒绝的场景，iCub 机器人用非言语行为来引出参与者对一个不喜欢的物体的拒绝解释，这种拒绝解释是在简单看一眼厌恶的物体后，皱眉头并且把头转开。在每个参与者和机器人之间的五组交互会话中，通过每个会话之间的不喜欢/中立/喜欢（−1，0，1）效价的变化，确定每个物体的一组预设效价的值。

禁止场景的实验用于测试 Spitz（1957）的假说，该假说是关于肢体和言语禁止相结合来获得否定的概念。这表明第一类否定起源于禁止行为和参与者最初的语调。禁止实验基于拒绝场景，并添加了附加约束：物体中有两个对象物体被声明为禁止。因此，命令参与者不许机器人触碰这两个禁止的物体，包括身体上限制 iCub 机器人和向后推机器人的胳膊以避免触碰物体。这样的情况称为"抵抗事件"，并且机器人的动机值会被设置成负的。通过一个眉头紧锁的脸庞（悲伤嘴巴和变得更亮的眉毛上的灯），并长时间地注视着人类参与者的脸，机器人将否定的情感状态传递给了人类参与者。

为了比较这两个实验结果，将五个连贯的拒绝互动会话中的最后两个会话当作基线（控制）条件。在禁止实验的五个会话中，前三个会话执行拒绝-加-禁止的场景，而最后两个会话只执行拒绝场景，并且直接用于比较两组拒绝和禁止实验。这些研究基于不同主体间的比较，因为每个独立的参与者只涉及拒绝或禁止场景。

对于每个实验的数据（如第一个会话和最后一个会话之间的比较），拒绝和禁止实验的比较都会进行多种样式的分析。这些分析关注三个主要变量：人类参与者的平均话语长度（MLU），每分钟有多少话语（u/min），不同词的数量（♯dw）。在拒绝/禁止实验中，尽管 MLU 测量值没有显示出显著的差异，但与拒绝组相比时，禁止组中的 u/min 变量会更高。此外，尽管这两组 u/min 的初始值是一样的，但在最后阶段差异开始变得显著，这表明禁止条件中的参与者在最后一个会话中话语显著增多，但拒绝条件下的谈话频率却没有改变。对于 ♯dw 变量，禁止组产生了更多不同的否定词汇（对于总的 ♯dw 没有不同）。此外，在两个否定实验与另一个相同框架（Saunders 等人 2011）下物体名称学习的相关研究的比较中可以看出：两个否定设置引起了更多数量的否定话语。这个发现可以通过面部表情的情感展示和动机状态相关的肢体行为的使用来解释。

为了使用这两个实验来验证上述两种关于否定起源发展的可相互替代理论，在对机器人和人类的话语的评价者间的分类进行深度分析后，机器人和人类的话语可以按 Pea 的否定类型来进行划分（详见 Förster 2013）。特别的，在人类参与者的话语分析中，提出了如下五个最常见的否定类型：①否定意图的解释，②否定动机问题，③否定真值功能，④禁止，⑤驳回（可参见表 8-3 中 Pea 的否定类型分类）。当然，在前三个拒绝和禁止条件下，会话主要的不同是语言禁止的出现和拒绝场景中单独的拒绝话语的出现，而否定意图解释和否定动机问题在拒绝场景中会更经常观察到。此外，禁止实验说明了否定意图解释在统计上出现的频率明显更低。所有这些实验结果表明，实验设置和使用的认识结构达到了实验的目的，即为机器人的否定发展结构创建两个不同的场景。人类参与者生成了机器人动机和情感状态的语言描述，并且产生了问题和动机的否定状态描述，如"不，你不喜欢

301

它"。更有趣的是，在最后两次实验的对比中（当两组参与者都使用只有拒绝的互动时），实验结果的分析显示：与禁止会话相比较时，拒绝会话的早期参与者会产生统计上更多次数的具有真值功能的拒绝话语。然而，动机相关的话语在这两个实验中没有明显不同。Förster 构建的假说解释了在禁止实验中低层次的真值拒绝话语（一般在机器人给错一个物体的标签时产生），他的假说是：相对禁止实验中的中性物体命名的言语交流，智能体会更加注重动机交互。

机器人的话语分析显示，在机器人语言生成的分类问题上，评价者们有了歧义。这主要是因为对于机器人想要或者不想要一个特定物体意图的编码分类问题缺乏一致性。尽管存在这种数据编码的问题，但还是可以观察到否定话语生成的系统模式。在否定实验中，iCub 机器人通过 10 个参与者中的 7 个参与者产生了否定词汇，然而在禁止场景中，所有的交互都包含了机器人对否定词汇的使用。机器人话语的"快乐"率编码的分析（即成功的、恰当的言语行为表现，而不管它的真值是什么，参见 Austin 1975）可以进一步揭示两个实验的最后两个会话之间的差异。所有否定话语的快乐（恰当）率在禁止实验（30%）中比在拒绝实验（67%）中低得多。这是非常令人惊讶的，这就像是在违反直觉地表明禁止场景抑制了机器人否定言语行为的产出。Förster 用机器人的动机状态和参与者的禁止与驳回话语生成之间的时序关系分析来解释它。数据显示在禁止场景下的大多数情况中，当禁止机器人触摸某物体时，机器人处于一种积极和中性的状态中。此外，参与者对机器人手臂的推动和生成否定词的话语之间缺乏时间同步。然而在拒绝场景下，否定意图解释和否定动机问题往往与否定动机状态在时间上有关联。

总体而言，实验结果的模式表明，虽然这两个假说和机制都有助于否定概念和技能的发展，但是在机器人交互设置上，拒绝场景更加利于否定能力的习得。禁止场景中所观察到的动机状态和否定话语之间同步的缺失不允许该模型被用作支持第一个假说的验证数据（意图说明），也不支持第二个假说的拒绝（语言禁止）。此外，Förster 也表明，时间同步的缺乏可能会发生在看护者和儿童之间实际的否定交互过程中。因此，本研究的一个重要意义是：在人类参与者的否定发展和心理语言学研究中，从多个方面深度分析交互（动机状态，发声频率/类型/长度）的必要性。这将需要长期视频记录日常生活中的看护者和儿童之间的否定交互会话，因为在日常中来自父母的禁止会很自然地发生。

8.4 决策制定的抽象表征生成

以问题解决、启发与规划的形式出现的决策制定已经被广泛使用在实现人工智能的传统方法中。这些方法通常依赖于状态值向量、启发式函数和搜寻策略或逻辑的实现方法。尽管需要依赖于密集与繁琐的计算处理过程，但这些方法仍然是非常有效的，如可达到人类水平的象棋推理与游戏（Hsu 2002）。此外，逻辑与基于符号的方法与表示法（Byrne 1989）以及心理模型方法（Bucciarelli 和 Johnson-Laird 1999）被用来模拟人类推理，如典型哲学问题的三段论的推理任务。

在认知机器人的实现方法中，特别是从发展的角度来看，重要的是用于推理和决策制定的内部表征方法是由智能体生成的，智能体采用认知处理和抽象表征生成法来实现，而不是实验者使用查表和离线生成的启发算法。这种情况就很类似于语言学习的符号扎根问题（第 7 章），在这个问题中，词语必须被扎根在智能体本身与环境的交互中。在认知机器人的决策制定实例中，Gordon、Kawamura 和 Wilkes（2010）提出了一种神经启发的实现方法，该方法是用于决策制定的抽象内部表征的扎根生成（如基于任务的扎根动态特征），且他们还在机器人实验中验证了该实现方法。Gordon 和他的同事建议：智能体跟词组交互的结果产生基于任务的动态特征，该特征与任务相关评估的情境相关。这些特征可以自适应地调整决策制定的控制参数。Gordon 和他的同事确定了这项任务的三个关键评估过程：①在给定当前目标后，当前情境下的相关性；②依附于响应选项的效用；③机器人必须执行某动作的紧急程度。这些过程分别对应了抽象的概念、学习奖励的概念以及决策时间与任务性能之间协调的概念。

Gordon、Kawamura 和 Wilkes 发明了一种机器人的类似神经机制的认知控制模型，以此来改善任务性能。"认知控制"这个词用来指对自上而下处理过程的建模。这基于的是注意机制和工作记忆、规划和内部彩排以及纠错和新奇性检测。这种认知控制模型也包括机器人的任务情感评价的情绪。情感状态被用于评估当前状态以及与要选择的特定任务的相关性、紧迫性和使用性有关的过往体验。这种认知控制模型的首要处理经验被存储为情节记忆，以便确定可用于导出基于情境评价的相关信息。随后，该模型还表征了已确定的关系和评价以便将该模型用于在线的决策制定。

这些原理揭示了认知机器人中决策制定的 ISAC 认知结构的设计（Gordon、Kawamura 和 Wilkes 2010；Kawamura 等人 2008；图 8-8）。这个结构有三种不同的控制回路，这些回路提供反应的、例行的和审慎的控制。这个结构也有三种类型的记忆系统：短时、长时和工作记忆。长时记忆系统包括程序的知识（如一个任务被描述为一系列的连续步骤）、情节（如过去事件的记忆的时间和空间属性）和语义（如关于实体和其特征的陈述性知识）。短时和工作记忆系统提供了知觉和状态信息的初始缓冲区。此外，目标相关的动态表征方法的创建（即特征向量）是从根本上与相关评估进行相连，并被分配到工作记忆中。这些子系统被一个复杂的、高阶的执行控制系统控制。这个包含内部彩排系统和目标动机系统的执行控制智能体会指定目标和动机，产生计划并选择响应。效用信号用于优先响应、预测和递归生成计划。

考虑到认知结构体系中的神经启发的实现方法，这些组件中的大多数是用激活扩散模块和神经网络模块来实现的。

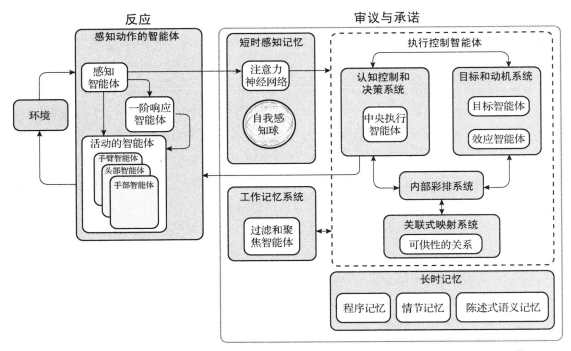

图 8-8　Gordon、Kowamura 和 Wilkes 2010 的认知体系。图由 Stephen M. Gordon 授权提供。
IEEE 授权复制

为了测试决策制定的神经启发模型，Gordon、Kawamura 和 Wilkes（2010）用 ISAC
类人机器人来进行包装食品商品的日常任务（Kawamura 等人 2008）。机器人被置于传送
带的末端，并必须成功地对出现在皮带上的商品进行打包（图 8-9）。训练阶段中，当商品
正在被打包时，附加的一些商品会被随机地放在传送带上，直到商品的数量到达预先设定
数值。在规划过程的每一步，机器人不知道即将出现的商品的数量和类型，因此需要制定
决策。商品由 25 个彩色纸箱代表，每一个纸箱有 9 个机器人已知的属性（如重量、大小、
软/硬材料）。两个预先设定的复杂动作被存储在程序存储器中，用一个独立控制器来负责
执行单独步骤，这些步骤执行了如下动作：

BagGroceryLeftArm(grocery_x, bag_y)

BagGroceryRightArm(grocery_x, bag_y)

其中 grocery_x 表示使用的商品类型，bag_y 表示袋子 y。

为了实现这个任务，一位评判观察员会使用强加的三个约束：①防止较轻的商品被较
重的商品破坏/压坏；②一个袋子所装商品不超过 20 磅；③尽量减少袋子的使用。

实验既在模拟器上执行也在机器人 ISAC 上执行。在每个实验中，机器人会经历一系
列的训练场景。在每一个场景中，预定义数量的商品会被挑选和打包，呈现的商品数目可
以在 10 到 15 之间随机选一个数字。每 10 个场景作为一次重新训练，直到所有的场景都
被重复使用到一定次数。机器人需要学习多个并行概念，并将所学知识应用到其不断增加

的语料库的经验中。因此，该智能体可以通过其性能是否改善、恶化或停滞不前来进行评估。

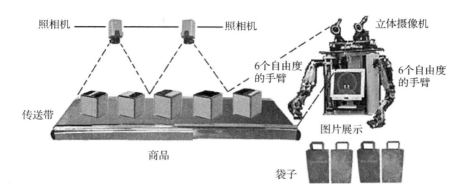

图 8-9 打包商品决策实验中的实验步骤，摘自 Gordon、Kowamura 和 Wilkes 2010。图片由 Stephen M. Gordon 提供。IEEE 授权复制

Gordon、Kawamura 和 Wilkes（2010）所记录的结果表明：由神经机制启发的基于并行学习和多事件评价的决策制定，支持设计出高效和可泛化的决策制定能力。ISAC 类人机器人被赋予上述能力从而能够学习商品包装任务，这需要机器人学习它自己生成的评价，这些评价包括什么跟这个任务相关、效用如何关联到不同的情形以及每一种情况所属的紧迫程度。尽管这一学习决策制定系统没有明确解决决策制定技能获取的发展阶段，但是这个系统为未来的研究提供了一个可测试的认知控制结构体系，为各种记忆、情感和控制模块如何发展以达到成熟的推理性能提供了未来的探索方向。

8.5 发展认知结构

之前的章节回顾了发展型机器人研究中具体知识处理技能的具体实验及建模方法。这些模型主要关注单一、特定的抽象知识能力，例如数字、抽象单词或者决策制定。然而，认知建模涉及整体认知结构发展的一个重要领域，它能够通过使用相同的认知机制来仿真和整合各种行为和认知任务。

认知结构这一术语最初在计算认知模型和人工智能领域中提出，指的是广义范围的、用于获取心智结构与过程的通用计算模型。因此它可以对行为和认知现象进行广泛、多层次、多领域的建模以及仿真，而不着眼于独立的、单一的技能（Sun 2007）。这一集成建模框架和模拟了多种认知能力的相同过程的同步使用，支持我们尝试把多种发现统一到一个单独的理论框架中，之后，这个框架还能进一步被测试与验证（Langley、Laird 和 Rogers 2009）。这种类型的认知结构通常包含一个知识表征系统、不同的记忆存储、知识操作处理以及有效的学习方法。Langley 与同事为一个典型的认知结构确定了 9 种操作能力（表 8-4）。这些操作能力涵盖了完整、广谱的感觉和认知能力。

表 8-4   Labgley、Laird 和 Rogers（2009）提出的一个通用认知体系的核心操作能力

操作能力	主要特征
认知和分类	关于确定一种情境是否匹配一种已存储的模式的认知处理 对已知概念分配对象、情境和事件的分类
决策和选择	可代替的选择或行为的表征 替代品的选择处理 确定一个动作是否被允许并匹配前提/上下文的处理
感知和态势估计	用来感觉外部世界的感知（视觉、听觉、触觉） 拥有的感知器的动力学和配置知识 选择性注意力系统进行分配，并指导其有限的感知资源给出相关信息 用于构建当前环境的一个大规模模型的整体态势解释
预测和监测	准确预测未来情况和事件的能力 需要一个环境模型及作用在该模型的有效动作 一直监测状态和变化
解决问题和计划	动作及动作效果有序集的计划内部表征 从可利用的内存组件中构建一个计划 通过搜索策略构造多步问题解决方案来解决问题 内部计划和外部行为的混合 学着改善未来的问题解决方案 修改现有的计划来应对未预料到的变化
推理和信念保持	从其他现有的信念或假设得出结论的推理能力 信念的（逻辑或概率）关系和结构的表征 使用知识结构的推理机制（演绎推理和归纳推理） 用来更新表征的信念维护机制
执行和动作	动作的执行技能的表征与存储 在环境中执行简单、复杂的技能和动作 从完全反应、闭环行为到自动化、开环行为 技能学习和改进
交互和沟通	自然语言（和非语言交流）的交流系统 把知识转化为交流的形式和媒介的机制 智能体之间的谈话对话与语用协调
牢记、思考和学习	上述所有能力的元数据管理机制 记忆是一种编码和存储、检索和访问记忆认知处理结果（情节记忆）的能力 知识的反思，用来解释自己的推论、计划、决定或行为 思考作为关于产生推论和计划制定的进程的元推理 学习超越特定信念和时间，归纳新技能/表征

307
～
308

Vernon 与他的同事（Vernon、Metta 和 Sandini 2007；Vernon、von Hofsten 和 Fadiga 2010）通过对比一组相关的联合通用认知结构，分析了三种认知建模范式：①认知主义，②涌现主义，③混合式。认知主义范式又称符号象征范式，是基于人工智能的经典观点（GOFAI：Good Old-Fashioned Artificial Intelligence，老式的人工智能）和心理学的信息处理方法。这一范式表明：从根本上来说，认知是由象征性的知识表征和符号操作现象构

成的。从计算上来说，这一方法是基于形式逻辑和基于规则的表征系统的，并且近来更多的是基于统计机器学习和概率贝叶斯建模方法。典型的认知主义结构有 Soar（Laird、Newell 和 Rosenbloom 1987）、ACT-R（Anderson 等人 2004）、ICARUS（Langley 和 Choi 2006）以及 GLAIR（Shapiro 和 Ismail 2003）。在该领域中，研究者也提出了一种认知结构作为认知的统一理论，因为该结构尝试获取支撑各个方面的行为与认知能力的共同基本（符号象征的）流程。至于对符号表征和操控的主要关注，这些结构大多数没有解决关联到发展型机器人作为涉身学习和发展的关键现象。这些结构基于最小或无学习过程，提出了感知和行动概念的符号表征，而不是在 ICARUS 中学习并发展新模型的过程中实现。

涌现主义范式与之相反，认为认知是作为来源于个体与其物理环境和社会世界的相互作用的自然发生的、自组织现象的结果。这在历史上开始反作用于并替代传统的符号认知主义模型，它代替了冯·诺依曼认知并行的信息处理观点及分散化认知处理框架（Bates 和 Elman 1993）。涌现主义方法实际上是基于一个变化的模式族，其中包括联结主义神经网络模型、动态系统、涉身认知以及进化和自适应行为系统。这一范式主要为认知过程而不是传统认知结构提供一般化的理论和规则。例如，联结主义范式提出使用人工神经网络作为一般分布式和并行处理系统能够对各种认知技能进行建模，从感觉运动学习到分类、语言学习，甚至实现基于规则的系统。鉴于涌现主义的性质，该范式主要着重于学习、分散式、子符号以及感觉运动的表征和适应。

混合范式试图整合认知主义和涌现主义方法的机制。例如，CLARION 结构（Sun、Merrill 和 Peterson 2001）结合涌现主义的神经网络模块来表示隐性知识和符号产生的规则，以此对明确的符号处理过程进行建模。

在认知系统和机器人领域中，认知结构正在越来越多地被提出，并且在不断发展，然而它在发展型机器人上的扩展还比较有限。Vernon 及同事（Vernon、Metta 和 Sandini 2007；Vernon、von Hofsten 和 Fadiga 2010）按照认知主义/涌现主义/混合层面为人工认知系统提出了通用认知结构的分类。表 8-5 主要着重于通过添加更多近期提出的结构为原始分类进行延伸，包括 Vernon、von Hofsten 和 Fadiga（2010）的 iCub 结构以及本书（例如 ERA、LESA、HAMMER）中所阐述的其他结构。

309

表 8-5　认知建模、认知机器人和发展型机器人中使用的认知结构分类

	认知主义	涌现主义	混　合
通用	Soar（Laird、Newell 和 Rosenbloom 1987） ACT-R（Anderson 等人 2004） ICARUS（Langley 和 Choi 2006）	SDAL（Christensen 和 Hooker 2000）	CLARION（Sun、Merril 和 Peterson 2001）

（续）

	认知主义	涌现主义	混　合
机器人学	ADAPT（Benjamin、Lyons 和 Lonsdale 2004） GLAIR（Shapiro 和 Ismail 2003） CoSy（Hawes 和 Wyatt 2008）	归类（Brooks 1986） 达尔文（Krichmar 和 Edelman 2005） 认知-情感模式（Morse、Lowe 和 Ziemke 2008） 全局工作空间（Verschure、Voegtlin 和 Douglas 2003） TRoPICALS（Caligiore 等人 2010）	HUMANOID（Burghart 等人 2005） Cerebus（Horswill 2002） Kismet（Breazeal 2003） LIDA（Franklin 等人 2004） PACO-PLUS（Kraft 等人 2008）
发展型 机器人	ISAC（Gordon、Kawamura 和 Wilkes 2010）	iCub（Vernon、von Hofsten 和 Fadiga 2010） LESA（Lyon、Nehaniv 和 Saunders 2012） 共享视线（Nagai 等人 2003） HAMMER（Demiris 和 Meltzoff 2008） 协作（Dominey 和 Warneken 2011） SASE（Weng 2004） MDB（Bellas 等人 2010）	心智认知理论（Scassellati 2002）

第一组结构（表 8-5 的第一行）不直接处理通用机器人或发展型机器人建模（认知主义结构 Soar、ACT-R、ICARUS，SDAL（涌现主义的自主预期学习）结构，以及混合的 CLARION）。尽管这些曾在认知建模的诸多领域有显著影响，但对机器人来说，目前的影响却很小。原因在于这些结构（特别是认知主义的那些结构）主要用于执行顺序搜索操作，在机器人的传感与驱动上并不总是适合处理分布和并行式信息操作。此外，认知主义结构非常强调高层次的推理和推论机制（而且占用了大量的计算开销），而不注重低级别的感觉运动能力，但这个能力在任何机器人模型中都至关重要。

已经提出的更具体的机器人认知主义结构仍不能直接解决发展的问题。ADAPT（自适应动态与主动感知思考）结构（Benjamin、Lyons 和 Lonsdale 2004）采用了很强的涉身性立场，并且将来自于 Soar 和 ACT-R 推理特征与传感数据短时工作记忆相整合，来处理任务目标和动作。GLAIR（集成推理的扎根分层）结构（Shapiro 和 Ismail 2003）是综合了高级符号知识层与中级感觉运动层以及低级感知-执行层的结构。CoSy 结构模式（Hawes 和 Wyatt 2008）着重于机器人辅助任务中特定模式的信息处理模块的组织形式，并能够模拟局部和全局的目标和动机。

在通用机器人研究的涌现主义结构之中，最有影响的方法——一直是以基于行为机器人为基础的归纳结构（Brooks 1986）。该方法（也称为自主代理机器人，Vernon、von Hofsten 和 Fadiga 2010）由分级层次（将每个归入低一级的层）的竞争行为构成。全局工作空间框架（Shanahan 2006）是基于联结主义结构的，该结构实现对智能体模拟外部环境的内部模拟。达尔文结构（Krichmar 和 Edelman 2005）主要模仿大脑中的脑启发结构和组织形式，其中行为是神经机制与感觉运动的突发情况相交互的结果。这样，作为全局工作空间模型，它会更注重于学习。此外，DAC（分布式自适应控制；Verschure、Voegtlin 和 Douglas 2003）结构是基于围绕三层级学习机制的神经网络实现：反应层（用于反射和自主控制），自适应层（刺激/动作关联与经典条件反射）和情境层（规划与操作调整）。认知-情感架构（Morse、Lowe 和 Ziemke 2008）也采用了基于自主-保持的自我-维持稳定处理的涌现主义方法。

很多结合了符号象征与涌现主义方法的通用机器人范式已经提出，如 HUMANOID（Burghart 等人 2005）、Cerebus（Horswill 2002）、LIDA（Franklin 等人 2014）以及 PACO-PLUS（Kraft 等人 2008）认知结构。此外，认知结构提出的对 Kismet 社交机器人的控制过程（Breazeal 2003）强调了用驱动、情感评价和情绪来表现人-机器人交互的行为。

本书中有一些实例可作为特别用于发展型机器人现象模型的认知结构。除了 Gordon、Kowamura 和 Wilkes（2010）在决策制定实验中使用的符号象征 ISAC 结构（见 8.4 节），大多数使用的都是涌现主义与混合的方法。在第 6 章社交发展中我们看到了一些很有效的涌现主义认知建模结构的例子：Nagai 等人（2003）的认知控制结构的共享注视（Shared Gaze）模型（见 6.2 节），模仿学习的 HAMMER 模型（Demiris 和 Meltzoff 2008，6.3 节），协作的认知模型（Dominey 和 Warneken 2011，6.4 节），以及 Scassellatti（2002）的 COG 机器人（6.5 节）的心智结构理论。第 7 章语言发展中包括音素与单词获取的 LE-SA 结构（Lyon、Nehaniv 和 Saunders 2012，7.2 节；也用于之前讨论的否定实验）以及单词学习实验（7.3 节）的 ERA 结构（Morse 和 de Greeff 等人 2010）。另外发展-启发认知结构也包括 SASE（Weng 2004）和多层级达尔文大脑（MDB；Bellas 等人 2010）。

通用的认知结构在之前的章节中没有直接讨论，但还是对发展型机器人领域有重要的影响，如由 Vernon、von Hofsten 和 Fadiga（2010）在 iCub 机器人中提出的通用认知结构。他们还为发展型机器人认知结构的评价提供了一条研究路线和一套指导方针。该结构是基于 iCub 机器人上完成的前期工作，不过它具有通用的结构并能应用于其他婴儿机器人。该认知结构包含 12 个模块，可用于实现多种感知、运动和认知能力（图 8-10）。该结构还包含附加的 iCub 接口模块，并且是基于 YARP 协议的中间软件系统，可以用于控制实体机器人（见 2.5.1 节）。

感知认知功能围绕如下四个模块：

- 外源显著性：这一感知模块的外源性特性指的是外部视觉和听觉刺激的作用。该模式包括一个多峰的基于显著性的自下而上的视觉注意系统（Ruesch 等人 2008）。对机器人摄像机采集的图像进行处理以提取特征，例如亮度、双手颜色以及局部方向（从不同尺度），为局部对比执行中心围绕滤波，生成标准化特征图。对于听觉显著性的处理，声源来源通过耳间频谱和时间差计算得到。

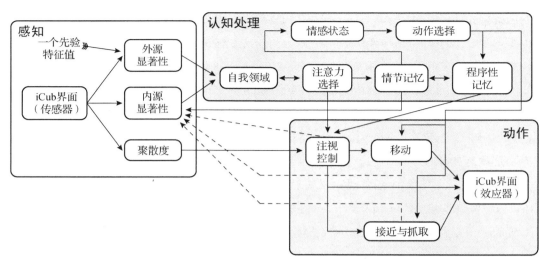

图 8-10　iCub 认知框架（改编自 Vernon、von Hofsten 和 Fadiga 2010）

- **内源显著性**：这一模块指的是注意力对内部状态的依赖性。内源性显著模块通过一个简单的色彩分割算法识别对数-极坐标图像中自我领域聚焦区最显著点的坐标。
- **自我领域**：这是多峰视觉和听觉显著性相结合映射到连续机器人中心球面的结果。这将外部 3D 地图转换到一个自我领域表征的 iCub 身体中心。自我领域也可以用于显著性区域的短期记忆，以允许 iCub 将注意力从当前的显著性区域切换到之前的显著性点上。
- **注意力选择**：这一模块用于识别自我领域表征的最终显著映射，该表征是由胜者全得机制与抑制机制联合实现的。胜者全得通过非最大值抑制过程的执行来确定自我领域中最显著的位置。另外，抑制-返回机制用于衰减之前已处理的自我领域坐标的显著值，从而使机器人探索其环境中新的显著性位置。

动作认知功能使用了如下四个模块：

- **注视控制**：这一部分通过指定视线方向（方位角和仰角）和双眼之间的聚散度控制头和手。它实现了头部视线控制的两种模式：①扫视运动，首先眼部快速定位朝向显著点，随后旋转颈部同时眼睛反向转动保持图像稳定，②显著点/目标持续缓慢跟随的平滑跟踪运动。
- **聚散度**：这一模块使用双眼视觉测量水平位移所需记录的左、右图像并保持对齐中央区域。它输出头和眼运动初始的视线控制模块所选区域的视差。
- **接近与抓取**：该模块的实现包括一个任务空间搜索控制器，使用非线性优化和拟人轨迹生成来计算期望姿势的手臂和躯干配置，以及一个从经验中学习视觉描述抓取点的抓取组件。
- **移动**：由于 iCub 机器人最初设计用于手脚爬行，因此这一模块实现了一个动力学

313

系统方法在四种稳定行为之间进行切换：①爬行，②从坐转变到爬行，③从爬行转变到坐，④接近一个目标对象。该部分当前正在扩展以允许双足行走。

预期和适应部分用来通过情节和程序性记忆模块同时实现预期和适应。

- 情节记忆：这一部分使用自传体式事件的视觉记忆表征作为一组保存已看到目标的对数-极坐标图像（视觉路标）。

- 程序性记忆：由一组相关联的感知-动作-感知三因素实现。在学习过程中，机器人关联一个图像的时间有序对，并且动作的执行在第一幅和第二幅图间转换。在回忆会话中，任意一幅图会回忆其动作关联以及对应的第二幅图。组合情节和程序性记忆系统允许一种简单形式的感觉运动状态心理模拟的实现。

该结构还包括动机状态和自主动作选取两个模块。

314

- 情感状态：该模块对之前和当前的活动和图像接收来自于情节记忆模块的输入，并从动作选择部分选择当前动作。情感状态作为三个动机状态的竞争网络实现：①好奇心，由外源因素控制，②试验，以内源因素为主导，③社交，是内源和外源因素的一组平衡。

- 动作选择：该模块在之前讨论到的好奇心、试验和社交状态中选择下一个状态。当选取了好奇心状态时，机器人就处于学习模式，而试验状态则会激活预测模式。

这个由 Vernon、von Hofsten 和 Fadiga（2010）所述的结构自 2010 年以来已经得到显著扩展，研究人员在 iCub 上的工作日益增多。这些例子包括新的操控策略（见 5.2 和 5.3 节的 iCub 接近和抓握发展模型）以及新的声音和语音处理功能（例如 7.2 和 7.3 节的单词学习实验）。

相对于经典和广泛使用的认知主义结构，涌现主义和混合机器人结构仍处于初步阶段。除了认知模型结构全面包含了整个范围的动机、情感、感觉运动和推理能力的几个例子之外（如之前所述的 iCub 结构），大多数认知结构都专注于认知能力的一个子集。例如 ERA 结构在简单的语言行为中集成了视觉和动作技能，但不包括解决动机和情感行为或者推理任务的机制。Morse 和 de Greeff 等人（2010）提出了一种有潜力解决高阶认知和推理能力的分层级实现的 ERA 结构，虽然还没有完全在机器人上实现推理和决策制定方案。尽管如此，涌现主义和混合结构在各种日益复杂的机器人实验上不断努力测试，使得我们能够得到一个适合在线建模、发展型机器人开放式学习的综合性的认知建模范式的定义。

8.6 本章总结

本章所讨论的发展型机器人模型构成了自主机器人中抽象知识发展建模的一些实验性尝试。有趣的是，他们解决抽象知识的推理是从完全不同的视角出发的，从数值概念的学习到抽象单词的扎根，以及抽象表征决策制定任务的生成。

315

这些研究为认知机器人使用涉身的情境化的方法对高阶认知进行建模的优点提供了可靠的证据。例如在 Rucinski、Cangelosi 和 Belpaeme（2011）的获取数值概念的实验中，已经说明了抽象数值表示是如何直接依赖于空间图式的，该架构通过早先的机器人运动蹒跚发展而成。其结果只是对人类在涉身性作用方面的数据的重复而已，这些涉身性数据包括大小、距离和 SNARC 效应。该模型表明在学习过的抽象概念关系之间，如数字之间的相对距离，是基于手臂位置距离之间的感觉运动来表示的。Förster、Nehaniv 和 Saunders（2011）的对比实验通过依靠机器人自身的概念性、情感性和社交明确解决了不同类型对比构造的建模。此外，关联到单词"不"的抽象表征是基于情境性和涉身性的体验。最后，Gordon、Kawamura 和 Wilkes（2010）在 ISAC 类人机器人平台上的决策制定的模型表明：机器人可以通过从商品包装任务生成的实际经验来发展自主决策制定策略。这是机器人自身通过对任务关联性、效用性以及急迫性进行评价，在一种神经激励学习结构中实现的。

抽象知识的机器人模型数量相对较少，并且当前模型的推理能力只有有限的复杂性，这表明这一领域还有一些开放的挑战。一个例子就是使用涉身性方法模拟机器人获取高度抽象概念的挑战，这些抽象概念与感觉运动表征之间没有直接的关联与证据。实际上抽象概念的扎根，例如民主和自由，历来是对涉身认知的批判之一（Barsalou 2008）。在推理和抽象知识获取的涉身建模中，另一个关键问题是各种形式的推理策略的发展，例如逻辑、归纳和演绎推理，以及观察解决问题。此外，尽管这一章中对机器人研究的讨论灵感直接来自数字和抽象表征发展中获取的经验证据和理论，但并没有明确解决关键的发展科学假设。Rucinski 和 Förster 的研究都尝试对各种技能的连续递增学习进行建模（例如数字学习之前的运动蹒跚），正如 8.1.1 节所述，他们的目标并不是完全对数值认知的各个阶段进行建模。这在 Gordon 的决策制定研究中更为明显，该研究受到了发展工作非常宽泛的灵感的启发。

这些开创性的研究以及最近的发展心理学论文，为机器人抽象推理建模的未来发展提供了重要的方法和科学的工具。未来发展型机器人模型的具体领域包括：

|316|

- 手势、触摸和手指在计数和数值概念获取中的建模（Fischer 2008；Andres、Seron 和 Olivier 2007；Gelman 和 Tucker 1975）。
- 针对具体/抽象连续体中情绪的作用和模式获取的研究（Della Rosa 等人 2010；Borghi 等人 2011；Kostas 等人 2011）。
- 内部模拟对概念组合的作用和抽象概念的扎根（Barsalou 2008；Barsalou 和 Wiemer-Hastings 2005）。
- 功能词获取的扎根，扩展场景的发展对比（Förster、Nehaniv 和 Saunders 2011）。
- Piaget 的具体和形式推理策略的显式建模（Piaget 1972；Parisi 和 Schlesinger 2002）。

这些领域中日益增多的专注研究有益于感觉运动知识更好地引导认知的科学理解，并在机器人抽象推理能力的自主发展上取得技术进步。此外，对认知和发展型机器人中认知结构越来越多的开发和利用有助于机器人集成多个感觉运动和认知技能模型。这也是符合发展型机器人原则的在线建模、跨模态、连续性、开放式的学习，能得到认知引导和涌现更高层次的抽象知识操控技能（见 1.3.6 节）。

扩展阅读

Lakoff, G., and R. E. Núñez. *Where Mathematics Comes From: How the Embodied Mind Brings Mathematics into Being*. New York: Basic Books, 2000.

这是一本有关涉身认知和抽象数学概念之间联系的书。关键认识是概念隐喻在发展以及数学思想、概念和技能的使用中起到了关键的作用（包括我们对无限的数学概念自身的理解）。它汲取了来自发展心理学、动物的数字学习、认知心理学以及神经科学的证据，为数学的认知提供了丰富的哲学性分析。

Langley, P., J. E. Laird, and S. Rogers. "Cognitive Architectures: Research Issues and Challenges." *Cognitive Systems Research* 10 (2) (June 2009): 141–160.

这篇论文为认知结构中的核心操控能力、知识管理的主要性能、评价标准以及开放的研究问题提供了系统性的分析。它还包括一个对认知建模中的主要认知结构的简洁而全面的总结。尽管该论文的主要方法偏向于认知主义的认知结构，但它解决了很多有关涌现主义和发展结构的重要难点。

Vernon, D., C. von Hofsten, and L. Fadiga. *A Roadmap for Cognitive Development in Humanoid Robots*. Cognitive Systems Monographs (COSMOS), vol. 11. Berlin: Springer-Verlag Berlin, 2010.

这本书为 iCub 机器人的认知结构提供了全面的介绍。它从感觉和认知发展的发展心理学观点与神经科学的发现开始，介绍了发展型机器人的研究路线。这些研究路线及其研究方针指导了 iCub 机器人认知结构的设计。该书还探讨了认知主义/涌现主义/混合形式中认知结构的分类，特别强调了能够在 iCub 机器人中构建的认知系统与机器人学的涌现主义范式。

总结

本书首先介绍支持发展型机器人学科的主要理论原则。这些原则包括：将发展看作自组织动态系统的观点；系统发展、个体发展和成熟现象的集成；强调涉身性、扎根的和情境的发展；聚焦内在动机与社交学习；发展过程中定性改变的非线性化；在线建模与开放式累积学习的重要性。所有这些原则都假定了在自然和人工认知系统中的关于发展本质的基本问题。

这些原则启发了之前与现有的发展型机器人模型，虽然这些原则只是不同程度地参与到那些模型中，并且主要运用了单独一个或少量几个设计原则。只有很少的研究试图同时考虑所有这些原则，并将所有原则的特征嵌入发展型计算模型和结构中。比如，在第 8 章中，回顾基于 iCub 的涌现主义认知结构的研究实例（Vernon、van Hofsten 和 Fadiga 2010）。这种认知结构包含了来自自组织与涌现、内在动机、社交学习、涉身与生成认知和在线累积学习等原则。然而，这个认知结构也只是间接地涉及了系统发展、个体发展和成熟现象的交互活动。

大多数现有的发展型机器人模型只关注特定发展机制中的部分原则，只能提供对单一或者少量原则的清晰操作化。在最后一章中，对第 1 章中所阐述的六种原则，我们首先回顾每一种原则的最新进展和成就，然后再回顾其他与方法和技术进步有关的普通成就。这样可以在发展型机器人学的未来研究中，揭示科学与技术上的开放式挑战。

9.1 发展型机器人学关键原则的主要成就

9.1.1 作为动态系统的发展

由 Thelen 和 Smith（1994）提出的动态系统实现方法，将发展看作动态系统中多因果关系的变化。成长中的儿童通过与外部环境的交互能够产生新的自组织行为，并且在复杂系统内部，这些自组织行为的稳定性是变化的。该原则基于分散控制、自组织和涌现、多重因果和嵌套时间刻度这些机制。

Kuniyoshi 和 Sangawa（2006）关于胎儿和新生儿模拟模型的研究直接实现并检验了动态系统假说。该模型特别推崇该假说中关于可以部分定义的动态模式的顺序，该动态模式是在妊娠期间从身体-大脑-环境交互的无序探究过程中涌现出来的。该假说基于的是对无意识"普通动作"的观察，这些动作出现在 2 个月（8～10 周）大的人类胚胎中，假说还关注它们在有实际意义的婴儿运动行为（诸如翻身和类似爬行动作）中的作用。模拟模型中，胎儿的神经结构由每个肌肉含有的一个中枢模式发生器（CPG）构成。这些 CPG 通过身体与物理环境和肌肉反应的交互来进行功能的耦合，而不是通过直接的连接。在行为上耦合的 CPG 可以产生针对常量输入的周期性活动模式，以及针对非常量感知输入的无秩序模式。

基于 CPG 的类似方法已经应用在动作机构与运动功能发展的多种研究中（5.1.4 节）。Righetti 和 Ijspeert（2006a，2006b）运用 CPG 与 iCub 机器人演示了对应人类婴儿产生步态模式的爬行策略的发展。该动态方法促进了一种综合能力的获得，这种能力将周期性爬行动作与更短的弧线动作（例如类似接近动作的手臂运动）整合在一起（5.4 节）。Li 等人（2011）拓展了该动态 CPG 方法，从而在 NAO 机器人上建立了爬行动作能力，Taga（2006）使用类似的 CPG 机构通过冻结与释放马达自由度来作为行走能力的阶段性变化。Lungarella 和 Berthouze（2004）还把 CPG 应用在跳跃动作上。这些研究展示了在发展过程中，CPG 在建立动态系统环境模型中的贡献。

9.1.2 系统发展和个体发展的交互

因为绝大多数认知机器人模型要么关注进化、要么关注发展型学习的时间刻度，所以在机器人的进化（系统发展）与发展（个体发展）现象之间交互进行建模的进展很有限。比如，进化机器人中大量的模型（Nolfi 和 Floreano 2000）探究了感觉运动与认知能力的系统发展机制和进化涌现。这些工作有别于一些已有的发展型机器人模型，这些模型仅仅强调对行为和认知技能个体发展的获取。但是，一些基于进化机器人的模型已有探索发展型概念的计划。比如，Schembri、Mirolli 和 Baldassarre（2007）的内在动机模型，该模型在婴儿和成人机器人系统中关注加强学习的内在奖励机制的进化过程。研究者也提出了一些关注文化进化现象的进化模型，比如针对语言起源的机器人和多智能体系统模型（Cangelosi 和 Parisi 2002；Steels 2012）。本书中我们分析了 Oudeyer 的"共享语言模型涌现"的文化进化模型。

其他关于系统发展和个体发展交互现象（如巴德文效应和异时改变（Hinton 和 Nolan 1987；Cangelosi 1999））的开创性工作，仅关注通用的学习/进化交互，但不关注发展的问题。

在发展过程中的成熟变化的建模领域也有一些新的进展。Kuniyoshi 和他的同事们提出了一个同时关注于个体发展和成熟变化的关键模型，且已应用在胎儿和新生儿的机器人上。Kuniyoshi 和 Sangawa（2006）建立的第一个模型包括一个最小化的胎儿和新生儿的简单人体发展模型。随后的 Mori 和 Kuniyoshi（2010）模型可以对胎儿的感觉运动结构进行更真实的实现。因为这两种模型是基于对胎儿的传感器（1542 个触觉传感器！）和执行器的真实描述，以及基于身体对重力以及子宫环境的真实反应，所以这两种模型都是探索产前感觉运动发展的发展型机器人的有效研究工具。并且第一个模型还有一个主要参数来对应发展时间刻度，区分智能体系统是处在 35 周大的胚胎，还是处在新生儿的妊娠阶段。

其他实现某种成熟机制的发展型机器人模型还包括 Schlesinger、Amso 和 Johnson（2007）的对象感知模型，它为 Johnson（1990）假说提供了另一种解释，该假说关注在早期婴儿阶段为获得视觉注意能力的额眼领域大脑皮层成熟作用。

9.1.3　涉身性和情境性的发展

该部分的重要成就体现在各种各样的机器人模型和认知模型中。鉴于机器人内在涉身性的本质，以及通过机器人系统与机器人自身的特定感觉运动设备的实验与理论验证，我们能很自然地发现，绝大多数发展模型都强调与环境及身体的涉身性交互作用。

在非常早期（产前）的发展阶段，涉身性作用的证据是来自 Mori 和 Kuniyoshi（2010）的胎儿和新生儿模型。通过两位学者的胎儿和新生儿机器人仿真模型，他们测试了胎儿的触觉诱发运动的涉身性假说。通过使用类似人体的触觉器官分布的胎儿/婴儿身体模型，他们还探索了两种类型反应动作的发展过程，这两种动作是在胚胎的一般动作之后产生的，它们分别是孤立的手臂/腿部运动（即人类胎儿妊娠第 10 周起可观察到的短促移动是独立于其他身体部位的）和手/脸接触（即从妊娠的第 11 周期，胎儿的手慢慢地摸脸）。

在运动发展的发展型机器人模型中，Schlesinger、Parisi 和 Langer（2000）建立的机器人接近行为的模拟，演示了冻结策略（即冗余自由度的求解是通过锁定（冻结）肩关节以及通过旋转身体轴关节和肘关节的接近动作实现的）是不需要编程到模型里的。相反，它可以作为学习过程的结果，也可以作为一种形态学计算机制，这种机制来自于身体属性与环境约束的耦合。

语言学习的发展型模式也显示了在早期单词学习中涉身性偏好的重要性。Morse 和 Belpaeme 等人（2010）的 Modi 实验提供了一个语言学习的涉身性偏好的范例。Smith（2005）观察到，儿童用身体与对象的关系（如对象的空间位置、形状）来学习新的对象-词组协同并扩展他们自己的词汇。在 Morse 使用的对 Smith 涉身性偏好建模的 ERA 认知结构模型中（见框 7-1 和框 7-2），机器人的神经控制器使用身体姿势信息作为“集线器”连接来自其他感官流和模式的信息。这个集线器允许在多模态间进行激活信号的传播和信息的启动，从而促进对对象名称和动作涉身性的习得。

在抽象知识领域，数值认知和抽象词实验被作为涉身性作用的证据。Rucinski、Cangelosi Belpaeme（2011，2011）提出了两种数字涉身性的发展型模型。一种模型模拟了 SNARC 效应，即空间-数字联想，这个联想将数字基数与左/右空间图相连（见 8.2 节和框 8-2）。另外一种模型探索了在学习计数时手势的作用（Rucinski、Cangelosi 和 Belpaeme 2012），iCub 机器人要么通过观察正在计数的对象（视觉条件）、要么通过指向正在计数的对象（姿态条件）来训练计数能力。通过对比视觉和动作的表现显示了在计数能力中利用手势条件的优势，这正对应了手势和计数实验的发展心理学数据（Alibali 和

DiRusso 1999）。至于在词组与抽象含义组件获取中的涉身性作用，Cangelosi 和 Riga 322
（2006）以及 Stramandinoli、Marocco 和 Cangelosi（2012）提出了两种模型，来探索在具体和抽象概念间的、连续体中的符号扎根转移机制的作用。在第一种模型中，机器人通过语言示范来学习高阶复杂行为，其中，扎根转移机制将较低级的动作概念与高级行为（如"抓住"和"携带"）进行结合。在 Stramandinoli 等人的后续工作中，对更抽象的词（如"接受""使用"和"制作"）进行学习的时候，这些复杂的概念逐渐变得不那么具体。

所有这些在涉身性与许多其他认知技能之间严格整合的例子，显示了发展过程中扎根和情境学习的重要性。

9.1.4　内在动机和社交学习

内在动机和社交学习是另一个取得重要成果的发展型机器人研究领域。

在第 4 章中，我们广泛地回顾了强调内在动机和人工好奇心建模进展的研究成果。这些研究表明，内在动机驱动的机器人不是专门用于解决特定问题或任务，而是能够关注学习本身和导致它们去探索环境的人工好奇心。发展型机器人的一个主要成果是：建立按照基于知识和基于能力这两种框架（Oudeyer 和 Kaplan 2007；第 3.1.2 节）进行内在动机建模的两类算法。一类是基于知识的思想，它关注环境的属性，另一类是生物体如何逐渐知道并理解环境的属性、对象和事件。这种思想包括基于新奇性的内在动机（即新的情况在当前的经验和已存储的知识之间产生不匹配或不协调）和基于预测的动机（即生物隐式预测对象或事件是如何对生物体的行为做出反应）。在内在动机中，基于能力的观点关注生物体和它具有的特定能力或技能。基于能力的观点通过引导智能体寻找具有挑战性的经验和发现它所能做的事情来促进能力的发展。这方面的例子是 Piaget 的功能性同化机制，即婴幼儿倾向于系统地练习或重复新涌现的技能。

内在动机建模的重大成就来自使用强化学习方法（Sutton 和 Barto 1998；Oudeyer 和 Kaplan 2007）。这种学习方法特别适合内部或内在奖励因素的建模，因为这些因素影响行为和行为与环境交互的外部奖励。

本书回顾了基于知识的新奇性内在动机的例子（3.3.2 节），包括 Vieira-Neto 和 Neh- 323
mzow（2007）的移动机器人视觉探索与适应性模型，以及探索行为与新奇性探查行为的综合模型。Huang 和 Weng（2002）探讨了 SAIL（Self-organizing、Autonomous、Incremental Learner，自组织、自主性、增量式学习者）结构和移动机器人平台下的新奇性与适应性。该模型结合多模态感知信号（即视觉、听觉和触觉）并使用强化学习框架实现了新奇性和适应性的探查。

在基于知识的预测内在动机里（3.3.3 节），我们回顾了 Schmidhuber（1991）提出的"创意形式理论"。在这个框架中，内在奖励是基于随着时间而改变的预测误差，换句话说就是在学习过程中改变的预测误差。类似的方式还有由 Oudeyer、Kaplan 和 Hafner

（2007）提出的基于预测的智能适应好奇性（IAC），该方法以预测学习和学习对应的机制为中心，通过该机制，"元机器学习者"模块学习预测误差以及那些"经典机器学习者"正模型基本能够预测准确的情景。IAC 框架已经在 AIBO 移动机器人的游乐场实验中成功测试了。

　　基于能力的内在动机框架的发展型模型直接实现的例子，是那些婴儿早期的应急感知现象与儿童检测他们的行为对时间产生影响的能力（3.3.4 节）。

　　这正好与为内在动机和应急检测而产生的上丘多巴胺突发的神经科学调查结果相对应（Redgrave 和 Gurney 2006；Mirolli 和 Baldassarre 2013）。这些多巴胺是应急信号和奖励相应行动的内在强化信号。实现这些机制的计算模型包括 Fiore 等人（2008）关于在模拟机器人老鼠的调节学习实验中感知异常时间作用的研究，以及 Schembri、Mirolli 和 Baldassarre（2007）的移动机器人模型。该移动机器人模型在童年阶段时，奖励信号是内部生成的；而在成人阶段时，奖励信号是外部生成的。

　　总的来说，这些不同的模型提供了在发展型机器人内在动机模型中，为实现适应性、探索性、新奇性检测和预测性的关键概念的可操作化的一系列计算算法与机制。

　　在社交学习和"本能"模仿领域也已取得了重大进展，正如第 6 章所述。在发展心理学中，新生儿从出生第一天就展现了模仿他人的行为和复杂面部表情的本能（Meltzoff 和 Moore 1983）。在与人类婴儿和灵长类动物的比较心理学研究中，有证据显示，18～24 个月大的儿童倾向于无私合作，而在黑猩猩中则没有观察到这种能力（Warneken、Chen 和 Tomasello 2006）。这些实证结果直接启发了发展型机器人的社交学习、模仿和合作的模型。例如，由 HAMMER 体系结构实现的机器人模仿技能的获得是直接基于由 Demiris 和 Meltzoff（2008）提出的 AIM 儿童心理学模仿模型。该 HAMMER 体系结构包括一个自顶向下注意力系统和一个自底向上的注意过程，这些过程依赖于刺激本身的异常属性。该体系结构还有一组成对的逆/正模型，在这两个模型中，正模型的获得与婴儿发展的运动蹒跚阶段非常类似（通过随机运动建立他们的视觉、本体感受或环境结果之间的联系）。这些学习到的正向关联，通过观察和模仿其他模型，可以反过来建立基本的近似逆模型。这就允许机器人学习如何采用特定的目的以对应输入状态。

　　Dominey 和 Warneken（2011）的工作演示了如何对合作与共享意图的社交技能进行建模。在他们的实验中，一个带夹持器的机械臂与人类参与者共同构造一个共享计划，来完成目标为"把狗放到玫瑰旁"或"马追狗"的游戏。这些合作技能是通过基于操作序列存储与检索系统的认知体系结构来实现的。该系统用于把合作游戏的步骤表示为一个连续的共享方案，在这个方案中，每个动作要么关联到人，要么关联到机器人。这种把一系列动作存储为共享方案的能力，构成了协作认知表征的核心，Warneken 和他的同事称这个能力是人类独一无二的能力（Warneken、Chen 和 Tomasello；框 6-1）。

　　最后，获得否定概念和"不"这个词的概念的实验显示了社交在儿童的看护者和儿童之间的重要性，正如拒绝的负面意图解释是来自看护者通过语言为儿童解释她的负面激励状态。

9.1.5 非线性、类似阶段化的发展

认知发展中的发展阶段理论从 Piaget 的感觉运动阶段理论开始就渗透到儿童心理学中。发展阶段通常定义为儿童使用的策略与技能中的定性变化以及不同阶段的非线性发展过程中的定性变化。（倒）U 形现象就是这种非线性的一个例子，即在一个良好性能和较低误差的阶段之后，跟着一个意想不到的性能衰减阶段，然后再恢复到高性能阶段。

发展机器人学的一个展现了非线性以及情境发展交互中定性改变的涌现的重要例子是 Nagai 等人（2003）关于注视和联合注意力的实验。采用只有一个头部的机器人所实施的人-机器人实验的结果体现了由 Butterworth（1991）所描述的三个联合注意力定性的涌现与过渡阶段：生态期（第一阶段）、几何期（第二阶段）和表征期（第三阶段）。在最初的生态阶段，机器人只能看到自己视野中可见的对象，因此只有非常少的机会实现联合注意力。在第二阶段，机器人能够通过注视视野以外的位置来实现联合注意力。在最后阶段，几乎所有尝试和位置（见图 6-6）都可以出现机器人联合注意力。这三个阶段之间的过渡是机器人的神经和学习体系结构发展变化的结果，也是与用户互动过程的结果，而不是自上而下的机器人注意策略可操作化的结果。

其他模型也直接关注了非线性、U 形现象的建模。Morse 等人（2011）的语音处理误差模式的模型就是这类模型的一个例子，该模型建立在实现早期词汇学习的 ERA 体系中，以及 Mayor 和 Plunkett（2010）的词汇突增模拟器上。

9.1.6 在线开放式累积学习

关注来自于与外部世界交互的在线、开放式交互的认知技能的同步与累积学习原则的研究进展比较有限。本书综述的绝大多数模型都是关注单一的、独立的感觉运动，或是认知能力的典型模拟或实验。例如在第 5 章中，我们回顾了众多运动发展模型，这些模型针对接近、抓握、爬行和行走这四个关键运动技能。然而，当前的研究还没有实现移动和手臂行为的完全积分谱。

一些模型模拟了采用多个认知功能来获得一个特定技能（如频繁的视觉技能与运动知识的集成），尽管在这些模型中，随着时间推移，导致认知引导和更复杂技能进一步发展的不同技能并没有得到真正的积累。但是，在本书中，我们看到了一些多种能力的积累作用的尝试工作，这些能力是为了获得后续的高阶认知技能。例如，Caligiore 等人（2008）在他们的接近模型中提出，运动蹒跚模式为学会如何抓取提供了引导（5.3 节）。Fitzpatrick 等人（2008）、Natale 等人（2005a；2007）和 Nori 等人（2007）使用运动技能的发展（接近、抓取和探索对象）作为对象感知和对象分割发展的引导。此外，在数字

学习和 SNARC 效应涉身性本质的实验中，之前在机器人简单运动蹒跚任务中的训练允许机器人的神经控制系统发展出左/右空间表征与不同大小数字之间的后期关联（8.2 节）。

特别是在开放式学习的属性方面，内在动机的研究领域取得了一些重要进展。在第 3 章的许多研究中，我们发现一旦内在动机驱动的机器人在一定范围内达到成熟之后，它可以切换注意力到环境中的新特征，或者学习它尚未掌握的新技能。通过机器人的探索功能、新奇性发现功能和预测功能，上述能力是可以实现的。

在线、开放式和持续学习建模的主要潜在贡献来自于涌现主义认知结构的设想（8.5 节）。既然认知结构的目标是实现面向大广度的、捕捉基本结构的通用计算模型和认知过程的设计，那么这些认知结构就为感觉运动和认知技能的同步与累积的获取提供了建模工具。这就构成了潜在的贡献，因为大多数现有发展型机器人的认知结构被专门化细分成认知技能的子集。一方面，我们将认知结构细分为 ERA（Morse 和 de Greeff 等人 2010）和 LESA（Lyon、Nehaniv 和 Saunders 2012）两种关注语言学习任务的结构，虽然这两种结构允许同时考虑感觉运动、语音、语义、语用现象。共享注视（Nagai 等人 2003）、HAMMER（Demiris Meltzoff 2008）和合作（Dominey 和 Warneken 2011）这三种结构关注与社交学习相关的技能集成。另一方面，一些通用的发展型认知结构，包括 iCub（Vernon、von Hofsten 和 Fadiga 2010）的工作，旨在对最功能化的能力进行更加全面的考量（见表 8-4 和图 8-10），并因此为开放式、累积学习的机器人建模提供最有前途的方法。

9.2 更多成就

除了前述的发展机器人原则的进展外，与方法论和技术相关的问题也取得了一些成果。具体来说，我们将看看如下几个方面的成就：①儿童发展数据的直接建模，②开发和获取基准测试机器人平台和仿真平台，③为实现辅助机器人的发展型机器人应用。

9.2.1 儿童发展数据建模

发展型机器人的一个关键目标是从人类发展机制中得到灵感，来设计机器人的认知能力。在本书中我们看到了许多有关儿童心理学实验和数据直接启发发展型机器人的例子。具体来说，我们可以从发展心理学和发展型机器人这两者之间区分出两种类型的关系。在第一类关系中，机器人实验是通过直接复制特定的儿童心理学实验来建立的，甚至还可以对实证与建模结果进行直接的定性比较和定量比较。另一类关系聚焦在儿童实验中的发展机制和机器人算法的通用发展机制之间的更具普遍性的、高阶的生物学启发的联系。

虽然本书所回顾的大多数研究使用了一种更具普遍性的、高阶的生物学启发的实现方法，但是只有为数不多的研究真正进行了实证和建模之间的直接比较。例如，在关注视觉发展的第 7 章中，Schlesinger、Amso 和 Johnson（2007）提出了一个感知实现模型，这个模型直接成功模拟了 Amso 和 Johnson（2006）的婴儿个体感知任务的实验。该实验提供了模型的模拟结果（扫描得到的模拟分布）与三个月大婴儿的眼睛跟踪数据（图 4-13）的对比。这个计算模型还提供了进一步的证据，以及一个神经与发展机制的可操作性假说，用来支持 Amso 和 Johnson（2006）的假设，即知觉的发展取决于眼球运动能力和视觉选择性注意的逐步改善。在同一章中，Hiraki、Sashima 和 Phillips（1998）的发展型机器人研究探索了移动机器人在由 Acredolo、Adams 和 Goodwyn（1984）提出的搜索任务中的表现。在这个实验中，当一个物体被隐藏到新的位置后，要求参与者找到它。除了使用能够与 Acredolo 和他的同事们的研究相比较的实验范式外，Hiraki 的工作还提出了一个专门为测试 Acredolo 假说而设计的模型，该假说认为：自主产生的运动促进了从自我中心到非自我中心的空间知觉的过渡。

Dominey 和 Warneken（2011）在社会合作和共享计划方面，直接比较了机器人学和儿童心理学的研究。这两方面研究的详细对比分别是在框 6-1 中的 Warneken、Chen 和 Tomasello（2006）的儿童/动物心理学以及在框 6-2 中的 Dominey 和 Warneken（2011）的模型。这样，该发展型机器人的研究包括 7 个实验条件，这 7 个条件是由原有的 2×2 心理学研究的实验设计（两个共存/并行协作作用的条件，以及两个问题解决与社交游戏任务的条件）以各种方式扩展而来的。

在语言习得模式里，Morse 和 Belpaeme 等人（2010）对 Smith 和 Samuelson（2010）的 "Modi 实验" 的模拟是另一个显著的案例，这个案例将儿童心理学和机器人实验条件与结果进行了直接比较。特别是在框 7-1 和框 7-2 中，我们提供了儿童心理学和机器人实验的细节。此外，图 7-6 还直接比较了来自儿童和机器人实验的四个条件的定量数据。实证和建模结果之间的高度匹配支持了以下假设：身体姿势和涉身性偏好是早期语言学习的关键。

328

类似的方法还有在第 8 章讨论过的 Rucinski、Cangelosi 和 Belpaeme（2011，2012）关于数值认知的涉身性偏好研究。8.2 节详细介绍了在机器人和人类参与者之间进行的 SNARC 效应的数据的直接比较。图 8-3 和图 8-4 证明 iCub 反应时间会因为数字越大和数字之间的距离越小而增加。并且，Chen 和 Verguts（2010）的研究显示机器人在空间-数字响应编码关联这个对比项目中，拥有与人类参与者相似的表现。此外，Rucinski 的关于数字能力获取中手势作用的发展型机器人模拟器（两个实验条件：计数时使用或不使用指向手势）提供了定量的证据，这些证据显示当指向手势指出数字时，数字集中体量会有统计学上的增长。这个研究对 Alibali 和 DiRusso（1999）在儿童心理学研究中提出的在手势条件下可观察到的优势情况进行了直接建模。

但是，绝大多数发展型机器人研究从儿童心理学实验中得到了一个更普遍的、更高层次的启发。发展型机器人学研究中，一个遵循这种通用式启发实现方法的典型研究案例却是与 Fröster 的工作相左的。在这种情况下，有两种关于否定涌现的通用假说，被认为是人-机器人交互实验中使用 "不" 这个词的能力的研究起点：①Pea（1980）提出的拒绝假说的否定意图解释，②Spitz（1957）提出的身体与语言禁止的假说。根据这两种观点，设计了两个不同的实验。第一个实验使用"拒绝"的场景方案，iCub 机器人使用非语言行为，例如对不喜欢的东西皱眉头、转头，引出参与者的拒绝解释。第二个实验使用"禁止"的场景方案，在实验中两个物体不可以被触碰，人类参与者会阻止机器人去触摸这两个物体。这种通用式启发实现方法无法直接对比实验数据和建模的结果，但是，它是对两个假设的一种更高级别的验证。这也正是 Fröster（2013）所做的研究，他对大量的人类参与者和机器人的声音和行为进行了分析，从而来展示"拒绝"与"禁止"策略在否定能力的发展中所起到的作用。

同样，Demiris 和 Meltzoff（2008）的"HAMMER 模型"提供了一个高级别的主动联合匹配（AIM）理论模型（图 6-2）的可计算化实现。这种计算架构之后启发了 Demiris 与他的合作者（Demiris 和 Hayes 2002；Demiris 和 Johnson 2003；Demiris 和 Khadhouri 2006）所进行的各种机器人实验，这些样式用来测试包含在自上而下与自下而上注意力的模仿行为和有限记忆能力中的不同认知机制。

直接实证的机器人比较研究和高级发展-启发的研究工作都体现了对逐渐得到认知技能的过程进行建模的好处，这是机器人发展的一个重要宗旨。并且，这两种方法都直接受益于机器人学者和发展心理学者之间的合作。上述例子绝大部分都是这样的。例如，Schlesinger 对 Amso 和 Johnson 的婴儿物体感知的心理研究提供了补充的计算性专业知识，Morse 和儿童心理学家 Smith 就单词学习中的涉身性偏好进行了研究，机器人学者 Demiris 联合 Meltzoff 提出并测试了机器人 AIM 模型的计算架构。机器人学者和心理学者的直接合作确保了机器人的计算模型理论是基于儿童心理学理论、实验方法和数据的，这种合作优势明显、意义非凡。此外，这样密切的合作使两个研究领域之间能双向互动。例如，在 Schlesinger、Amso 和 Johnson（1997）以及 Morse 和 Belpaeme 等人（2010）的研究中，我们看到机器人实验可以预测和洞察人类发展机制，推动更深层次的儿童心理学研究。具体而言，Morse 及其同事在机器人涉身性和早期语言学习实验中预测了"Modi"试验中全身姿势的改变所产生的特殊现象，这种特殊现象在随后 Smith 的 Babylab 中得到了证实和确认（Morse 等人，待出版）。

9.2.2　基准机器人平台和软件仿真工具的获取

发展型机器人中另一个重要的方法论和技术成就是设计和发布基准机器人平台和模拟器。一部分研究使用开放源码的方法，而其他都是使用商业平台和软件仿真套件。

在第 2 章中，我们看到超过 10 种"婴儿型机器人"平台和三种主要的软件模拟器。当然，其中三个机器人平台对发展型机器人有重要影响，有助于改进发展型机器人的原型并促进其之后的发展，这三个平台分别是 AIBO 移动机器人、iCub 和 NAO 类人机器人平台。

移动平台 AIBO 机器人（详见 2.4 节）是最早用于发展型机器人研究的平台。这个平台曾经是一个商业平台（现已停产），由于它是 RoboCup 联赛的标准配备并且容易购买，因此在 20 世纪 90 年代晚期机器人和计算机实验室中普遍使用这种平台。使用 AIBO 来建立发展型机器人理论模型的开创性研究主要有：Oudeyer 等人（Oudeyer、Kaplan 和 Hafner 2007；Oudeyer 和 Kaplan 2006，2007）关于人工好奇心和内在动机的研究，Kaplan 和 Hafner（2006a，2006b）关于关联注意力的研究，Steels 和 Kaplan（2002）关于语言学习的研究。

330

NAO 机器人（参看 2.3.2 节）最近已成为两大主要基础类人型建模平台之一。它同样因为容易购买和在实验室中的广泛使用而作为 RoboCup 比赛中的标准配置（直接代替了 AIBO）。NAO 机器人因其强大的运动能力，特别适合内在动机、导航、运动和社交所涉及的动作模仿研究。例如在本书中，我们已经看到 NAO 在爬行和行走的发展（Li 等，2011）以及在社交的指向手势（Hafner 和 Schillaci 2011）中的应用。

iCub 机器人（参见 2.3.1 节）是最近发展型机器人的成功例子。世界各地有超过 25 个实验室在使用这个开源平台。欧盟研究框架项目对认知系统和机器人进行了大力资助，加之意大利理工学院对这个开源平台的支持，共同促成了 iCub 在世界范围的广泛普及。本书已呈现了很多采用 iCub 机器人的发展型机器人研究，例如，在运动发展方面（Savastano 和 Nolfi 2012；Caligiore 等人 2008；Righetti 和 Ijspeert 2006a；Lu 等人 2012）、社交与合作方面（Lallée 等人 2010）、语言学习方面（Morse 和 Belpaeme 等人 2010；Lyon、Nehaniv 和 Saunders 2012）、数字学习方面（Rucinski、Cangelosi 和 Belpaeme 2011，2012）、拒绝行为方面（Förster 2013）以及认知结构方面（Vernon、von Hofsten 和 Fadiga 2010）。

iCub 和 NAO 这样的平台能够成功出现并被广泛运用，得益于机器人软件模拟器的进一步研究。举例来说，数以百计的学生和科研人员参加每年一度的"Veni Vidi Vici"iCub 暑期学校（2006 年为首期），学习使用机器人模拟器，这种开源 iCub 模拟软件（2.4 节）在没有物理平台的支持下，仍能扩大自身的使用价值。而在 Webots 模拟软件下的默认 NAO 模拟器也促进了这个平台的广泛使用。

伴随着在第 2 章的回顾中所列举的不断发展的专业平台，强化使用发展型机器人基准平台（硬件和模拟器）是发展型机器人学进步和成功的关键因素。

9.2.3 辅助机器人和针对儿童的人-机器人交互的应用

发展型机器人学中的一个重要的进步和成就是对机器人建模研究的转化应用，特别是社交能力的研究在儿童社会辅助机器人上的应用。这项成就开始于对发展型机器人先驱性的研究工作的拓展，这些研究工作是将社交和心智理论建模到有社交技能障碍儿童的实验中，如在自闭症障碍的实验中（Weir 和 Emanuel 1976；Dautenhahn 1999；Scassellati

331

2002；Kozima 等人 2004；Kozima、Nakagawa 和 Yano 2005；Dautenhahn 和 Werry 2004；Thill 等人 2012）。最近，这些应用已扩展到其他辅助机器人领域，如唐氏综合症儿童和住院儿童患者的辅助治疗。

自闭症（ASD，也称为孤独症）包括影响儿童与同龄人和成年人沟通和理解社会能力的各种慢性、终身残疾等。两种最常见的自闭症类型是自闭性障碍和阿斯伯格综合症，除了社会沟通和社交互动不足外，还包括某些其他症状，比如受限的、重复的行为模式（Scassellati、Admoni 和 Matarić 2012）。

Dautenhahn（1999）是第一个提出通过 AURORA 实验计划，来证明机器人实体可以为自闭症儿童提供辅助社交陪伴（自主机器人平台作为自闭症儿童的辅助工具；Dautenhahn 和 Werry 2004；www. aurora-project.com）。AURORA 小组用不同的移动和人形机器人进行自闭症儿童与外界互动的研究，其中的一项研究显示，AIBO 机器人可以实时适应自闭症儿童与机器人玩耍的方式（Francois、Dautenhahn 和 Polani 2009a）。在一项前沿研究中，Wainer 等人（2013）探索了自闭症儿童与 KASPAR 人形机器人的游戏互动阶段，考察其对自闭症儿童与成年人社会交互的后续康复的影响。通过对比机器人进行游戏之前与之后的儿童社交行为，可以发现：在与 KASPAR 机器人游戏后，自闭症儿童在游戏中体现出更大的热情，并且能更好地与人类搭档进行合作。AURORA 项目引发了由 Dautenhahn 及其同事主导的对自闭症和社交机器人的大量实验调查（如 Robins 等人 2012b；Dickerson、Robins 和 Dautenhahn 2013），这些研究还包括 Wood 等人（2013）的发现，他们研究了在与儿童进行访谈时，KASPAR 作为一种以机器人为媒介的指导工具的适用性。

另一个关于自闭症儿童与机器人交互的开创性研究，在介绍 Infanoid 半身机器人平台的 2.3.7 节中提出。Kozima 等人 2004 以及 Kozima、Nakagawa 和 Yano 2005 进行了 5 岁与 6 岁大的儿童-机器人交互实验，该实验对比了正常发展儿童和自闭症儿童。上述研究者的主要兴趣是儿童对机器人的感知和机器人"本体论理解"的三个阶段的演示。这三个阶段包括：以局促不安和凝视为标志的新奇恐惧症阶段；以触碰机器人和展示玩具为特征的探索阶段；最后是互有往来的社交阶段。自闭症儿童与实验对照组的比较显示：在所有三个阶段中，两组儿童的反应都比较类似，唯一的区别是自闭症儿童会沉浸在更长时间的交互中，而不像正常发展的儿童那样逐渐失去兴趣。Kozima 利用 Infanoid 仿人机器人和 Keepon 玩具型机器人（Kozima、Nakagawa 和 Yano 2005）进一步探索了这些问题。

由于 Scassellati 对心智的社会发展和心智理论的兴趣（6.5 节），他也进行了一些治疗自闭症儿童机器人的早期研究（2005，2007）。他的主要贡献是将社交机器人用作自闭症的诊断工具，并研究了这些工具所起的治疗作用。例如，他将商业机器人 ESRA 应用到两个实验情境中：①通过预制脚本，而不是随意地与孩子进行单向对话，②通过随意地进行绿野仙踪这个游戏，控制触发某种回应孩子反应的机器人行为。实验结果表明，自闭症儿童对这两个情境的差异不敏感，并且也没有在交互环节的后程展现出任何兴趣衰减的现象（而正常儿童在交互环节的后程会表现出兴趣中断）。区分具有不同社会行为障碍儿童的情境操作，有助于对社交反应与自闭症症状的评估定量以及客观的估算进行定义。Scassellati 提出：对自闭症儿童和机器人之间结构化交互的建立，是为了创建旨在引起特定社交反应的标准化的社交操作任务。需要监控和估算的社交反应包括视线方向、关注焦点、位置跟踪与声音韵律。

在辅助社交机器人和自闭症的最新研究介绍中，Scassellati、Admoni 和 Matarić (2012) 的研究综述点出了这个领域的最新成就。这篇综述通过研究案例给出了这些辅助社会机器人可以用作自闭症治疗工具的证据，这些证据包含：①社会交往增加，②关注水平提高，③联合注意力，④无意识模仿，⑤与其他儿童轮流游戏，⑥同理心的表现，⑦与实验者进行身体接触。Scassellati 与他的同事们还指出，这些提高的社交能力与行为是因为机器人为自闭症儿童提供了新的感官刺激而产生的。此外，这些社会机器人在无生命玩具和有生命的社会人中间起到媒介和引起好奇心的作用。这是因为：一方面，无生命的玩具不会引出新的社交行为，并且人类又被自闭症儿童看作困惑和痛苦的来源；另一方面，看似有生命力的社交机器人可以产生出新的感知情境，这些情境可以促进自闭症儿童与实验者的联合注意力和同理心行为的产生。

使用社交机器人作为自闭症儿童治疗的类似实现方法也被应用于其他残疾儿童。Lehmann 等人（2014）报告了一个关注患有唐氏综合症儿童的探索性研究案例。这些儿童具有良好的语言沟通和社交技能，相比之下，自闭症儿童的社交技能却有限得多。该研究使用两种不同的机器人平台，一个是人形机器人，即类似玩偶的 KASPAR 机器人，另一个是 IROMEC 移动机器人。这两种平台用于教授诸如"移动那个机器人"和"动作模仿"这类的互动游戏。该案例研究的结果表明，在游戏中儿童会与人类实验者和人形机器人平台 KASPAR 进行更多的互动，其中较多的互动行为包括观察实验者、指向机器人、对他们发出声音、模仿机器人动作并进而模仿实验者。IROMEC 移动平台只有在触碰机器人的行为中才会显示出优势。KASPAR 平台之所以能具有这些优点是因为它不但具有人的外形，还有机器人的外表，并且具有类似儿童的外观，这些都可以刺激社交行为的产生，而这些行为正是唐氏综合症儿童所擅长的。

自闭症和唐氏综合症等不同的发展障碍疾病的研究都展示了为不同社会和认知障碍而进行社会辅助机器人治疗的实用性。此外，社会机器人的其他应用领域已扩展到在医院中作为儿童的同伴（Belpaeme 等人 2012；Carlson 和 Demiris 2012；Sarabia 和 Demiris 2013）。例如，Belpaeme 等人（2012）的 ALIZ-e 项目使用 NAO 机器人平台作为对患有慢性疾病（如糖尿病）儿童的长期社会同伴。具体来说，NAO 机器人已在医院和夏令营中用来帮助儿童应对糖尿病的长期问题，并且帮助孩子理解饮食限制、药物和体育锻炼的需求。这个项目包括动作与舞蹈模仿游戏，以此鼓励儿童去做定期的体育锻炼，并帮助他们

333

提高自我形象。该项目还包含互动辅导与问答环节，以帮助病人学习饮食限制和识别（并避免）碳水化合物与糖含量高的食物。对糖尿病的辅助治疗工作也把 NAO 机器人的医院同伴作用拓展到了其他病症。有一项涉及一个 8 岁的中风患者的临床案例研究特别探索了使用社交机器人协助中风恢复的物理治疗的优点（Belpaeme 等人 2013）。

对于与健康、患病、残疾儿童互动的机器人，逐渐增长的研究趋势能更加广泛地利于儿童型人-机器人交互（cHRI）领域的发展（Belpaeme 等人 2013）。与标准的、面向成人的 HRI 相比，cHRI 具有一些独特的特征。这是因为儿童的神经、认知、社交发展还没有达到完全成熟，儿童将应对采用不同交互策略的机器人。例如，在 2～3 岁儿童的 cHRI 中，因为幼儿的语言能力还没有发展成熟，所以交互是使用无动词的交流策略与容错语言交流来实现的。此外，cHRI 还得益于儿童更容易参与到社会性游戏和装扮类游戏中，并且倾向于将人性赋予玩具（机器人）以及将类似有生命的品质或个性归属到玩具（机器人）上。因此，对 cHRI 设计的研究将得益于游戏交互策略的使用，以及对儿童的同情心与将机器人当成有生命特征的属性的探索（Turkle 等人 2004；Rosenthal-von der Pütten 等人 2013）。由于发展型机器人和 cHRI 之间的共同研究兴趣和重叠的研究问题，因此对成人-儿童互动实验方法的共享和社会认知发展机制的广泛探索都将会对上述两种实现方法带来很多益处。

9.3　公开挑战

在之前的章节中，我们已经广泛地分析了发展型机器人在理论上与技术上所取得的成就，这些成就展现了发展型机器人学从建立的第 10 年到 15 年以来的重大进展。然而，为了理解在自然认知系统中的发展机制，以及为了理解在人工机器人认知系统中发展机制的可操作性与实现，所进行的这些工作已经暗示着这会是一个非常复杂的任务，并且将伴随着一个长期历程，其时间跨度远远超出发展型机器人学科的"婴儿"阶段。这些遗留问题揭示了一系列广泛的科学与技术上的挑战。在本书的总结章节，我们将重点介绍一些关键的开放挑战，特别关注综合能力的累积与长期学习、身体与大脑形态的进化和发展变化以及 cHCI 与儿童-机器人交互的道德规范这三项未来的工作。

9.3.1　累积学习与功能集成

正如我们在之前描述发展型机器人开放式累积学习普适原理的那些成就章节中所看到的，在这个研究领域中科技发展的水平是有限的。虽然我们已经看到了一些惊人数量的单一面向感知、运动、社交、语言和推理功能的发展型学习模型，但是，只有极少数情况下才能看到有研究把这些功能集成到一个一体的认知智能体中。

解决这个问题的一种方法是：实现机器人控制器的增量式训练，从而使机器人控制具有学习的复杂度逐渐增长的功能。例如在语言发展模型中，支持增量式训练的机器人控制器被用于语音功能和单词组学习的累积增加，随后是双词组能力的习得和简单语法结构能力的习得，进而紧随其后的是类似成人的复杂语法功能的渐进发展。与之同步进行的是，这种机器人控制器还应能够将词汇、语义和构建型语法技能与感觉运动的表征方法相结合，并且这种结合还要遵守语言发展涉身性观念的路线。Cangelosi 等人（2010）提出了一个关于语言和行动学习研究路线图的特定例子。从未来 20 年的研究角度来看，这个路线图在语言功能习得的研究方面提出了以下六个里程碑：①在通过示范任务进行学习的过程中，获得、分解和泛化简单传递的单词句的扎根；②获得、分解和泛化五种英语基本论元结构的扎根，这五种基本结构是来自于单词句实例以及这些实例的典型使用方法的事件种类；③在简单的联合注意力场景中，基于基本社交认知/语用能力实现的互动语言学习游戏的扎根；④在逐步减少限制的"学生-导师模式"交互中，学习日益复杂和多样化的语言输入；⑤建立在更高级社交认知和语用能力实现基础上，逐渐更加类似人类的合作式"明示-推理"交流；⑥从定量自然输入中逐步学习更复杂的语法。这些特定语言的里程碑对应着三种平行的研究里程碑，这三种研究分别是动作学习、社交发展和动作语言集成。Vernon、von Hofsten 和 Fadiga（2010）也为能涵盖机器人认知发展所有领域的研究方法提出了类似的研究实践。

335

　　累积学习问题的另外一种解决方法是使用发展型认知体系结构。这种体系结构包含多种功能和行为的集成，并且允许对累积能力的发展进行建模。在 8.5 节中，我们广泛地讨论了不同类型的涌现主义认知体系结构和关于多个认知机制与行为的思考。

　　这也让我们回想到：内在动机研究的主要长期目标之一是展示层级的、累积的学习。然而实现这一目标的工作仍处于早期阶段，但是跨背景与跨领域的功能转换概念性框架已经相对完善。特别是在我们已经讨论过的第 3 章中，基于能力的 IM 实现方法就提出，许多重要的功能最初仅仅是"为了有趣或者好玩"或在"探索环境过程中"来获得的，但是在这之后，这些功能将作为更复杂的、与生存相关行为的组件而被调集和重新启用（Baldassarre 2011；Oudeyer 和 Kaplan 2007）。最早支持这种方法的研究是由 Fiore 等人（2008）提供的研究模型，这个模型揭示了基于能力的实现方法中的一个重要元素，也就是说，当没有外部强化信号来驱动行为的时候，应急感知如何来为生物体提供重要的学习信号。

　　对开放式的、累积的发展与学习更进一步的实现方法是长期的人-机器人交互实验。"终身的"累积体验指的是把一个婴儿期的机器人抚养到儿童早期，如果无法达到足够长的时间，就只能在人造的"机器人幼儿园"中进行模拟体验。关于此类研究的最新贡献是由 Araki、Nakamura 和 Nagai（2013）提出的交互式学习框架，该学习框架可以使机器人对概念和词组进行长期的习得。在这个实验中，有学习能力的机器人与实验者进行整整一周的交互，实验者在大量的在线学习课程中需要教会机器人 200 个物体的名称。实验结果分析显示：施教的实验者教了 1055 句话，机器人总共学会了 924 个词组。在这些词组中，只有少数的 58 个词组是有含义的,这些有含义的词组包括 4 个虚词、10 个形容词、40 个名词和 4 个动词。

336 　　在机器人幼儿园/学校场景中,"虚拟在校学生"的实现方法是由 Adams 等人(2012)在通用人工智能领域中提出的。该方法预见到了对虚拟学生机器人的实现在"学龄前学习"与"学校学习"环境中会逐渐增长。学龄前学习场景涉及连续的、长期的人-机器人交互实验,这些实验是为了感觉运动功能与基本认知功能的实践和发展。学校学习场景将延续虚拟学前教育场景,但重点是更高级认知(符号)能力的长期实践。对机器人长期学习和交互实验方法的设计,将会是应对集成更加复杂的认知功能和由此产生的认知系统挑战的一个关键步骤。

9.3.2　身体与大脑形态中的进化与发展变化

　　进化与个体发展机制之间的相互作用是目前为止只投入了很少精力的另一个研究领域,并且这一领域的研究仍然是非常关键的挑战。进化思想与发展算法相组合可以实现对大脑-身体系统的共同进化适应性进行研究探索,并对个体发展过程中的形态变化进行建模。正如我们在 1.3.2 节中看到的,这些研究还包含婴儿与机器人的身体和神经控制系统的解剖生理学意义上的成熟变化。

　　进化机器人(Nolfi 和 Floreano 2000)和进化-发展型模型(Nolfi 和 Floreano 2000)之类的进化计算与建模实现方法已经直接揭示了大脑与身体之间的交互和系统发展与个体发展之间的变化。结合了进化型机器人与发展型机器人模型的未来研究工作可以进一步加深我们对成熟变化的适应评价方法的理解。类似于 Kuniyoshi(见 2.5.3 节)的胎儿模型的模拟实现方法已经为探索身体-大脑相互适应的机理提供了一种解决途径。在这个领域另一个潜在的实现方法是来自于新近开发的模块化、可重构型机器人。具体而言,模块化、可自主设定的机器人可以通过重新安排机器人身体部位的连接方式来改变自己的形状,以应对环境的变化与不同的任务需求(Yim 等人 2007)。这些机器人通常拥有神经控制系统,可以处理行为控制的非线性和复杂性,还能够处理动态变化的身体配置策略。这种类型的机器人可以用于对婴儿机器人形态上的成熟变化进行建模。可重构机器人研究产生的其他优点是可以对自我修复功能进行建模(Christensen 2006)。

　　能够对身体/大脑适应性和形态学变化的复杂与动态特性的理解产生贡献的另一个研究领域是柔性机器人。正如在第 2 章的结论小节所讨论的,在婴儿机器人平台上,在材料

337 科学领域所取得的最新进展(气动人工肌肉执行机构以及附带柔性动力装置的刚性材料,比如电磁式、压电式或热动式执行机构)所带来的新型柔性材料,是可以用作机器人传感器和执行机构的,并且这些新型材料也为制造出柔性机器人的原型产品(Pfeifer、Lungarella 和 Iida 2012;Albu-Schaffer 等人 2008)提供了有力保障。此外,基于柔性肌肉骨骼材料和执行机构类人型机器人平台,比如 ECCE 机器人平台(Holland 和 Knight

2006），研究者提供了一种在机器人控制与形态学运算策略中用来关注自组织与涌现原理的重要研究工具，这类工具还可以用来对后成机器人感觉运动发展的早期阶段进行建模。

9.3.3 cHRI、机器人外观与道德规范

发展型机器人设计过程中的科学与技术进步对于多领域的智能交互式机器人的设计有着重要意义。正如我们在前一节中所讨论的方法论与技术成果中，发展型机器人研究已经引导了专门供儿童使用和 cHRI 通用领域所使用的辅助型机器人应用的设计与测试（Belpaeme 等人 2013）。辅助和同伴机器人使用量的增长对机器人平台类型和机器人自主能力与辅助能力都有着重要的意义。这就提出了在机器人使用过程中伦理原则的关键问题，尤其是在与儿童进行交互的过程中。

在引言章节中，我们讨论了"恐怖谷"的现象。这个现象特别适用于在人类用户与越来越类似于人类身体与面部的人形机器人进行交互的情况。如果一个人形机器人拥有与人类外表无差别的外观，但这个机器人有限的行为能力却不能满足对人类能力完全模拟的预期，这样，如此逼真的外观与有限的行为能力所造成的不一致会使用户产生厌恶与怪诞的感觉。如何正确处理"恐怖谷"现象对 cHRI 尤为重要。除了对"恐怖谷"的常规讨论（MacDorman 和 Ishiguro 2006），大量的研究人员也关注机器人外观在人-机器人交互过程中的作用。具体来说，一些实验调查从如下三个方面对外观的作用进行思考：①对实物机器人与模拟机器人之间的交互（Bainbridge 等人 2008）和远程与本地机器人的交互（Kiesler 等人 2008）这两种交互方式进行比较，②机器人与用户之间的距离问题（Walters 等人 2009），③外观的作用（Walters 等人 2008）。但是这些研究都只是关注成人参与者，却很少关注儿童用户的反应。因此，cHRI 的未来工作应该注重儿童对机器人的外表和身体以及行为属性的期望和反应。综上所述，一个直观的开放问题是：人形机器人的设计是否应该注重如 iCub 和 NAO 这样的更偏向机器人外观的平台，或者相反的，应该注重更类似人类的外观，如非常类似婴儿的 KASPAR 机器人。

更广义地说，人-机器人交互的研究与实际应用，尤其是与儿童用户或残疾用户的交互研究与应用，揭示了更宽泛的涉及伦理学与机器人学的问题。这也引导了最近更多的关于法律、医学和社会伦理条例与原则的细致思考（van Wynsberghe 2012；Gunkel、Bryson 和 Torrance 2012；Lin、Abney 和 Bekey 2011；Wallach 和 Allenn 2008；Veruggio 和 Operto 2008）。例如，van Wynsberghe（2012）就特别关注在机器人辅助治疗中的伦理问题。为此，她提出了一种工作框架，在这个框架中，辅助机器人设计人员在整个设计过程中必须显式地表示数值、用法和语境。这样的方式可以通过与项目所有相关人员的直接对话来实现，并且这一过程将贯穿从机器人平台及其应用的概念设计到系统实现与测试的整个过程。具体来说，辅助机器人应用的语境中的建议是委托所有用户（医生、看护人员、患者以及机器人专家）都来为人为关怀的提供者负担全部责任，而不是提供技术。鉴

338

于 cHRI 的特定需求和残疾人与儿童患者使用机器人时的更多限制，发展型辅助机器人伦理原则的基本问题依然有待在未来研究中进行解决。

机器人伦理的意义远超于儿童辅助型机器人的具体需求。例如，在（婴儿型）机器人日益复杂的动机、行为、认知和社交技能设计的持续进展为涉及自主性问题的伦理思考的研究铺平了道路。特别是在第 3 章中所关注的机器人内在动机的建模，是实现拥有动机与好奇心系统的完全自主机器人设计的第一步。这个建模方法与支持感觉运动、认知和推理能力自主学习的发展型启发机制的实现方法一起，使得机器人的设计不再需要人类用户的连续控制，而是可以应用机器人自己的决策来实现。此外，开展对日益复杂和自主能力不断加强的机器人的研究，有可能引导机器人与机器的自我感知与意识功能的设计（Aleksander 2005；Chella 和 Manzotti 2007）。虽然机器人自主能力的研究进展已达到较高的技术阶段，但是如何对有意识的机器与机器人进行设计仍是一个值得长期研究的问题。然而，这两个方面都存在重要的伦理问题。因此，要想实现自主发展机器人的技术进步，我们需要对约束机器人研究与发展的道德原则进行探索、理解和定义。

本章所讨论的三个开放研究问题形成了关乎科学、技术和伦理的关键且广泛的挑战，这些挑战涵盖了大量行为和认知能力的综合。更具体的对个体认知机制的公开挑战和未来的研究方向在本书的主体章节（第 3～8 章）中进行了详细讨论。通过对分别涉及动机、感知、运动、社交、语言和推理能力的影响力重大的模型和实验的回顾，我们分析了当前研究所取得的成果和局限性，并确定了发展型机器人学关键领域中更多研究内容的需求。发展型机器人学这种从机器人学与计算机科学到认知与神经科学，并最终达到哲学和伦理学学科的高度跨学科性质，能够一起为儿童的发展原理与机制的理解做出贡献，并且也为实现人工智能体与机器人的行为与认知能力的自主设计的发展原理与机制的可操作化做出贡献。

作为最后的总结，我们可以满怀信心地说：发展型机器人学已经成长到它的婴儿时期的末尾阶段，现在可以进入到儿童早年时期了！因此预计在未来 10～15 年，我们将会看到：儿童型机器人能够完全从爬行发展到走路，能够说出有两到三个单词组成的句子，能够从事角色扮演游戏和通过自己的心智理论来欺骗他人，能够开始发展对性别和道德的观念。

索　引

索引中的页码为英文原书页码，与书中页边标注的页码一致。

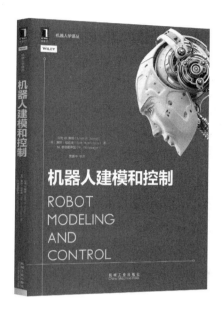

机器人建模和控制

书号: 978-7-111-54275-9 作者: 马克 W. 斯庞 等 译者: 贾振中 等 定价: 79.00元

本书所覆盖的内容在深度和广度方面都是独一无二的。据我所知, 没有其他教材能够对现代机器人的操作和控制做出如此精彩而又全面的概述。

—— 布拉德利·毕晓普 (Bradley Bishop), 美国海军学院

本书由Mark W. Spong、Seth Hutchinson和M. Vidyasagar三位机器人领域顶级专家联合编写, 全面且深入地讲解了机器人的控制和力学原理。全书结构合理、推理严谨、语言精练, 习题丰富, 已被国外很多名校 (包括伊利诺伊大学、约翰霍普金斯大学、密歇根大学、卡内基-梅隆大学、华盛顿大学、西北大学等) 选作机器人方向的教材。

本书特色

- 通过循序渐进的计算方法帮助你推导和计算最通用机器人设计中的运动学正解、运动学逆解和雅克比矩阵问题。
- 详细覆盖了计算机视觉和视觉伺服控制, 使你能够通过对带有相机感知元件的机器人编程来操作物体。
- 通过一个完整章节的动力学讲解, 为计算最通用机械臂设计中的动力学问题做好准备。
- 初步介绍了最通用的运动规划和轨迹。

机器人系统实施：制造业中的机器人、自动化和系统集成

书号：978-7-111-54937-6 作者：麦克·威尔逊 译者：王伟 等 定价：49.00元

由英国自动化与及机器人协会（BARA）现任主席、国际机器人联合会（IFR）前主席编著。采用实用、问题求解的方法来讲解机器人系统的实现方法和技术，让读者理解如何使用机器人来解决制造过程中的问题。

本书的主要意图并不是讲授机器人的原理和编程等技术细节，而是帮助意欲实施机器人系统的企业构建成功的解决方案。作者将多年的教学研究和项目咨询经验融汇其中，用自动化战略助力制造行业的转型和升级。全书内容可分为两部分：前半部分介绍必备的入门知识，包括工业机器人的构型、性能及典型应用等；后半部分专注于机器人应用项目的实施，将技术问题融入经济性分析和项目管理中，提供了一套按部就班的流程。

- 为什么要使用机器人——10大好处。无论是对于供应商还是终端用户，无论是对于当下还是未来，机器人所展现的能力和潜力都是制造业必须把握的机会，而国际机器人联盟所定义的"10大好处"也将不断得到更新和扩展。
- 如何实施机器人系统——解决方案。应用机器人系统不是科幻畅想，而是要面对现实的技术和资金条件，本书提供了不同行业普适的实施流程，包括说明书准备、经济性评价、供应商合作等要素，是机器人项目成功落地的有益指南。
- 如何避免和解决问题——实践经验。面对供应商选择、系统安装和调试等纷繁的环节，犯错是不可避免的，本书通过一些成功案例为企业提供参考，涵盖自动化项目生命周期的全过程，汲取经验。